"十四五"职业教育国家规划教材

高等职业教育机电类专业系列教材
职业教育黑色冶金专业教学资源库配套教材

金属材料及热处理

主　编　王晓丽　张　卫
副主编　侯　伟　郭林秀　朱燕玉
参　编　周宜阳　范肖萌　张　昭（企业）
　　　　黄伟青　张丽红
主　审　王　栋（企业）

机械工业出版社

本书为"十四五"职业教育国家规划教材，是职业教育黑色冶金专业教学资源库"金属材料及热处理"课程配套教材，主要内容包括金属材料的性能与检测、非铁金属材料、非金属材料、金属的结构分析、金属的结晶过程与控制、金属的塑性变形认知、钢的热处理原理、钢的热处理工艺、工业用钢、铸铁、机械零件材料的选择原则。

本书在编写过程中充分突出了职业教育的特点，邀请企业一线专家参加编写并担任主审，通过校企合作的方式对书中的项目、任务及知识点进行认真的梳理和编排，在内容安排上也尽量选择与生产实践密切相关的题材，体现了工学结合的鲜明特色。本书汲取了各高校及高职高专近年来"金属材料及热处理"课程改革的经验及其他同类教材的优点，配合1+X证书考核相关内容，在相关实践与训练项目中添加与其配合的工作页，方便使用者采用活页式教学方法。本书针对教学重点和难点制作了视频、微课等多媒体资源，学生使用移动终端扫描二维码即可在线观看相关内容。

本书可作为高职高专院校冶金类、机械类和近机械类专业教材，也可作为成人大专、职工培训和继续教育教材，并可供从事金属材料及相关专业的工程技术人员参考。

图书在版编目（CIP）数据

金属材料及热处理/王晓丽，张卫主编. —北京：机械工业出版社，2020. 12（2024. 2重印）

高等职业教育机电类专业系列教材　职业教育黑色冶金专业教学资源库配套教材

ISBN 978-7-111-66799-5

Ⅰ. ①金… Ⅱ. ①王… ②张… Ⅲ. ①金属材料-高等职业教育-教材②热处理-高等职业教育-教材 Ⅳ. ①TG14②TG15

中国版本图书馆CIP数据核字（2020）第200632号

机械工业出版社（北京市百万庄大街22号　邮政编码100037）
策划编辑：王海峰　责任编辑：王海峰　于奇慧
责任校对：闫玥红　封面设计：马精明
责任印制：张　博
河北泓景印刷有限公司印刷
2024年2月第1版第6次印刷
184mm×260mm·17. 25印张·418千字
标准书号：ISBN 978-7-111-66799-5
定价：49. 80元（含工作页）

电话服务　　　　　　　　　　网络服务
客服电话：010-88361066　　　机 工 官 网：www.cmpbook.com
　　　　　010-88379833　　　机 工 官 博：weibo.com/cmp1952
　　　　　010-68326294　　　金 书 网：www.golden-book.com
封底无防伪标均为盗版　　　机工教育服务网：www.cmpedu.com

关于"十四五"职业教育国家规划教材的出版说明

为贯彻落实《中共中央关于认真学习宣传贯彻党的二十大精神的决定》《习近平新时代中国特色社会主义思想进课程教材指南》《职业院校教材管理办法》等文件精神，机械工业出版社与教材编写团队一道，认真执行思政内容进教材、进课堂、进头脑要求，尊重教育规律，遵循学科特点，对教材内容进行了更新，着力落实以下要求：

1. 提升教材铸魂育人功能，培育、践行社会主义核心价值观，教育引导学生树立共产主义远大理想和中国特色社会主义共同理想，坚定"四个自信"，厚植爱国主义情怀，把爱国情、强国志、报国行自觉融入建设社会主义现代化强国、实现中华民族伟大复兴的奋斗之中。同时，弘扬中华优秀传统文化，深入开展宪法法治教育。

2. 注重科学思维方法训练和科学伦理教育，培养学生探索未知、追求真理、勇攀科学高峰的责任感和使命感；强化学生工程伦理教育，培养学生精益求精的大国工匠精神，激发学生科技报国的家国情怀和使命担当。加快构建中国特色哲学社会科学学科体系、学术体系、话语体系。帮助学生了解相关专业和行业领域的国家战略、法律法规和相关政策，引导学生深入社会实践、关注现实问题，培育学生经世济民、诚信服务、德法兼修的职业素养。

3. 教育引导学生深刻理解并自觉实践各行业的职业精神、职业规范，增强职业责任感，培养遵纪守法、爱岗敬业、无私奉献、诚实守信、公道办事、开拓创新的职业品格和行为习惯。

在此基础上，及时更新教材知识内容，体现产业发展的新技术、新工艺、新规范、新标准。加强教材数字化建设，丰富配套资源，形成可听、可视、可练、可互动的融媒体教材。

教材建设需要各方的共同努力，也欢迎相关教材使用院校的师生及时反馈意见和建议，我们将认真组织力量进行研究，在后续重印及再版时吸纳改进，不断推动高质量教材出版。

机械工业出版社

前言

本书为"十四五"职业教育国家规划教材，是职业教育黑色冶金专业教学资源库"金属材料及热处理"课程配套教材，适用于高职高专院校的冶金类、机械类和近机械类专业，也可作为成人大专、职工培训和继续教育教材。

为贯彻党的二十大精神，深入实施人才强国战略，本书在本次重印过程中，以学生的全面发展为培养目标，融"知识学习、技能提升、素质培育"于一体，系统梳理了不同知识模块的内容，采用项目教学法、任务驱动式、知识拓展等多种形式相结合的方式重新进行组织。改变了传统理论与实训单独编写、集中教学的做法，把"技能与实训"教学做成工作页分散于各个领域的教学过程之中，方便教师依据自己授课内容进行活页式教学。

本书编写特点如下：

1）本书对应国家资源库建设项目。每个知识点下面都配合有相关动画、视频、微课、思考题、作业及答案，方便教师使用云课堂按需求组课，支持教师进行随堂测验和阶段性考核，方便学生进行课前预习和课后复习，加深学生理解和学用结合。

2）本书编写邀请企业一线专家参加编写并担任主审，在内容安排上也尽量选择与生产实践密切相关的题材，体现了工学结合的鲜明特色。本书汲取了各高校及高职高专近年来"金属材料及热处理"课程改革的经验及其他同类教材的优点，配合1+X证书考核相关内容，改变了传统理论与实训单独编写、集中教学的做法，把"技能与实训"教学做成工作页分散于各个领域的教学过程之中，方便教师依据自己授课内容进行活页式教学。

3）本书根据相关专业领域的最新发展，为拓展学生知识面，增加了知识拓展内容，充实新知识、新技术、新材料等内容，体现教材先进性；书中名词、术语、牌号均采用了现行国家标准，贯彻了法定计量单位，使教材更加科学规范。

4）本书应用了二维码技术。针对书中的教学重点和难点制作了视频、微课等多媒体资源，学生使用移动终端扫描二维码即可在线观看相关内容。

本书由包头钢铁职业技术学院王晓丽、张卫担任主编；兰州资源环境职业技术学院侯伟、山西工程职业学院郭林秀、包头钢铁职业技术学院朱燕玉担任副主编；包头钢铁职业技术学院周宜阳和范肖萌、包钢无缝钢管公司总工程师张昭、河北工业职业技术学院黄伟青、内蒙古机电职业技术学院张丽红参加了编写。实践与训练工作页、电子课件由朱燕玉、周宜阳、范肖萌制作。全书由王晓丽统稿。

本书经由各校任课教师与企业专家共同研讨，根据具体岗位技能要求，确定内容中任务和知识点。特邀请包钢钢联股份有限公司钢铁研究院副院长王栋任主审。在编写过程中，参考了包头钢铁集团有限公司等企业的技术操作规程，以及热处理方面的一些文献资料，得到了企业专家的大力支持，在此谨致谢意！

由于编者水平有限，书中疏漏、不足之处在所难免，敬请读者批评指正。

编　者

二维码索引

目录

绪论

1. 材料的发展与应用

材料是人类生产和社会发展的重要物质基础，是所有科技进步的核心，而且与人类文明的关系非常密切。人类最早使用的材料是石头、泥土、树枝、兽皮等天然材料，随后发明了陶器、瓷器、青铜器、铁器。因此，在人类文明史上曾以材料作为划分时代的标志，如石器时代、青铜时代、铁器时代等。材料的应用和发展与社会文明进步有着十分密切的关系。

但是，由于材料涉及多种基础学科且种类繁多，所以到18~19世纪工业革命时期，人类对材料的认识仍停留在非理性的、工匠或艺人的经验技术水平上。18世纪后，随着现代工业迅速发展，对钢铁的需求急速增长，才逐渐在化学、物理、力学及冶金等学科基础上产生了一门新学科——金属学，它明确提出了金属的外在性能取决于内部组织结构的概念，其主要任务是研究成分、组织结构与性能之间的关系和变化的规律。材料科学主要研究的是材料的化学组成、微观组织、加工制造工艺与性能之间的关系。材料经历了从低级到高级、从简单到复杂、从天然到合成的发展历程。一个多世纪以来，材料的研究和生产以及材料科学理论都得到了长足的发展。1863年第一台金相光学显微镜面世，促进了金相学的研究，使人们步入材料的微观世界。同时，一些与材料有关的基础学科（如固体物理、量子力学、化学等）的发展，又更有力地推动了材料研究的深化。

19世纪以来，工程材料领域得到了快速发展，到20世纪中期，钢铁材料的使用进入了鼎盛时期，由其制造的产品约占机械产品的95%。随着金属材料的发展，一些非金属材料、复合材料也迅速发展起来，弥补了金属材料性能的某些不足。除结构材料外，功能材料也在迅速发展，从而使得材料发展进入了崭新的时代。

目前，金属材料还是最重要的材料。它包括黑色金属（铁和以铁为基的合金），如钢、铸铁和铁合金等；有色金属（非铁金属材料），如铜及铜合金、铝及铝合金、钛及钛合金等。金属材料的性能和金属的化学成分、显微组织及加工工艺之间有非常密切的关系。因此，了解它们之间的关系，掌握它们的变化规律，对于充分利用它们为人类服务具有重要意义。

近年来，我国在材料的生产和科研方面取得了巨大的成就，在金属材料的生产方面，已经形成了符合我国国情的系列产品，并能够生产具有世界先进水平的产品。目前我国的钢产量已居世界首位，我国的材料工业正在蓬勃发展。但也应该看到，我国在材料的制造技术、工艺和新材料的开发及应用方面与世界上的发达国家之间还有一定的差距，因此，我们应该不懈努力，争取尽快达到世界材料工业的先进水平。

2. 本课程的内容、学习目的和方法

随着经济的飞速发展和科学技术的进步，对材料的要求越来越苛刻。结构材料向高强

度、高刚度、高韧性、耐高温、耐腐蚀、抗辐照和多功能的方向发展，新材料也在不断地涌现。机械工业是材料应用的重要领域，随着机械工业的发展，对产品的要求越来越高。无论是制造机床，还是建造轮船、石油化工设备，都要求产品技术先进、质量高、寿命长、造价低。因此，在产品设计与制造过程中，会遇到越来越多的材料及材料加工方面的问题，这就要求机械工程技术人员掌握必要的材料科学与材料工程知识，具备正确选择材料和加工方法、合理安排加工工艺路线的能力。本课程正是为实现这一目标而设置的。

本书的主要内容包括走进材料、金属材料基础知识、钢的热处理、材料分类及应用、典型零件选材及工艺分析五大知识模块，主要讲述工程构件和机器零件用材的成分、组织结构和性能之间的关系、变化规律和改变材料性能的途径等。

学习本课程的目的在于使学生获得有关工程材料的基本理论和基本知识，为学习其他有关课程和将来从事生产技术工作奠定必要的基础。

学完本课程后，学生应获得如下能力：初步掌握零件设计时的合理选材、用材，并具有正确运用热处理技术、妥善安排加工工艺路线及材料检测等方面的知识和能力。

本课程的实践性很强、适用性很广，书中加入了技能与实训工作页及二维码内容，注重设置联系生产实践、实验等教学环节，注意调整和改进学生的学习方法，引导学生主动学习、自主学习，提高学生的认知能力和动手能力。学习本课程之前，学生应具备必要的专业基础知识和生产实践知识，所以本课程一般应安排在化学、材料力学、金工实习等课程之后。同时，学习中需要改进思维方式，应注意运用已学过的知识，注重分析、理解与应用，特别是注意前后知识的综合运用，把相对分散、孤立的材料科学知识转变为系统而整体的理论体系，培养独立分析问题与解决问题的能力。

模块一

走进材料

项目1

金属材料的性能与检测

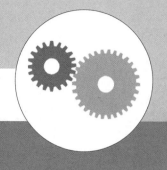

知识目标

1) 了解金属材料性能的分类。
2) 掌握性能参数的获得方法，了解这些指标在工程上的应用。
3) 掌握金属材料常用性能指标的名称、代表符号、单位、数值含义。

能力目标

1) 掌握拉伸试验机的使用，通过拉伸试验绘制拉伸曲线，并能根据曲线描述金属材料常用强度指标。
2) 能够完成冲击韧度的测试，根据材料要求选择冲击实验方法。
3) 能完成硬度测试实验，并根据不同材料选用硬度仪。

引言

金属材料在人们的生活中占据着非常重要的作用，几乎所有可见的结构材料都有着金属材料的身影，它承担着应用结构材料几乎80%的受力。至今为止，金属材料仍然是现代工业、农业、科技以及国防各个领域应用最广泛的工程材料，这不仅是由于金属材料来源丰富，生产工艺简单而且成熟，还由于它的一些性能大大优于某些非金属材料。为保证机械零件在应用中能正常工作，金属材料应具备什么性能？进行零件设计、材料选择及工艺评定中依据什么来判断结构零件的可靠性？怎样才能充分发挥材料内在性能潜力并合理使用材料？这些都需要了解和熟悉金属材料的性能，并能对相应指标进行检测。

金属材料的性能，主要是用来表征材料在给定外界条件下的行为参量，当外界条件发生变化时，同一种材料的某些性能也会随之发生变化。金属材料的性能对零件的使用和加工具有十分重要的作用，一般可分为使用性能和工艺性能两大类。

(1) 使用性能　即为了保证零件、工程构件或工具等的正常工作，材料在使用过程中表现出来的性能。使用性能包括力学、物理、化学等方面的性能。金属材料的使用性能决定了其应用范围、安全可靠性和使用寿命等。

(2) 工艺性能　即反映材料在被制成各种零件、构件和工具的过程中，适应各种加工工艺的能力。它包括铸造性能、锻造性能、焊接性能、切削加工性能和热处理工艺性能等。

这里主要介绍金属材料的力学性能，并简单介绍其物理、化学性能及金属材料的工艺性能。

任务 1.1　认识金属材料的力学性能

金属材料在加工和使用过程中都要承受不同形式外力的作用，当外力达到或超过某一限度时，材料就会发生变形，甚至断裂。材料的力学性能是指材料在各种载荷（外力）作用下表现出来的抵抗变形和破坏的能力以及承受变形的能力。由于载荷的形式不同，材料可表现出不同的力学性能，如强度、刚度、硬度、塑性和韧性等。材料的力学性能是零件设计、材料选择及工艺评定的主要依据。

1.1.1　金属材料强度指标的测定

金属材料的强度是指金属材料在外力作用下抵抗塑性变形或断裂的能力。由于所受载荷的形式不同，金属材料的强度可分为抗拉强度、抗压强度、抗弯强度和抗剪强度等。其中以拉伸试验所得到的强度指标应用最为广泛。

金属材料强度
指标的测定

按 GB/T 228.1—2010 的规定，把一定尺寸和形状的金属试样（见图 1-1）装夹在试验机上，然后对试样逐渐施加拉伸载荷，直至把试样拉断为止，根据试样在拉伸过程中承受的载荷和产生的变形量之间的关系，可测出该金属的应力-应变曲线（见图 1-2）。

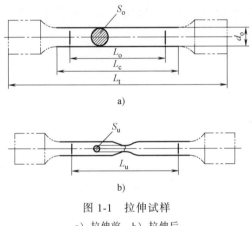

图 1-1　拉伸试样

a）拉伸前　b）拉伸后

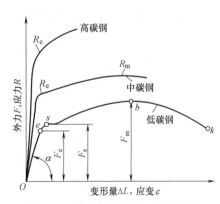

图 1-2　低碳钢的应力-应变曲线图

无论哪种固体材料，它的内部原子之间都存在相互平衡的原子结合力的相互作用。当工件材料受外力作用时，原来的平衡就会受到破坏，材料中任意一个小单元与其邻近的各小单元之间就产生了新的力，此称为内力。在单位截面上的内力，称为应力，用 σ 表示；工程上用符号 R 表示材料的工程应力。在外力作用下引起的形状和尺寸的改变，称为变形，包括弹性变形（卸载后可恢复原来的形状和尺寸）和塑性变形（卸载后不能恢复原来的形状和尺寸）。

强度指标是设计中决定许用应力的重要依据。拉伸试验所得到的强度指标应用最为广泛，常用的强度指标有：

1. 弹性极限 （σ_e）

从图 1-2 可以看出，不同性质材料的应力-应变曲线形状是不相同的。应力-应变曲线 Oe

段是直线，这一部分试样变形量与外力 F 成正比。当去除外力后，试样恢复到原来尺寸，称这一阶段的变形为弹性变形。外力 F_e 是使试样只产生弹性变形的最大载荷。

弹性极限是指材料产生弹性变形所承受的最大应力值。弹性极限用符号 σ_e 表示，单位为 MPa（N/mm^2），即

$$\sigma_e = \frac{F_e}{S_o}$$

式中　S_o——试样的原始截面积（mm^2）；

　　　F_e——试样完全弹性变形时所能承受的最大载荷（N）。

弹性极限 σ_e 是由试验得到的，它的值受测量精度影响很大。为方便实际测量和应用，一般规定以残余应变量（即微量塑性变形量）为 0.01% 时的应力值（$\sigma_{0.01}$）为"规定弹性极限"。

2. 屈服强度（R_e）

从应力-应变曲线上可以看到，当载荷增加至超过 F_e 后，试样保留部分不能恢复的残余变形，即塑性变形。在外力达 F_s 时，曲线出现一个小平台。此平台表明不增加载荷试样仍然继续变形，这时材料失去抵抗外力的能力而屈服。当金属材料呈现屈服现象时，在试验期间发生塑性变形而力不增加时的应力为试样屈服时的应力称为材料的屈服强度。屈服强度区分为上屈服强度（试样发生屈服而力首次下降前的最高应力值）和下屈服强度（在屈服期间，不计初始瞬时效应时的最低应力值），按 GB/T 10623—2008 的规定，上屈服强度用 R_{eH} 表示，下屈服强度用 R_{eL} 表示，单位为 MPa，即

$$R_e = \frac{F_s}{S_o}$$

式中　F_s——试样发生屈服时承受的载荷（N）；

　　　S_o——试样的原始截面积（mm^2）。

很多金属材料，如多数合金钢、铜合金以及铝合金，它的应力-应变曲线不会出现平台。而一些脆性材料，如普通铸铁、镁合金等，甚至断裂之前也不发生塑性变形，因此工程上规定试样发生某一微量塑性变形（规定残余延伸率为 0.2%）时的应力作为该材料的屈服强度，即"规定残余延伸强度"，记作 $R_{r0.2}$。

3. 抗拉强度（R_m）

试样在屈服时，由于塑性变形而产生加工硬化，因此只有载荷继续增大时变形才能继续增大，直到增至最大载荷 F_m。应力-应变曲线的这一阶段，试样沿整个长度均匀伸长，当载荷达到 F_m 后，试样就在某个薄弱部位形成"缩颈"，如图 1-1b 所示。这时，不增加载荷试样也会发生断裂。F_m 是试样承受的最大外力，相应的应力即为材料的抗拉强度，按 GB/T 10623—2008 的规定，用 R_m 表示，单位为 MPa，它代表金属材料抵抗大量塑性变形的能力，即

$$R_m = \frac{F_m}{S_o}$$

式中　F_m——试样在屈服阶段之后所能抵抗的最大载荷，对于无明显屈服（连续屈服）的金属材料，为试验期间的最大载荷（N）；

S_o——试样的原始截面积（mm^2）。

抗拉强度是工程上最重要的力学性能指标之一。对于塑性较好的材料，R_m 表示了对最大均匀变形的抗力。对于塑性较差的材料，一旦达到最大载荷，材料便迅速发生断裂，所以 R_m 也是材料的断裂抗力（断裂强度）指标。一般机器构件都是在弹性状态下工作的，不允许微小的塑性变形，所以在机械设计时应采用 R_e 或 $R_{r0.2}$ 强度指标，并加上适当的安全系数。但由于抗拉强度 R_m 测定较方便，而且数据也较准确，所以设计零件时有时也可以直接采用抗拉强度 R_m，但需使用较大的安全系数。

R_e/R_m 的比值称为屈强比，是一个有意义的指标。比值越大，越能发挥材料的潜力，从而减小结构的自重。但为了使用安全也不宜过大，适合的比值在 0.65~0.75 之间。

4. 疲劳强度（S）

许多机械零件是在交变应力下工作的，如机床主轴、连杆、齿轮、弹簧、各种滚动轴承等。交变应力，是指零件所受应力的大小和方向随时间做周期性变化。例如，受力发生弯曲的轴，在转动时材料要反复受到拉应力和压应力，属于对称交变应力循环。零件在交变应力作用下，当交变应力值远低于材料的屈服强度时，经长时间运行后也会发生破坏。材料在这种应力作用下发生的断裂现象称为疲劳断裂。

疲劳断裂往往突然发生，无论是塑性材料还是脆性材料，断裂时都不产生明显的塑性变形，具有很大的危险性，常常会造成事故。

金属材料的疲劳破坏过程，首先是在其薄弱部位，如在有应力集中或缺陷（划伤、夹渣、显微裂纹等）处产生微细裂纹。这种裂纹是疲劳源，并且一般会出现在零件表面上，形成裂纹扩展区。当裂纹扩展区达到某一临界尺寸时，零件甚至会在低于弹性极限的应力下突然脆断。最后的脆断区称为最终破断区。图 1-3a 所示为典型疲劳断口（汽车后轴）的宏观照片，而图 1-3b 所示为典型断口三个区域的示意图。

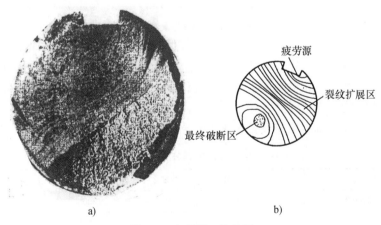

a)　　　　　　　　　b)

图 1-3　疲劳断口的特征

a）汽车后轴的断口　b）断口的示意图

材料抵抗疲劳破坏的能力由疲劳试验获得，在试样上通过施加重复的试验力或变形，或施加变化的力或变形，而得到疲劳寿命、给定寿命的疲劳强度等结果。被测材料承受应力与材料寿命之间关系的 S-N 曲线如图 1-4 所示。按 GB/T 10623—2008 的规定，材料疲劳强度是在指定寿命下使试样失效的应力水平，用 S 表示，N 表示交变应力循环次数。由于无数次应力循环难以实现，国标规定 N 次循环（一般试验时规定钢铁材料经受 10^7 次循环，非铁金属经受 10^8 次循环）后的疲劳强度用 σ_N 表示。当施加的交变应力是对称循环应力时，所得的疲劳强度用 σ_{-1} 表示。

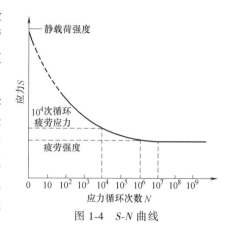

图1-4　S-N 曲线

一般认为，产生疲劳破坏的原因是材料的某些缺陷，如夹杂物、气孔等所致。在交变应力下，缺陷处首先形成微小裂纹，裂纹逐步扩展，导致零件的受力截面减小，以致突然产生破坏。零件表面的机械加工刀痕和构件截面突然变化部位，都会产生应力集中。交变应力下，应力集中容易处于产生显微裂纹处，这也是产生疲劳破坏的主要原因。

在机械零件的断裂中，80%以上都属于疲劳断裂。为了防止或减少零件的疲劳破坏，除应合理设计结构，防止应力集中外，还要尽量减小零件表面粗糙度值，采取表面硬化处理等措施来提高材料的抗疲劳能力。

1.1.2　金属材料刚度指标的测定

材料在弹性范围内，应力 σ 与应变 ε 的关系服从胡克定律：$\sigma = E\varepsilon$（或 $\tau = G\gamma$）。ε（或 γ）为应变，即单位长度的变形量，$\varepsilon = \Delta l / l$。

材料的刚度通常用弹性模量 E 来衡量。弹性模量指的是在应力-应变曲线上完全弹性变形阶段中应力与应变的比值。即

$$E = \frac{\sigma}{\varepsilon}$$

因此，刚度是指材料在受力时抵抗弹性变形的能力，它表征了材料弹性变形的难易程度。E 是表示材料抵抗弹性变形能力和衡量材料"刚度"的指标。弹性模量越大，材料的刚度就越大，即具有一定外形尺寸的零件或构件保持其原有尺寸与形状的能力越大。

在设计机械零件时，对要求刚度大的零件，应选用具有高弹性模量的材料。例如，镗床的镗杆应有足够的刚度，如果刚度不足，当进给量大时，镗杆的弹性变形就会大，镗出的孔就会偏小，进而影响加工精度。

常用金属的弹性模量和切变模量见表1-1。

表1-1　常用金属的弹性模量和切变模量

金属	弹性模量 E/MPa	切变模量 G/MPa	金属	弹性模量 E/MPa	切变模量 G/MPa
铁	214000	84000	铝	72000	27000
镍	210000	84000	铜	132400	49270
钛	118010	44670	镁	45000	18000

1.1.3　金属材料塑性指标的测定

塑性是指金属材料在载荷作用下，断裂前发生不可恢复的永久变形的能力。评定材料塑性的指标通常是断后伸长率和断面收缩率。

1. 断后伸长率 (A)

按 GB/T 10623—2008 的规定，断后伸长率可用下式表示

$$A = \frac{L_u - L_o}{L_o} \times 100\%$$

式中　L_o——试样原标距长度（mm）；

　　　L_u——拉断后试样的标距长度（mm）（见图 1-1）。

材料断后伸长率的大小与试样原始标距 L_o 和原始截面积 S_o 密切相关。在 S_o 相同的情况下，L_o 越长，则 A 越小，反之亦然。这里必须指出，同一金属材料的试样长度不同，测得的断后伸长率是不同的。一般把 $A > 5\%$ 的材料称为塑性材料，$A < 5\%$ 的材料称为脆性材料。铸铁是典型的脆性材料，而低碳钢是钢铁材料中塑性最好的材料。

2. 断面收缩率 (Z)

按 GB/T 10623—2008 的规定，断面收缩率用下式求得

$$Z = \frac{S_o - S_u}{S_o} \times 100\%$$

式中　S_o——试样的原始截面积（mm^2）；

　　　S_u——试样拉断后缩颈处的截面积（mm^2）（见图 1-1）。

断面收缩率不受试样标距长度的影响，能更可靠地反映材料的塑性。对必须承受强烈变形的材料，塑性指标具有重要的意义。塑性优良的材料冷压成形性好。另外，重要的受力零件也要求具有一定的塑性，以防止超载时发生断裂。

1.1.4　金属材料硬度指标的测定

金属材料硬度
指标的测定

硬度是衡量材料软硬程度的指标，是材料抵抗比它更硬的物体压入的能力。因为硬度的测定总是在试样的表面上进行的，所以硬度也可以看作是材料表面抵抗变形的能力。实际上，硬度是金属材料力学性能的一个综合物理量，也就是说，在一定程度上，硬度的高低也同时反映了金属材料的强度、塑性的大小。硬度是各种零件和工具必备的性能指标，硬度试验设备简单，操作方便，且不破坏被测试工件，因此广泛用于产品质量的检验。

常用的硬度表示法有布氏硬度（HBW）、洛氏硬度（HRA、HRBW、HRC）和维氏硬度（HV）三种。

1. 布氏硬度 (HBW)

布氏硬度试验方法是对一定直径 D 的碳化钨合金球施加试验力 F 压入所测试样表面（见图 1-5），经规定保持时间后，卸除试验力，测量试样表面压痕直径（见图 1-6），然后按下式计算硬度

$$\text{HBW} = 0.102 \frac{F}{A} = 0.102 \frac{2F}{\pi D (D - \sqrt{D^2 - d^2})}$$

式中　HBW——硬质合金球试验时的布氏硬度值；

　　　F——试验力（N）；

　　　A——压痕表面积（mm^2）；

D——球体直径（mm）；

d——压痕平均直径（mm），$d = \dfrac{d_1 + d_2}{2}$。

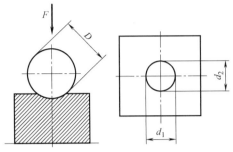

图 1-5　布氏硬度测量示意图

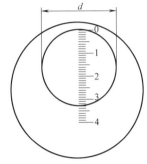

图 1-6　用读数显微镜测量压痕直径

由于金属材料有软有硬，被测工件有薄有厚，尺寸有大有小，如果只采用一种标准的试验力 F 和压头直径 D，就会出现对某些材料和工件不适应的现象。因此，在进行布氏硬度试验时，要求按照 GB/T 231.1—2018 规定使用不同的试验力和压头直径，建立 F 和 D 的某种选配关系，以保证布氏硬度不变。根据材料和硬度值选择试验力与压头球直径平方的比率（$0.102F/D^2$ 比值），见表 1-2。为保证尽可能大的有代表性的试样区域试验，应尽可能选取较大直径压头。

表 1-2　不同材料推荐的试验力与压头直径平方的比率

材料种类	布氏硬度 HBW	$0.102F/D^2/(\text{N/mm}^2)$
钢、镍基合金、钛合金		30
铸铁	<140	10
	≥140	30
铜和铜合金	<35	5
	35~200	10
	>200	30
轻金属及其合金	<35	2.5
	35~80	5
		10
		15
	>80	10
		15
铅、锡		1

注：对于铸铁，压头的名义直径应为 2.5mm，5mm 或 10mm。

符号 HBW 之前用数字标注硬度值，符号后面依次为：用数字注明压头直径（mm）、试验力（kgf⊖）及试验力保持时间（s）（10~15s 不标注）。例如，500HBW5/750 表示用直径

⊖　kgf 是非法定计量单位，1kgf = 9.80665N。

5mm硬质合金球在750kgf（7355N）试验力作用下保持10~15s，测得的布氏硬度值为500。

布氏硬度试验的压痕面积较大，测试结果的重复性较好，能反映材料的平均硬度，测量数据比较精确，但操作较烦琐。布氏硬度试验适用于测量铸铁、非铁合金、各种退火及调质处理的钢材，特别对软金属，如铝、铅、锡等更为适宜。由于其压痕较大，不适宜测量成品或薄片金属的硬度。

2. 洛氏硬度（HR）

洛氏硬度试验是实际生产中应用最为广泛的硬度测定方法之一。洛氏硬度试验也是一种压入硬度试验，但它不是测量压痕的面积，而是测量压痕的深度，以深度大小表示材料的硬度值。

洛氏硬度试验原理如图1-7所示。它是用顶角为120°的金刚石圆锥体或直径为1.5875mm或3.175mm的碳化钨合金球作压头，分两级试验力压入试样表面，先施加初始试验力F_0（98.07N），图中6为压头受到初始试验力F_0后压入试样的位置，是测量的基准面，测量初始压痕深度为1；随后施加主试验力F_1，经过规定的保持时间，总试验力为$F=F_0+F_1$（标准规定共有三种总试验力，分别为588.4N、980.7N、1471N），2为由主试验力F_1引起的压入深度；卸载主试验力F_1，仍保留初试验力F_0，试样弹性变形的回复使压头上升，测量最终压痕深度，此时压头残余压痕深度为最终压痕深度和初始压痕深度的差值h，即图中4。

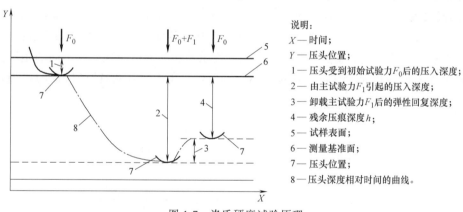

说明：
X——时间；
Y——压头位置；
1——压头受到初始试验力F_0后的压入深度；
2——由主试验力F_1引起的压入深度；
3——卸载主试验力F_1后的弹性回复深度；
4——残余压痕深度h；
5——试样表面；
6——测量基准面；
7——压头位置；
8——压头深度相对时间的曲线。

图1-7　洛氏硬度试验原理

金属越硬，h值越小。为适应人们习惯上数值越大硬度越高的观念，故人为地规定将一常数K减去压痕深度h的值作为洛氏硬度指标，并规定每0.002mm为一个洛氏硬度单位，用符号HR表示，则洛氏硬度值为

$$HR = N - \frac{h}{S}$$

式中　HR——试验时的洛氏硬度值；

　　　　N——给定标尺的全量程常数；

　　　　h——残余压痕深度（mm）；

　　　　S——给定标尺的标尺常数，0.002mm。

因此，洛氏硬度值是一个无量纲的材料性能指标。使用金刚石圆锥压头时，常数N为100；使用碳化钨合金压头时，常数N为130。对于测量表面洛氏硬度标尺，常数N为100。

为了适应不同材料的硬度测试，采用不同的压头与载荷组合成几种不同的洛氏硬度标

尺，每一种标尺用一个字母在洛氏硬度符号后注明。国家标准规定了 A、B、C、D、E、F、G、H、K、N、T 共 11 种标尺，我国常用的是 HRA、HRBW、HRC 三种，试验条件（GB/T 230.1—2018）及应用范围见表 1-3。

表 1-3　常用的三种洛氏硬度的试验条件及应用范围

洛氏硬度符号	压头类型	总试验力 F/N	硬度值有效范围	应用举例
HRA	120°金刚石圆锥体	588.4	20~95HRA	硬质合金,表面淬硬层,渗碳层
HRBW	ϕ1.5875mm 碳化钨合金球	980.7	10~100HRBW	非铁金属,退火、正火钢等
HRC	120°金刚石圆锥体	1471	20~70HRC	淬火钢,调质钢等

注：总试验力＝初始试验力＋主试验力；初始试验力全为 98.07N。

洛氏硬度的表示方法规定为：HR 前面的数字表示硬度值，HR 后面的字母表示所使用的标尺。例如：52HRC 表示用 C 标尺测定的洛氏硬度值为 52。

利用洛氏硬度试验测试方便，操作简便迅速；试验压痕较小，可测量成品件；测试硬度值范围广，采用不同标尺可测定各种软硬不同和厚薄不同的材料。但应注意，不同级别的硬度值间无可比性。由于压痕较小，当材料的内部组织不均匀时，硬度数据波动大，测量不够精确，必须进行多点测试，取算术平均值作为材料的硬度。

3. 维氏硬度

为了更准确地测量金属零件的表面硬度或测量硬度很高的零件，常采用维氏硬度，其符号用 HV 表示。维氏硬度试验法采用了与布氏硬度试验法相同的原理，所不同的是维氏硬度采用顶部两相对面夹角为 136°的正四棱锥体金刚石作为压头，其测量原理如图 1-8 所示。

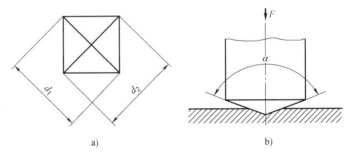

图 1-8　维氏硬度试验原理及压痕示意图
a）维氏硬度压痕　b）压头（金刚石锥体）

F 的大小可根据试样厚度和其他条件按 GB/T 4340.1—2009 选用，试验时试验力 F 在试件表面压出正方形压痕，测量试样表面压痕两对角线长度 d_1 和 d_2，计算其算术平均值 d（mm），用下式求出硬度值（式中 A_V 为压痕面积）

$$HV = \frac{0.102F}{A_V} \approx 0.1891\frac{F}{d^2}$$

维氏硬度试验方法及技术条件可参阅国家标准 GB/T 4340.1—2009。标准按三个试验力范围规定了测定金属维氏硬度的方法：①试验力 $F \geqslant 49.03N$ 时，为维氏硬度试验，适用于较大工件和较深表面层的硬度测定；②采用 $1.961N \leqslant F < 49.03N$ 时，为小力值维氏硬度试验，适用于较薄工件、工具表面或镀层（如渗碳、渗氮层）的硬度测定；③试验力

0.09807N$\leq F<$1.961N 时，压痕非常小，适用于金属箔、极薄表面层的硬度测定，配以金相显微镜可用于测量金相组织中不同相的硬度，测得的结果称为显微硬度。

1.1.5　金属材料韧性指标的测定

材料在冲击载荷作用下抵抗变形和断裂的能力称为冲击韧性，简称韧性。评定韧性的指标主要有冲击吸收能量和断裂韧度。

1. 冲击吸收能量（K）

以很大速度作用于零件上的载荷称为冲击载荷。许多零件在工作过程中，经常会受到冲击载荷的作用。例如，蒸汽锤的锤杆、冲床上的某些部件、柴油机曲轴、飞机的起落架等。由于冲击载荷加载速度高、作用时间短，金属在受冲击时，应力分布与变形很不均匀，所以对承受冲击载荷的零件，仅具有足够的静载荷强度指标是不够的，还必须具有足够的抵抗冲击载荷的能力。

按 GB/T 10623—2008 和 GB/T 229—2007 的规定，工程上常用夏比冲击试验来测定金属材料的冲击吸收能量。其试验原理如图 1-9 所示。

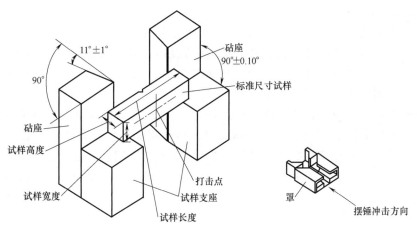

图 1-9　试样与摆锤冲击试验机支座及砧座相对位置示意图

先把要测定的材料加工成标准试样，然后把标准试样放在试验机两支座之间，试样缺口背向打击面放置（见图 1-9），用摆锤一次打击试样，测定试样的冲击吸收能量，用 K（单位 J）表示（注：用字母 V 和 U 表示缺口几何形状，用下标数字 2 或 8 表示摆锤刀刃半径，例如 KV_2）。冲击吸收能量表示方法见表 1-4。

表 1-4　冲击吸收能量表示方法

符号	单位	名　　　称
KU_2	J	U 型缺口试样在 2mm 摆锤刀刃下的冲击吸收能量
KU_8	J	U 型缺口试样在 8mm 摆锤刀刃下的冲击吸收能量
KV_2	J	V 型缺口试样在 2mm 摆锤刀刃下的冲击吸收能量
KV_8	J	V 型缺口试样在 8mm 摆锤刀刃下的冲击吸收能量

对一般常用钢材来说，所测冲击吸收能量 K 越大，材料的韧性越好。但由于测出的冲击吸收能量 K 的组成比较复杂，所以有时测得的 K 值不能真正反映材料的韧脆性质。

冲击吸收能量 K 的值越大，表示材料的冲击性能越好。在实际应用中，许多受冲击件往往是在受到较小冲击能量的多次冲击而被破坏的，如凿岩机风镐上的活塞、冲模的冲头等，对于这类零件，应采用小能量多次冲击的抗力指标作为评定材料质量及选材的依据。

2. 断裂韧度（K_{IC}）

前面讨论的力学性能，均假定材料是均匀、连续、各向同性的。以这些假设为依据的设计方法称为常规设计方法。依据常规设计方法分析认为是安全的设计，有时也会发生意外断裂事故。在研究这些于高强度金属材料中发生的低应力脆性断裂的过程中，发现前述假设是不成立的。实际上，材料的组织并非是均匀、各向同性的，组织中有各种宏观缺陷，这些缺陷可看成是材料中的裂纹。当材料受外力作用时，这些裂纹的尖端附近就会出现应力集中，形成裂纹尖端应力场。裂纹前端附近应力场的强弱主要取决于一个力学参数，即应力强度因子 K_I，单位为 $MN \cdot m^{3/2}$。即

$$K_I = Y\sigma\sqrt{a}$$

式中　Y——与裂纹形状、加载方式及试样尺寸有关的量，是个无量纲的系数；

　　　σ——外加拉应力（MPa）；

　　　a——裂纹长度的一半（m）。

对某一个有裂纹的试样（或机件），在拉伸外力作用下，Y 值是一定的。当外加拉应力逐渐增大，或裂纹逐渐扩展时，裂纹尖端的应力强度因子 K_I 也随之增大；当 K_I 增大到某一临界值时，试样（或机件）中的裂纹会产生突然失稳扩展，导致断裂。这个应力强度因子的临界值称为材料的断裂韧度，用 K_{IC} 表示。

断裂韧度是用来反映材料抵抗裂纹失稳扩展，即抵抗脆性断裂能力的性能指标。当 $K_I <K_{IC}$ 时，裂纹扩展很慢或不扩展；当 $K_I > K_{IC}$ 时，则材料发生失稳脆断。这是一项重要的判断依据，可用来分析和计算一些实际问题。断裂韧度是材料固有的力学性能指标，是强度和韧性的综合体现。它与裂纹的大小、形状、外加应力等无关，主要取决于材料的成分、内部组织和结构。

任务 1.2　认识金属材料的物理和化学性能

1.2.1　金属材料的物理性能

金属材料的物理性能包括密度、熔点、导热性、导电性、热膨胀性和磁性等，不同机械零件由于用途不同，对材料的物理性能要求也有所不同。

1. 密度

材料的密度是指材料单位体积的质量，单位为 kg/m^3。工程上常用密度来计算零件毛坯的质量。材料的密度关系到所制成的零件或构件的重量和紧凑程度，选择密度适当的材料对于要求减轻自重的航空和宇航工业零件有特别重要的意义。制作同样的零件，用密度小的铝合金制作的比钢材制造的重量可减轻 $1/3 \sim 1/4$。按密度大小，金属材料可以分为轻金属（密度小于 $5.0 \times 10^3 kg/m^3$）和重金属（密度大于 $5.0 \times 10^3 kg/m^3$）。抗拉强度 R_m 与密度 ρ 之比称为比强度；弹性模量 E 与密度 ρ 之比称为比弹性模量。这两者也是衡量某些零件材料性能的重要指标。如密度大的材料将增加零件的重量，降低零件单位重量的强度，即降低比强

度。常用材料的密度见表1-5。

表1-5 常用材料的密度

材料	铅	钢	铁	钛	铝	锡	钨	塑料	玻璃钢	碳纤维复合材料
密度/(g/cm³)	11.3	8.9	7.8	4.5	2.7	7.28	19.3	0.9~2.2	2.0	1.1~1.6

2. 熔点

熔点是指材料由固态转变为液态时的熔化温度，一般用摄氏温度（℃）表示。纯金属都有固定的熔点，即熔化过程在恒温下进行，而合金的熔点取决于成分。例如：钢是铁和碳组成的合金，其含碳量不同，熔点也不同。陶瓷的熔点一般都显著高于金属及合金的熔点，而高分子材料一般不是完全晶体，没有固定的熔点。

根据熔点的不同，金属材料又分为低熔点金属和高熔点金属。熔点高的金属称为难熔金属（如W、Mo、V等），可用来制造耐高温零件。例如：喷气发动机的燃烧室需用高熔点合金来制造。熔点低的金属（如Sn、Pb等），可用来制造印刷铅字和电路上的熔丝等。

对于热加工材料，熔点是制定热加工工艺的重要依据之一。例如：铸铁和铸铝熔点不同，所以它们的熔炼工艺也有较大区别。常用材料的熔点见表1-6。

表1-6 常用材料的熔点

材料	钨	钛	铁	碳素钢	铸铁	铜	铝	铝合金	铋	锡
熔点/℃	3380	1677	1538	1450~1500	1279~1148	1083	660.1	447~575	271.3	231.9

3. 导热性

导热性是材料传导热量的能力。材料的导热性用热导率（也称导热系数）λ来表示。材料的热导率越大，其导热性越好。一般来说，金属越纯，其导热能力越大。导热性能是工程上选择保温或热交换材料的重要依据之一，也是确定机件热处理保温时间的一个参数。一般来说，金属材料的导热性远高于非金属材料，而合金的导热性比纯金属差。对合金进行锻造或热处理时，加热速度应慢一些，否则会因形成较大的内应力而产生裂纹。

4. 导电性

导电性是材料传导电流的能力。材料的导电性一般用电阻率表示。通常，金属的电阻率随温度升高而增加，而非金属材料则与此相反。在金属中，以银的导电性为最好，其次是铜和铝，合金的导电性比纯金属差。导电性好的金属适于制作导电材料（纯铝、纯铜等），导电性差的材料适于制作电热元件。高分子材料通常是绝缘体，但有的高分子复合材料也有良好的导电性。陶瓷材料虽然是良好的绝缘体，但某些特殊成分的陶瓷却是具有一定导电性的半导体。

5. 热膨胀性

热膨胀性是材料随温度变化体积发生膨胀或收缩的特性。材料的线胀性通常用线膨胀系数表示，陶瓷的线胀系数最低，金属次之，高分子材料最高。一般材料都具有热胀冷缩的特点。在工程实际操作中，许多场合要考虑热膨胀性。例如，相互配合的柴油机活塞和缸套之间间隙很小，要求活塞与缸套材料的热膨胀性要相近，才能避免活塞在缸套内卡住或漏气；铺设铁轨时，两根钢轨衔接处必须留有一定空隙，以便让钢轨在长度方向有伸缩的余地；制定热加工工艺时，需要考虑材料的热膨胀影响，以尽量减小零件的变形和开裂等。

6. 磁性

磁性是指材料能导磁的性能。根据材料在磁场作用下表现出的不同特性，可将材料分成三类。

（1）铁磁性材料　在外磁场中能强烈地被磁化，如铁、钴等。

（2）顺磁性材料　在外磁场中只能微弱地被磁化，如锰、铬等。

（3）抗磁性材料　能抗拒或削弱外磁场对材料本身的磁化作用，如铜、锌等。

铁磁性材料可用于制造变压器、电动机、测量仪表等。抗磁性材料则用于制作要求避免电磁场干扰的零件和结构，如航海罗盘。

1.2.2　金属材料的化学性能

金属及合金的化学性能，主要是指它们在室温或高温时抵抗各种介质的化学侵蚀的能力，主要有耐蚀性、抗氧化性和化学稳定性。

1. 耐蚀性

耐蚀性是指金属材料在常温下抵抗氧、水蒸气等化学介质腐蚀破坏作用的能力。腐蚀对金属的危害很大。

2. 抗氧化性

几乎所有的金属都能与空气中的氧作用形成氧化物，这种现象称为氧化。如果氧化物膜结构致密（如 Al_2O_3），就可以保护金属表层不再氧化。

3. 化学稳定性

化学稳定性是金属材料的耐蚀性和抗氧化性的总称。在高温下工作的热能设备（锅炉、汽轮机、喷气发动机等）上的零件，应选择热稳定性好的材料制造；在海水、酸、碱等腐蚀环境中工作的零件，应选择化学稳定性良好的材料，如化工设备通常采用不锈钢来制造。

任务 1.3　认识金属材料的工艺性能

工艺性能是指材料在制造机械零件和工具的过程中，采用某种加工工艺制成成品的难易程度。它是决定材料能否进行加工或如何进行加工的重要因素。材料工艺性能的好坏，会直接影响机械零件的工艺方法、加工质量和制造成本等。

材料的工艺性能，主要包括切削加工性能、锻造性能、铸造性能、焊接性能和热处理性能等。

1. 切削加工性能

切削加工性能是指材料在切削加工时的难易程度。它与材料的种类、成分、硬度、韧性、导热性及内部组织状态等多种因素有关。切削加工性能一般用切削后的表面质量（以表面粗糙度高低衡量）和刀具寿命来表示。

金属材料具有适当的硬度（170～230HBW 之间）和足够的脆性时，切削加工性能良好。改变钢的化学成分和进行适当的热处理，可提高钢的切削加工性能。就材料种类而言，铸铁、铜合金、铝合金及一般碳素钢的切削加工性能较好。

2. 锻造性能

金属材料在压力加工（锻造、轧制）下成形的难易程度称为锻造性能。锻造性能主要取决于金属材料的塑性和变形抗力。塑性越好，变形抗力越小，金属的锻造性能越好，反之则差。

金属的锻造性能取决于金属的本质和加工条件。一般钢的锻造性能良好，而铸铁则不能进行压力加工。碳素钢的含碳量越低，其锻造性能越好；随着温度的升高，金属的锻造性能会提高。

3. 铸造性能

铸造性能是指铸造成形过程中获得外形准确、内部健全铸件的能力，反映了金属材料熔化浇注成为铸件的难易程度。衡量金属材料铸造性能的指标有流动性、收缩率和偏析倾向等。

流动性指熔融材料的流动能力，主要受化学成分和浇注温度的影响，流动性好的材料容易充满铸型腔，从而获得外形完整、尺寸精确、轮廓清晰的铸件。收缩性指铸件在冷却凝固过程中其体积和尺寸减小的现象，铸件收缩不仅影响其尺寸，还会使铸件产生缩孔、疏松、内应力、变形和开裂等缺陷。偏析是指铸件内部化学成分和显微组织的不均匀现象，偏析严重的铸件，其各部分的力学性能会有很大差异，从而会降低产品质量。

在金属材料中，铸铁与青铜的铸造性能较好。

4. 焊接性能

焊接性能一般用材料的焊接性来衡量。也就是在一定的焊接工艺条件下，获得优质焊接接头的难易程度。评价焊接性的指标有两个：一是焊接接头产生缺陷的倾向性，二是焊接接头的使用可靠性。在机械工业中，焊接的主要对象是钢材。含碳量是焊接性好坏的主要因素。低碳钢和碳的质量分数低于 0.18% 的合金钢有较好的焊接性，碳的质量分数大于 0.45% 的碳素钢和碳质量分数大于 0.35% 的合金钢的焊接性较差。碳质量分数和合金元素含量越高，焊接性越差。

低碳钢的焊接性最好，各种焊接方法都可获得优良的焊接接头。中、高碳钢随碳的质量分数的增加，焊接性会变差，通常需要采取焊前预热和焊后热处理等措施。

5. 热处理性能

热处理是改变材料性能的重要手段。它能反映材料热处理的难易程度和产生热处理缺陷的倾向。其衡量的指标或参数很多，如淬透性、淬硬性、耐回火性、氧化与脱碳倾向及热处理变形与开裂倾向等。其中主要考虑其淬透性。铝合金的热处理要求较严。铜合金只有几种可以用热处理强化。

复习思考题

1. 说明以下符号的名称、单位和意义：
σ_e、R_e、R_m、S、E、A、Z、HBW、HRC、HV。

2. 在机械零件设计时，选取 R_e 还是选取 R_m，应以什么情况为依据？

3. 在测定屈服强度指标时，R_e 和 $R_{t0.2}$ 有什么不同？

4. 设计刚度好的零件，应根据何种指标选择材料？采用何种材料为宜？

5. 常用的测量硬度方法有几种？其应用范围如何？

6. 反映材料受冲击载荷的性能指标是什么？不同条件下测得的这种指标能否比较？

7. 疲劳破坏是怎样形成的？提高零件疲劳寿命的方法有哪些？

8. 绘制低碳钢应力-应变曲线，并描述低碳钢应力应变曲线上的几个变形阶段。

项目2

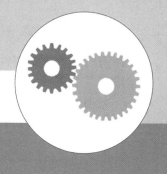

非铁金属材料

知识目标

1）了解铝及其合金的分类、牌号、性能及用途。

2）了解铜及其合金的分类、牌号、性能及用途。

3）了解钛、镁及其合金的分类、牌号、性能及用途。

能力目标

1）根据普通工件材料的工作特点和性能要求，可以正确选择铝合金、铜合金材料。

2）根据不同工件的性能要求，可以合理选择钛合金以及镁合金材料。

引言

在工业上，除铁基合金以外的其他金属及其合金都称为非铁金属材料，包括 Al、Cu、Ni、Mg、Ti、Co、Zn、贵金属、难熔金属（W、Mo、Ta、Nb）、稀土金属以及它们所组成的合金。与钢铁材料相比，非铁金属材料的冶炼比较复杂，成本高。但是，它们具有许多优良的特性，因而已成为现代工业，特别是航空航天工业中不可缺少的材料。例如：Al、Mg、Ti、Be 等轻金属具有密度小、比强度高等特点，它们被广泛应用于航空航天、汽车、船舶和军事领域；Al、Cu、Au、Ag 等金属具有优良的导电、导热性和耐蚀性，它们是电器仪表和通信领域不可缺少的材料；Ni、W、Mo、Ta 等金属材料是制造高温零件和电真空元器件的优良材料；还有一些是专用于原子工业的 U、Ra、B 等。本项目主要介绍目前广泛使用的铝合金、铜合金、钛合金、镁合金等非铁金属材料。

任务 2.1 认识铝及其合金

铝及其合金在工业上的重要性仅次于钢，在航空、航天、电力及日常生活用品中得到广泛的应用。

2.1.1 工业纯铝

纯铝是具有银白色金属光泽的轻金属，密度为 $2.72g/cm^3$，熔点为 660℃，具有面心立方晶格，无同素异构转变。纯铝具有良好的导电性和导热性，仅次于银、铜、金。纯铝化学性质活泼，在大气中极易与氧作用，在表面形成一层能阻止内层金属继续被氧化的牢固致密的氧化膜，从而使它在大气和淡水中具有良好的耐蚀性。纯铝具有极好的塑性和较低的强度，良好的低温性能（到-235℃塑性和冲击韧度也不降低）。

纯铝具有一系列优良的工艺性能，易于铸造，切削和冷、热压力加工，还具有良好的焊接性能。纯铝的强度很低，其抗拉强度仅 $90 \sim 120 MPa/m^2$，因此一般不宜直接作为结构材料和制造机械零件。工业纯铝的主要用途是：代替贵重的铜合金，制作导线；配制各种铝合金以及制作要求质轻、导热或耐大气腐蚀但强度要求不高的器具。

工业纯铝分为冶炼产品（铝锭）和压力加工产品（铝材）两种。铝锭一般用于冶炼铝合金，配制合金钢成分或作为炼钢的脱氧剂，或作为加工铝材的坯料。按杂质含量，工业纯铝的牌号（按 GB/T 3190—2008 规定）有 1070A、1060、1050A、1035、1200 等。

2.1.2 铝合金

纯铝的强度和硬度很低，不适宜作为工程结构材料使用。铝与硅、铜、镁、锰等合金元素所组成的铝合金具有较高的强度，若再经过冷变形加工硬化和时效硬化，其抗拉强度可达 500MPa 以上，可制造一些承受一定载荷的零件。

1. 铝合金相图及分类

根据铝合金的成分和生产工艺特点，可将铝合金分为变形铝合金和铸造铝合金两类。变形铝合金是将合金熔融铸成锭子后，再通过压力加工（轧制、挤压、模锻等）制成半成品或模锻件，故要求合金应有良好的塑性变形能力。铸造铝合金则是将熔融的合金直接铸成形状复杂的甚至是薄壁的成形体，故要求合金应具有良好的流动性。

可以用铝合金相图来直接划分变形铝合金和铸造铝合金的成分范围，如图 2-1 所示。图中成分在 D 点左边的合金，加热至固溶线（DF 线）以上温度可以得到具有均匀的单相固溶体组织的变形铝合金。成分在 D 点右边的合金，是具有共晶组织的铸造铝合金。

在变形铝合金中，成分在 F 点左边的合金，固溶体成分不随温度而变化，不能通过热处理方法进行强化，称为不可热处理强化的铝合金；成分在 F 和 D 之间的合金，固溶体成分可随温度而变化，能通过热处理方法进行强化，称为可热处理强化的铝合金。

（1）变形铝合金　按性能特点和用途可将变形铝合金分为防锈铝、硬铝、超硬铝和锻铝四种。

变形铝合金的牌号采用四位字符体系的表示方法，即 数字1 数字或字母 数字2 数字3 。例如：1035、2A04、2B50、5A02 等。

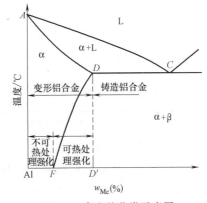

图 2-1　合金的分类示意图

数字1 表示铝及铝合金的组别；1—纯铝，2—主加铜元素铝合金，3—主加锰元素铝合金，4—主加硅元素铝合金，5—主加镁元素铝合金，6—主加镁和硅元素铝合金，7—主加锌元素铝合金，8—主加其他元素铝合金等。

数字或字母 对于纯铝（1×××），0—对杂质极限含量无特殊限制，1~9—对杂质极限含量有特殊限制；对于铝合金（2×××~8×××），A（或0）—表示原始合金、B~Y（或1~

9）—表示改型合金。

数字2　数字3　对于纯铝（1×××），表示铝的质量分数；对于铝合金（2×××～8×××）没有特殊的含义，只是用来区分同一组中的不同铝合金。

常用变形铝合金的牌号、成分及力学性能见表2-1。

表2-1　常用变形铝合金的牌号、成分及力学性能（摘自 GB/T 3190—2008）

类别	牌号	w_{Me}（%）					半成品状态	力学性能		
		Cu	Mg	Mn	Zn	其他		R_m/MPa	A（%）	HBW
防锈铝合金	5A05	0.1	4.8～5.5	0.3～0.6	0.20	Fe：0.50，Si：0.50	O	270	23	70
	5A06	0.1	5.8～6.8	0.5～0.8	0.20	Fe：0.40，Si：0.40	O	270	23	70
	3A21	0.2	0.05	1.0～1.6	0.1	Si：0.60，Ti：0.15	O / Y	130 160	20 10	30 40
硬铝合金	2A01	2.2～3.0	0.20～0.5	0.20	0.10	Si：0.50，Ti：0.15	O / T4	160 300	24	38 70
	2A11	3.8～4.8	0.4～0.8	0.4～0.8	0.30	Fe：0.70，Ni：0.10，Si：0.70，Ti：0.15	O / T4	180 380	18	45 100
	2A12	3.8～4.9	1.2～1.8	0.3～0.9	0.30	Fe：0.50，Ni：0.10 Si：0.50，Ti：0.15	O / T4	180 430	18	42 105
超硬铝合金	7A03	1.8～2.4	1.2～1.6	0.10	6.0～6.7	Fe：0.50，Cr：0.05 Si：0.20，Ti：0.02～0.08	T4	（抗剪）290	—	—
	7A04	1.4～2.0	1.8～2.8	0.2～0.6	5.0～7.0	Fe：0.50，Si：0.50，Cr：0.10～0.25	O / T6	220 600	18 12	— 150
锻造铝	6A02	0.2～0.6	0.45～0.9	或 Cr0.15～0.35	0.20	Si：0.5～1.2 Fe：0.50，Ti：0.15	O / T6	130 330	24 12	30 95
	2B50	1.8～2.6	0.4～0.8	0.4～0.8	0.30	Cr：10.10～0.20，Ti：0.02～0.1，Si：0.7～1.2，Fe：0.70，Ni：0.10	T6	390（模锻）	10（模锻）	100（模锻）
	2A14	3.9～4.8	0.4～0.8	0.4～1.0	0.30	Fe：0.70，Si：0.6～1.2	T6	40（模锻）	10（模锻）	120（模锻）

注：半成品状态的符号：O—退火状态；Y—硬化；T4—固溶+自然失效；T6—固溶+人工失效。

（2）铸造铝合金　铸造铝合金除要求具备一定的使用性能外，还应具有优良的铸造工艺性能。成分处于共晶点的合金具有最好的铸造性能，但由于这时合金组织中出现大量硬而脆的化合物，会使合金变得很脆。因此，实际使用的铸造铝合金并不都是共晶合金，它与变形铝合金相比较只是合金元素含量高一些。

铸造铝合金的代号，按 GB/T 1173—2013 规定用"铸铝"二字的汉语拼音首字母"ZL"后加三位数字表示。第一位数字表示合金系别：1为铝硅系合金；2为铝铜系合金；3为铝镁系合金；4为铝锌系合金。第二、三位数表示合金的顺序号。例如，ZL102 表示2号铝硅系合金。铸铝牌号用 ZAl+合金元素及其含量表示。

与变形铝合金比较，铸造铝合金的组织粗大，而且铸件的形状一般都比较复杂。因此，铸造铝合金的热处理与一般变形铝合金的热处理还有不同之处。首先，为了使强化相充分溶解、消除枝晶偏析和使针状化合物"团化"，淬火加热温度比较高，保温时间比较长（一般为 15~20h）。其次，为了防止淬火变形和开裂，一般在 60~100℃ 的水中冷却。另外，为了保证铸件的耐蚀性以及组织性能和尺寸稳定，铸件一般都采用人工时效。

表 2-2 列出了部分铸造铝合金的代号（牌号）、铸造方法、热处理、力学性能和用途。

表 2-2　铸造铝合金的代号（牌号）、铸造方法、热处理、力学性能和用途

类别	代号（牌号）	铸造方法	合金状态	力学性能（不低于）			用　途
				$R_m/$ MPa	$A(\%)$	HBW	
铝硅合金	ZL101 (ZAlSi7Mg)	S、R、K	T4	185	4	50	形状复杂的砂型、金属型和压力铸造零件，如飞机、仪表的零件，抽水机壳体，工作温度不超过 185℃ 的化油器等
		J、JB	T5	205	2	60	
		S、R、K	T5	195	2	60	
		SB、RB、KB	T6	225	1	70	
	ZL102 (ZAlSil2)	J	F	155	2	50	形状复杂的砂型、金属型和压力铸造零件，如仪表的零件，工作温度不超过 200℃，要求气密性、承受低载荷的零件
		SB、JB、RB、KB	T2	135	4	50	
		J	T2	145	3	50	
	ZL105 (ZAlSi5-CulMg)	S、R、K	T5	215	1	70	砂型、金属型和压力铸造的形状复杂，在 225℃ 以下工作的零件，如风冷发动机的气缸头、机匣、液压泵壳体等
		J	T5	235	0.5	70	
		S、R、K	T6	225	0.5	70	
	ZL108 (ZAlSi12Cu2Mgl)	J	T1	195	—	85	砂型、金属型铸造的形状复杂，要求高温强度及低膨胀系数的高速内燃机活塞及其他耐热零件
		J	T6	255	—	90	
铝铜合金	ZL201 (ZAlCu5Mn)	S、J、R、K	T4	295	8	70	砂型铸造在 175~300℃ 以下工作的零件，如支臂、挂架梁、内燃机缸盖、活塞等
		S、J、R、K	T5	335	4	90	
	ZL202 (ZAlCu10)	S、J	F	104	—	50	形状简单、对表面粗糙度要求较高的中等承载零件
		S、J	T6	163	—	100	
铝镁合金	ZL301 (ZAlMgl0)	S、J、R	T4	280	9	60	砂型铸造在大气或海水中工作的零件，承受大振动载荷，工作温度不超过 150℃ 的零件

注：铸造方法的符号：S—砂型铸造；J—金属型铸造；R—熔模铸造；K—壳型铸造；B—变质处理。
　　合金状态的符号：F—铸态；T1—人工时效；T2—退火；T4—固溶处理加自然时效；T5—固溶处理加不完全人工时效；T6—固溶处理加完全人工时效。

2. 铝合金的强化

铝合金的强化方式主要有以下几种。

（1）固溶强化　纯铝中加入合金元素，形成铝基固溶体，造成了晶格畸变，阻碍位错的运动，可起到固溶强化的作用，使其强度提高。Al-Cu、Al-Mg、Al-Si、Al-Zn、Al-Mn 等二元合金一般都能形成有限固溶体，且有较大的极限溶解度（见表 2-3），因此具有较好的

固溶强化效果。

表 2-3　常用元素在铝中的溶解度

元素名称	锌	镁	铜	锰	硅
极限溶解度(%)	32.8	14.9	5.65	1.82	1.65
室温时的溶解度(%)	0.05	0.34	0.20	0.06	0.05

（2）时效强化　通过热处理可实现合金元素对铝的另一种强化作用。由于铝没有同素异构转变，所以其热处理相变与钢不同。铝合金的热处理强化，主要原理在于合金元素在铝合金中有较大的固溶度，且随温度的降低而急剧减小，所以铝合金加热到某一温度淬火后，可以得到过饱和的铝基固溶体。这种过饱和铝基固溶体在室温下或加热到某一温度时，其强度和硬度随时间的延长而增高，塑性、韧性则降低，这个过程称为时效。在室温下进行的时效称为自然时效，在加热条件下进行的时效称为人工时效。时效过程中使铝合金的强度、硬度增高的现象称为时效强化。强化效果是依靠时效过程中产生的时效硬化现象来实现的。

（3）铝合金的回归处理　将已经时效强化的铝合金，重新加热到 200~270℃ 之间，经短时间保温，然后在水中急冷，使合金恢复到淬火状态的处理称为回归处理。经回归处理后合金与新淬火的合金一样，仍能进行正常的自然时效。但每次回归处理后，其再时效后强度逐次下降。

（4）过剩相强化　当铝中加入合金元素的数量超过了极限溶解度，则在固溶处理加热时，就有一部分不能溶入固溶体的第二相出现，称为过剩相。在铝合金中，这些过剩相通常是硬而脆的金属间化合物。它们在合金中阻碍位错运动，使合金强化，称为过剩相强化。生产中常常采用这种方式来强化耐热铝合金和铸造铝合金。过剩相数量越多，分布越弥散，则强化效果越大。但过剩相太多，就会使强度和塑性都降低。过剩相成分结构越复杂，熔点越高，高温热稳定性越好。

（5）细化组织强化　很多铝合金组织都是由 α 固溶体和过剩相组成的。如果能细化铝合金的组织，包括细化 α 固溶体或细化过剩相，则可使合金得到强化。实际生产中，常常利用变质处理的方法来细化合金组织。

任务2.2　认识铜及其合金

铜及其铜合金具有以下性能特点：纯铜导电性、导热性极佳，多数铜合金的导电、导热性也很好；铜及其铜合金对大气和水的抗腐蚀能力也很高；铜是抗磁性物质；铜及某些铜合金塑性好，易冷、热成形；铸造铜合金有很好的铸造性能。青铜及部分黄铜有优良的减摩性和耐磨性；铍青铜等有高的弹性极限及疲劳极限，色泽美观。

由于有上述优良性能，铜及其铜合金在诸多领域获得了广泛的应用。但铜的储藏量较小，价格较贵，属于应该节约使用的材料之一，只有在特殊需要的情况下，如要求有特殊的磁性、耐蚀性、加工性能、力学性能以及特殊的外观等条件下，才考虑使用。

2.2.1　工业纯铜

纯铜呈玫瑰色，当表面形成氧化膜后呈紫红色，因此称为紫铜。纯铜属于重金属材料。

其纯度 $w_{Cu} = 99.5\% \sim 99.9\%$，相对密度为8.96，熔点为1083℃，固态下具有面心立方晶格，无同素异构转变，具有抗磁性。纯铜最突出的特点是具有良好的导电和导热性，仅次于银，所以在电器工业和动力机械中得到广泛的应用，如用来制造电导线、散热器、冷凝器等。

纯铜具有很高的化学稳定性，在大气、淡水及蒸汽中基本上不被腐蚀，在含有硫酸和SO_2气体中或海洋性气体中，铜能生成一层结实的保护膜，腐蚀速度也不太大。但铜在氨、氨盐以及氧化性的硝酸和浓硫酸中的耐蚀性很差，在海水中会受腐蚀。纯铜具有面心立方晶格，其强度虽不高，但塑性高，可以承受各种形式的冷热压力加工。在冷变形过程中，铜有明显加工硬化现象，因此必须在冷变形过程中进行中间退火，利用这一现象可大大提高铜制品的强度。

工业纯铜中常有质量分数为0.1%~0.5%的杂质（铝、铋、氧、硫、磷等），杂质对纯铜的各种性能有很大影响，它们使铜的导电能力降低。另外，铅、铋杂质能与铜形成熔点很低的共晶体（Cu+Pb）和（Cu+Bi），共晶温度分别为326℃和270℃。当铜进行热加工时，这些共晶体发生熔化，破坏了晶界的结合，造成脆性破裂，这种现象叫热脆。并且，硫、氧也能与铜形成（$Cu+Cu_2S$）和（$Cu+Cu_2O$）共晶体，它们的共晶温度分别为1067℃和1065℃，虽不会引起热脆性，但由于Cu_2S和Cu_2O均为脆性化合物，冷加工时易产生破裂，这种现象称为冷脆。

根据杂质的含量，工业纯铜可分为三种：T1、T2、T3。"T"为铜的汉语拼音字头，编号越大，纯度越低。工业纯铜的牌号、成分及用途见表2-4。

表 2-4   纯铜加工产品的牌号、成分及用途

类别	牌号	w_{Cu} (%)	杂质(质量分数,%)		杂质总量 (质量分数,%)	用 途
			Bi	Pb		
一号铜	T1	99.85	0.002	0.005	0.05	导电材料和配制高纯度合金
二号铜	T2	99.90	0.002	0.005	0.1	导电材料,制作电线、电缆等
三号铜	T3	99.70	0.002	0.01	0.3	一般用铜材,制作电气开关、垫圈、铆钉、油管等

2.2.2　铜合金

纯铜主要用于导电、导热及兼有耐蚀性的器材，如电线、电缆、电刷、防磁器械、化工用传热或深冷设备等。工业纯铜的力学性能较低，为满足结构件的要求，需加入适量合金元素制成铜合金。铜合金具有比纯铜高的强度及耐蚀性，是电气仪表、化工、造船、航空、机械等工业部门中的重要材料。按照化学成分，铜合金可分为黄铜、青铜及白铜三大类。

1. 黄铜

黄铜是以锌为主加元素的铜合金，因含锌而呈金黄色，故称黄铜。黄铜具有良好的力学性能、导热性、导电性和加工成形性，色泽美丽，价格较低，是重金属中应用最广的金属材料。按化学成分不同，黄铜分为普通黄铜和特殊黄铜两种。表2-5是常用黄铜的牌号、成分、性能和用途。

表 2-5 常用黄铜的牌号、成分、性能和用途

牌号	主要化学成分（质量分数,%）		制品种类或铸造方法	力学性能			用 途
	Cu	Zn 及其他元素		$R_m/$ MPa	A (%)	硬度	
H90	89.0~91.0	Zn 余量	板、棒、线、管	≥245	≥35	—	导管、冷凝器、散热片及导电零件;冷冲、冷挤零件,如弹壳、铆钉、螺母、垫圈
H68	67.0~70.0			≥290	≥40	≤90HV	
H62	60.5~63.5			≥290	≥35	≤95HV	
HPb59-1	57.0~60.0	Pb0.8~1.9 Zn 余量	板、棒线	≥340	≥25	—	结构零件,如销、螺钉、螺母、衬套、垫圈
HMn58-2	57.0~60.0	Mn1~2 Zn 余量	板、棒线	≥380	≥30	—	船舶和弱电用零件
ZCuZn16Si4	79.0~81.0	Si2.5~4.5 Zn 余量	S、R	345	15	90HBW	在海水、淡水和蒸气条件下工作的零件,如支座、法兰盘、导电外壳
			J	390	20	100HBW	
ZCuZn40Pb2	58.0~63.0	Pb0.5~2.5 Al0.2~0.8 Zn 余量	S、R	220	15	80HBW	选矿机大型轴套及滚动轴承套

注：表中牌号为 H90、H68、H62、HPb59-1、HMn58-2 的力学性能给出的是软化退火态下的值。

普通黄铜的牌号以"H"+数字表示。"H"是"黄"字汉语拼音字头,数字表示铜的质量分数,如 H80 即表示 w_{Cu} = 80%, w_{Zn} = 20%的普通黄铜。

在普通黄铜中加入铅、铝、锰、锡、铁、镍、硅等合金元素所组成的多元合金称特殊黄铜。牌号用"H"+主加元素符号+铜的质量分数+主加元素质量分数表示。如 HPb59-1 表示含 59%铜,1%铅,其余为锌。

铸造用黄铜在牌号"H"前加"Z"("铸"字汉语拼音字首)如 ZHAl67-2.5 表示 w_{Cu} = 67%, w_{Al} = 2.5%的铸造铝黄铜。

（1）普通黄铜 也称作二元黄铜,是铜-锌二元合金。图 2-2 为 Cu-Zn 二元相图。

锌加入铜中,首先形成 α 相。α 相是锌溶于铜中的固溶体,溶解度随温度下降而增大。α 相具有面心立方晶格,能使合金强度、塑性增高,适于进行冷、热加工,并有优良的铸造、焊接和镀锡的能力。当 Zn 增加时,产生以化合物 CuZn 为基的有序固溶体（β′相）。β′相具有体心立方晶格,性能硬而脆,能使合金塑性下降而强度提高。黄铜的力学性能与锌含量有极大的关系,见图 2-3。当 w_{Zn}≤32%时,随着含锌量的增加,强度和伸长率都升高,当 w_{Zn}>32%后,因组织中出现 β′相,塑性开始下降,而强度在 w_{Zn} = 45%附近达到最大值。含 Zn 更高时,黄铜的组织全部为 β′相,强度与塑性急剧下降。因此,工业用黄铜锌的质量分数均在 46%以下。其组织为 α 或 α+β′,分别称为 α 黄铜和 α+β′黄铜。

α 黄铜又称单相黄铜（见图 2-4）,适用于常温下压力加工形状复杂的零件,具有较高的强度和优良的冷变形性能。常用牌号有 H90、H80、H70、H68,其中 H70、H68 又称三七黄铜,由于它强度较高,塑性特别好,大量用作枪弹壳及炮弹筒,故有"弹壳黄铜"之称。

α+β′黄铜又称双相黄铜（见图 2-5）,具有较高的强度和耐蚀性,适宜热压力加工,常用牌号有 H62、H59,用于制造散热器、水管、油管、弹簧等。

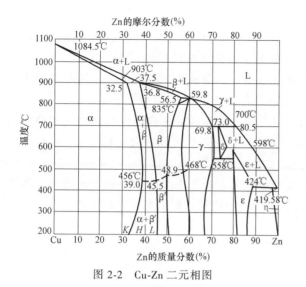

图 2-2 Cu-Zn 二元相图

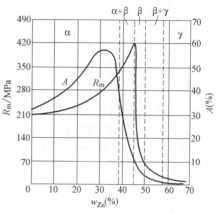

图 2-3 锌含量对铸造黄铜力学性能的关系

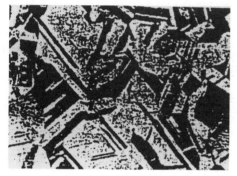

图 2-4 单相黄铜显微组织图

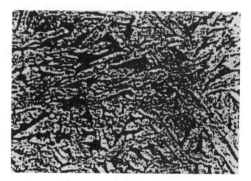

图 2-5 双相黄铜显微组织

普通黄铜力学性能、工艺性较好，应用比较广泛。黄铜具有很好的流动性，且易形成集中缩孔，因此铸件组织致密，偏析倾向很小。

黄铜的耐蚀性比较好，与纯铜接近，超过铁、碳素钢及许多合金钢。但锌的质量分数大于 7% 特别是大于 20% 后的冷加工黄铜，在潮湿大气或海水中，由于有残余应力存在，容易产生应力腐蚀，使黄铜开裂，所以冷加工后的黄铜应进行低温退火，以消除内应力，减少应力腐蚀倾向。

（2）特殊黄铜　为了提高普通黄铜的耐蚀性、可加工性、力学性能，在铜锌二元合金的基础上加入锡、铅、铝、硅、锰、铁、镍等其他合金元素所组成的多元合金称为特殊黄铜。

1）锡黄铜。锡可显著提高黄铜在海洋大气和海水中的耐蚀性，并可使黄铜的强度提高。压力加工锡黄铜广泛应用于制造海船零件。

2）铅黄铜。铅能改善切削加工性能，并能提高耐磨性。铅对黄铜的强度影响不大，塑性略为降低。压力加工铅黄铜主要用于要求有良好切削加工性能及耐磨的零件（如钟表零件），铸造铅黄铜可以制作轴瓦和衬套。

3）铝黄铜。铝能提高黄铜的强度和硬度，但使塑性降低。铝使黄铜表面形成保护性的氧化膜，改善黄铜在大气中的耐蚀性。

4）硅黄铜。硅能显著提高黄铜的力学性能、耐磨性和耐蚀性。硅黄铜具有良好的铸造性能，并能进行焊接和切削加工。主要用于制造船舶及化工机械零件。

5）锰黄铜。锰能提高黄铜的强度，不降低塑性，还能提高在海水中及过热蒸汽中的耐蚀性。锰黄铜常用于制造海船零件及轴承等耐磨部件。

6）铁黄铜。黄铜中加入铁，同时加入少量的锰，可起到提高黄铜再结晶温度和细化晶粒的作用，使力学性能提高，同时使黄铜具有高的韧性、耐磨性及在大气和海水中优良的耐蚀性，所以铁黄铜可以用于制造受摩擦及受海水腐蚀的零件。

7）镍黄铜。镍能提高黄铜的再结晶温度和细化其晶粒，提高力学性能和耐蚀性，降低应力腐蚀开裂倾向。镍黄铜的热加工性能良好，广泛应用在造船工业、电机制造工业中。

2. 青铜

青铜原指铜锡合金，因其外观呈青黑色，故称之为锡青铜。近代工业中广泛应用了含 Al、Be、Pb、Si 等的铜基合金，统称为无锡青铜。所以，青铜实际上包含锡青铜、铝青铜、铍青铜和硅青铜等。青铜的编号规则是："Q" +主加元素符号+主加元素含量（+其他元素含量），"Q" 表示青的汉语拼音字头。如 QSn4-Zn3 表示成分为 w_{Sn} = 4%、w_{Zn} = 3%、其余为铜的锡青铜。铸造青铜的编号前加 "Z"。

青铜一般都具有高的耐蚀性、较高的导电、导热性及良好的可加工性。青铜分压力加工青铜和铸造青铜两大类。常用青铜的牌号、化学成分、力学性能及用途见表2-6。

表2-6　常用青铜的牌号、化学成分、力学性能及用途

| 类型 | 牌号 | 主要成分 w_{Me}(%)（余量 Cu） | | 力学性能 | | 主要用途 |
		Sn	其他	R_m/MPa	A(%)	
压力加工锡青铜	QSn4-3	3.5~4.5	Zn2.7~3.3	350	40	弹性元件、管配件和化工机械等
	QSn6.5-0.1	6.0~7.0	P0.1~0.25	300 500 600	38 5 1	耐磨件、弹性零件
	QSn4-4-2.5	3.0~5.0	Zn3.0~5.0 Pb1.5~3.5	300~350	35 45	轴承、轴套、衬套等
铸造锡青铜	ZCuSnl0Zn2	9.0~11.0	Zn1.0~3.0 P0.5~1.0	245 240	6 12	中等或较高负荷下工作的重要管配件、泵、阀、齿轮等
	ZCuSnl0P1	9.0~11.5	P0.5~1.0	310 220	2 3	重要的轴瓦、齿轮、连杆和轴套等
特殊青铜（无锡青铜）	ZCuAl10Fe3	Al8.5~11.0	Fe2.0~4.0	540 490	15 13	重要用途的耐磨、耐蚀重型铸件，如轴套、螺母、蜗轮
	QBe2	Bel.9~2.2	Ni0.2~0.5	500	3	重要仪表的弹簧、齿轮等
	ZCuPb30	Ph27~33	—	—	—	高速双金属轴瓦、减摩零件等

（1）锡青铜　以锡为主要添加元素的铜基合金称为锡青铜。其主要特点是耐蚀、耐磨、强度高、弹性好等。锡在铜中可形成固溶体，也可以形成金属化合物。因此，锡的质量分数不同，锡青铜的组织和性能也不同。

锡青铜具有良好的耐蚀性、减摩性、抗磁性和低温韧性，在大气、海水、蒸汽、淡水及无机盐溶液中的耐蚀性比纯铜和黄铜好，这是由于锡青铜表面生成由 Cu_2O 及 $2CuCO3 \cdot Cu(OH)2$ 构成的致密膜。但在亚硫酸钠、酸和氨水中的耐蚀性较差；为了消除铸造内应力，减轻铸造偏析，改善组织，提高力学性能，铸造锡青铜采用扩散退火，温度一般为 $600 \sim 700℃$，保温 $4 \sim 5h$。为防止脆性相的析出，退火后采用水冷。

锡青铜的流动性差，易形成分散缩孔，铸件致密度低。但合金体积收缩率小，热裂倾向小，适于铸造外形及尺寸要求精确且致密性要求不高的铸件。为改善锡青铜的铸造性能、力学性能、耐磨性能、弹性性能和可加工性，常加入锌、磷、镍等元素形成多元锡青铜。

（2）铝青铜　以铝为主要合金元素的铜基合金称为铝青铜，一般铝的质量分数为 $8.5\% \sim 10.5\%$。铝青铜具有可与钢相比的强度，它具有高的冲击韧度与疲劳强度，耐蚀、耐磨，受冲击时不产生火化等优点。铝青铜具有良好的铸造性能，在大气、海水、碳酸及大多数有机酸中具有比黄铜和锡青铜更高的耐蚀性。含 Al 量较高（$w_{Al} > 10\%$）的铝青铜，还能通过热处理方法（淬火与回火）强化。常用牌号有 QAl5、QAl9-4、ZQAl9-2 等。铝青铜常用来制造机械、化工、造船及汽车工业中的轴套、齿轮、涡轮、管路配件等零件。

（3）铍青铜　铍青铜是 $w_{Be} = 1.7\% \sim 2.5\%$ 的铜合金。由于 Be 在铜中的固溶度随温度下降而急剧降低，室温时仅能溶解 Be0.16%，因此铍青铜可以通过淬火和时效的方法进行强化，而且强化的效果很好。铍青铜的弹性极限、疲劳极限都很高，耐磨性、耐蚀性、导热性、导电性和低温性能也非常好。此外，还具有无磁性、冲击时不产生火花等特性。在工艺方面，它承受冷热压力加工的能力很好，铸造性能也好。但铍青铜价格昂贵，因此限制了它的使用。

铍青铜在工业上用来制造重要的耐磨零件、弹性元件和其他重要零件，如仪表齿轮、弹簧、航海罗盘、电焊机电极、防爆工具等。

3. 白铜

白铜指以镍为主要合金元素的铜合金。白铜又分为简单白铜和特殊白铜。简单白铜仅含铜和镍。具有较高的耐蚀性和抗腐蚀疲劳性能，优良的冷、热加工性能。主要用于制造蒸汽和海水环境中工作的精密仪器、仪表零件和冷凝器、蒸馏器等。特殊白铜是在简单白铜的基础上添加 Zn、Mn、Al 等元素形成的，被称为锌白铜、锰白铜、铝白铜等。它具有很高的耐蚀性、强度和塑性。成本也较低，适于制造精密仪器、精密机械零件、医疗器械等。

任务 2.3 认识钛及其合金

钛在地壳中的蕴藏量居金属元素中的第四位，仅次于铝、铁、镁。在我国，钛的资源十分丰富，是一种很有发展前途的金属材料。

钛及其合金体积质量小，比强度高，在大多数腐蚀介质中，特别是在中性或氧化性介质（如硝酸、氯化物、湿氯气、有机药物等）和海水中均具有良好的耐蚀性。另外，钛及其合金的耐热性比铝合金和镁合金高，因而已成为航空、航天、机械工程、化工、冶金工业中不可缺少的材料。但由于钛在高温时异常活泼,熔点高,熔炼、浇注工艺复杂且价格昂贵,成本较高,因此使用受到一定限制。

2.3.1 工业纯钛

纯钛是灰白色轻金属,熔点为 1668℃,密度为 4.5g/cm³,约相当于铁密度的一半。固态下有同素异构转变,低于 882.5℃ 为 α-Ti(密排六方晶格,$a = 0.295$nm,$c = 0.468$nm),高于 882.5℃ 为 β-Ti(体心立方晶格,$a = 0.332$nm)。

纯钛分为高纯钛(纯度达 99.9%)和工业纯钛(纯度达 99.5%)。工业纯钛是钛含量不低于 99% 并含有少量铁、碳、氧、氮与其他残余杂质的致密金属钛。杂质含量对钛的性能影响很大,少量杂质可显著提高钛的强度,高纯钛强度低,但工业纯钛中含有少量杂质和添加合金元素可显著强化其力学性能,故工业纯钛强度较高。工业纯钛的牌号用 TA+顺序号数字 1、2、3 表示,数字越大,纯度越低。GB/T 3620.1—2016 中规定了工业纯钛的牌号有 TA0、TA1、TA2、TA3、TA1GELI、TA1G-1、TA2GELI、TA2G、TA3GELI、TA3G、TA4GELI、TA4G。

工业纯钛的力学性能与低碳钢相似,具有较高的强度和较好的塑性。钛在常温为密排六方晶格,塑性比其他六方晶格的金属要高,可以直接用于航空产品,常用来制造 350℃ 以下工作的飞机构件,如超音速飞机的蒙皮、构架等。又由于其强度接近高强铝合金水平,因此还可用于制造 350℃ 以下温度工作的石油化工用热交换器、反应器、船舰零件等。

2.3.2 钛合金

1. 钛合金的分类及特点

为了进一步提高钛的性能,通常加入合金元素进行强化。主要元素有 Al、Sn、V、Cr、Mo、Mn 等。根据钛合金热处理的组织,可以把钛分为三大类:全部 α 相、全部 β 相和 α+β 相。其牌号分别以 TA、TB、TC 表示。

(1)α 钛合金(TA) α 钛合金的主要合金元素是铝。这种合金具有很好的强度、韧性、热稳定性、焊接性和铸造性,抗氧化能力较好,热强性很好,可以在 500℃ 左右长期工作。α 钛合金的热处理一般是退火。

TA7 是常用的 α 钛合金,该合金有较高的室温强度、高温强度和优良的抗氧化性及耐蚀性,且具有很好的低温性能,适宜制作使用温度不超过 500℃ 的零件,如导弹的燃料缸、火箭、宇宙飞船的高压低温容器等。

(2)β 钛合金(TB) 这种合金一般加入 Mo、V、Cr、Al 等合金元素,强度较高、韧性好,经淬火和时效处理后,析出弥散的 α 相,强度进一步提高,主要用来制造高强度板材和复杂形状零件。

它的缺点是组织和性能不太稳定,耐热性差,抗氧化性能低。当温度超过 700℃ 时,合金易受大气中的杂质气体污染。它的生产工艺复杂,且性能不太稳定,所以限制了它的应用。β 钛合金可进行热处理强化,一般可用淬火和时效强化。TB1 是应用最广的 β 钛合金,该合金具有良好的冷成形性,多用于制造飞机构件和紧固件。

(3)α+β 钛合金(TC) 主要加入 Al,也加入 Mn、Cr、V 等,同时具有上述两类合金的优点,即塑性好、热强性好(可在 400℃ 长期工作)、耐海水腐蚀能力很强,生产工艺简单，并且可以通过淬火和时效处理进行强化，主要用于飞机压气机盘和叶片、舰艇耐压壳体、大尺寸锻件、模锻件等。

TC4是用途最广的合金，退火状态具有较高的强度和良好的塑性，经过淬火和时效处理后其强度可提高至1190MPa。常用于制造400℃以下和低温下工作的零件，如飞机发动机压气机盘和叶片、化工用泵部件等。工业上常用钛合金的牌号、化学成分和性能见表2-7。

表 2-7　常用钛合金的牌号、化学成分和性能（棒材）

类型	合金牌号	名义化学成分	状态	室温力学性能（不小于）				高温力学性能（不小于）		
				R_m/MPa	A(%)	Z(%)	a_K/(J·cm^{-2})	试验温度/℃	瞬时强度R_m/MPa	持久强度σ_{100h}/MPa
α 钛合金	TA5	Ti-4Al-0.005B	退火	685	15	40	60	—	—	—
	TA6	Ti-5Al		685	10	27	30	350	420	390
	TA7	Ti-5Al-2.5Sn		785	10	25	30	350	490	440
	TA8	Ti-0.05Pd		1000	10	25	20~30	—	—	—
β 钛合金	TB2	Ti-5Mo-5V-8Cr-3Al	淬火+时效	≤980	18	40	15	—	—	—
		Ti-5Mo-5V-8Cr-3Al		1370	7	10	15	—	—	—
α+β 钛合金	TC1	Ti-2Al-1.5Mn	退火	585	15	30	45	350	345	325
	TC2	Ti-4Al-1.5Mn		685	12	30	40	350	420	390
	TC4	Ti-6Al-4V		895	10	25	40	400	620	570
	TC6	Ti-6Al-1.5Cr-2.5Mo-0.5Fe-0.3Si		980	10	25	30	400	735	665
	TC9	Ti-6.5Al-3.5Mo-2.5Sn-0.3Si		1060	9	25	30	500	785	590
	TC10	Ti-6Al-6V-2Sn-0.5Cu-0.5Fe		1030	12	25	40	400	835	785

2. 钛合金的性能

（1）压力加工性能　钛及钛合金可以采用锻造、轧制、挤压、冲压等多种形式的压力加工成形，但其压力加工性能一般不如低合金钢。

（2）超塑性　大多数钛合金具有一定的超塑性。超塑性指具有合适的组成相比例、较细晶粒及较细亚结构的合金，在一定温度及较慢的应变速率下，能表现出极高塑性的现象。

（3）焊接性能　钛合金焊接一般在惰性气体保护下或真空中进行，以防止因氢、氧、氮等气体元素进入焊缝，造成污染及脆化，或者形成气孔。

（4）铸造性能　由于钛合金难熔且化学活性高，在熔融状态下能与几乎所有的耐火材料和气体起反应，因此钛合金在铸造过程中，其熔化和浇注都必须在惰性气体保护下或真空中进行。

（5）切削性能　钛合金导热性差，摩擦系数大，切削时温升很高，易粘刀，使刀具磨损加快，故切削加工比较困难。

3. 钛及钛合金的应用领域

钛及钛合金的应用领域极广，具体可见表2-8。

表 2-8　钛及钛合金的应用领域

应用领域		材料的使用特性	应 用 部 位
航空工业	喷气发动机	在 500℃ 以下具有高的屈服强度/密度比和疲劳强度/密度比,良好的热稳定性,优异的抗大气腐蚀性能,可减轻结构质量	在 500℃ 以下的部位使用:压气盘、静叶片、中心体、喷气管等
	机身	在 300℃ 以下,比强度高	防火壁、蒙皮、大梁、舱门、拉杆等
火箭、导弹及宇宙飞船工业		在常温及超低温下,比强度高,并具有足够的韧性及塑性	飞船船舱蒙皮及结构骨架、主起落架、登月舱等
船舶、舰艇制造工业		比强度高,在海水及海洋气氛下具有优异的耐蚀性能	耐压艇体、结构件、浮力系统球体、水上船舶的泵体、管道和甲板配件等
化学工业、石油工业		在氧化性和中性介质中具有良好的耐蚀性,在还原性介质中也可通过合金化改善其耐蚀性	用作热交换器、反应塔、蒸馏器、洗涤塔、合成器、高压釜等
其他工业	武器制造	耐蚀性好,密度小	火炮尾架、火炮套箍、坦克车轮及履带、战车驱动轴、装甲板等
	冶金工业	有高的化学活性和良好的耐蚀性	在镍、钴、钛等有色金属冶炼中做耐蚀材料
	医疗卫生	对人体体液有极好的耐蚀性,没有毒性,与肌肉组织亲合性能良好	用作医疗器械及外科矫形材料
	超高真空	有高的化学活性,能吸附氧、氮、氢、CO、CO_2、甲烷等气体	钛离子泵
	电站	高的耐蚀性,密度小、质量轻,良好的综合力学性能和工艺性能,较高的热稳定性,线胀系数小	全钛凝汽器、蒸汽涡轮叶片等
	机械仪表		精密天平秤杆、表壳、光学仪器等
	纺织工业		亚漂机、亚漂罐中耐蚀零、部件
	造纸工业		泵、阀、管道、风机、搅拌器等
	医药工业		加料机、搅拌器、出料管道等
	体育用品		航模、登山器械、全钛赛车等
	工艺美术		钛板画、笔筒、砚台、拐杖、胸针等

任务 2.4　认识镁及其合金

镁是地壳中第三种最丰富的金属元素,储量占地壳的 2.5%,仅次于铝和铁。镁是当前轻金属中最轻的一类,密度为 1.74g/cm³。镁具有密排六方晶格,强度和塑性较低。镁及镁合金曾一度称为贵族金属,只限于航空航天等领域的运用。随着镁及其合金的生产条件的日益改进,特别是镁价格的降低,它的运用已推广到广泛的民用工业生产中。

2.4.1　工业纯镁

纯镁为银白色,其熔点为 650℃,沸点为 1100℃,密度为 1.74g/cm³,固态下无同素异晶转变。纯镁的电极电位很低,因此耐蚀性较差,在潮湿大气、淡水、海水和绝大多数酸、盐溶液中易受腐蚀。镁的化学活性很强,在空气中会逐渐氧化发暗,形成的氧化膜疏松多孔,性脆而不致密,对下层金属无明显保护作用。在高温下镁的氧化更为剧烈,若散热不充分,可发生燃烧,因此在镁合金的生产、加工、贮存和使用期间,应采取适当防护措施。

室温下镁塑性较低，冷变形能力差；当温度升至150~250℃时，塑性显著增加，可进行各种热加工变形。镁的弹性模量小，可承受较大的冲击或振动载荷。纯镁的强度不高，与纯铝相近，一般不用作结构材料。

镁中主要杂质是镍、铁、铜、硅、锡。其中镍的危害性最大，急剧降低镁的耐蚀性。镍的熔点和密度远超过镁，容易溶解于液态镁中。因此，规定熔炼镁合金坩埚必须用含镍量很低的钢材制造，以防污染。

工业上主要采用熔盐电解法或热还原法制备镁，其中熔盐电解镁占全世界镁生产总量的80%。纯镁主要用于制造镁合金和其他合金，还用作化工与冶金的还原剂，其余则用于烟火工业、钢铁脱硫等。

2.4.2 镁合金

纯镁的力学性能较低，不能直接用作结构材料，必须对其进行强化。实际应用时，一般在纯镁中加入一些合金化元素，制成镁合金。镁的合金化主要也是依靠合金元素的固溶强化和时效过程中的沉淀强化来提高合金的强度。

镁合金中常加入的合金元素有铝、锌、锆、稀土和锰等。铝在镁中既可产生固溶强化作用，又可析出沉淀强化相，有助于提高合金强度和塑性；锌在镁中除固溶强化作用外，也可产生时效强化相，但强化效果不如铝显著，一般需与其他合金元素同时加入；锰加入镁中主要为提高合金的耐热性和耐蚀性，改善合金焊接性能；稀土元素则具有细化晶粒、提高合金耐热性、减少热裂倾向等多方面作用。镁合金中的杂质以 Fe、Cu 和 Ni 的危害最大，需严格控制其含量。镁合金的性能特点是比强度和比刚度高，抗震能力和抗冲击能力强。可加工性和抛光性能优良，易于铸造和热加工。镁合金是实际应用中最轻的金属结构材料，因此多用于飞机、导弹、人造卫星及装甲车等某些部件上，此外在电子、仪器仪表等行业中也获得应用。

镁合金分为变形镁合金和铸造镁合金两大类，许多镁合金既可做铸造合金，又可做变形合金。经锻造和挤压后，变形合金比相同成分的铸造合金有更高的强度，可加工成形状更复杂的部件。此外还有新发展的快速凝固粉末冶金镁合金。

1. 变形镁合金

变形镁合金按化学成分可分为 Mg-Al-Zn-Mn 系变形镁合金、Mg-Zn-Zr 系变形镁合金、Mg-Li 系变形镁合金、Mg-Mn 系变形镁合金、Mg-Re 系变形镁合金及 Mg-Th 系变形镁合金。

Mg-Al-Zn-Mn 系变形镁合金是国内外发展最早、研究较为充分的合金系，合金中 Al 能与 Mg 形成固溶体而提高合金力学性能，强度较高、塑性较好，是目前应用最多的合金系。

Mg-Zn-Zr 系变形镁合金属于高强变形镁合金，合金的抗拉强度和屈服强度明显高于其他镁合金，是航空等工业中应用最多的变形镁合金。

Mg-Li 系变形镁合金是最具有代表性的超轻比强度合金，该类合金因 Li 的加入，密度较原有镁合金降低15%~30%，同时弹性模量增高，使镁合金的比强度和比模量进一步提高。随着锂含量增加，镁合金在航空和航天领域具有良好的应用前景。

Mg-Mn 系变形镁合金具有良好的耐蚀性和焊接性，可进行冲压、挤压等塑性变形加工，一般在退火状态下使用。板材用于制作蒙皮、壁板等焊接结构件。

Mg-Re 系及 Mg-Th 系变形镁合金具有优良的高温性能。

2. 铸造镁合金

根据合金的化学成分和性能特点，铸造镁合金分为高强度铸造镁合金和耐热铸造镁合金两大类。这些合金具有较高的常温强度、良好的塑性和铸造工艺性能，适于铸造各种类型的零构件，但耐热性较差，使用温度不能超过150℃。

近年来，铸造镁合金也不断得到改进，其新近发展趋势表现为稀土铸造镁合金、铸造高纯耐蚀镁合金、快速凝固镁合金及铸造镁基复合材料等几个方面。

由于镁及其合金具有密度和熔点低、比强度高、减振性能和抗冲击性能好、电磁屏蔽能力强等优点，在汽车、通信、航空航天、国防和军事装备、医疗器械、化工等领域得到广泛的应用。

目前，电子器件向轻、薄、小型化方向发展，要求其制备材料具有密度小、强度和刚度高、抗冲击性能和减振性好、电磁屏蔽能力强、散热性能好、美观耐用、利于环保等特点。因此，镁及其合金成为理想的材料。近几年来，世界上电子工业发达的国家，特别是日本与欧美一些国家，在镁及其合金产品的开发应用上取得了重要进展，很多重要电子产品使用了镁及其合金，取得了理想效果。

【知识拓展 1】　认识粉末冶金材料

粉末冶金法是一种不用熔炼和铸造，而用压制、烧结金属粉末来制造零件的新工艺。粉末冶金法既是制取具有特殊性能金属材料的方法，也是一种精密的无切屑或少切屑的加工方法。用粉末冶金法可使压制品达到或极接近于零件要求的形状、尺寸精度与表面质量，使生产率和材料利用率大为提高，节省加工工时和减少机械加工设备，降低成本，因此粉末冶金法在国内外都得到了很快的发展。

1. 粉末冶金工艺过程

粉末冶金工艺过程包括粉料制备、压制成型、烧结及后处理等几个工序。

（1）粉末的制备　粉末的制备分为金属粉末的制取、粉料的混合等步骤。金属粉末的各种性能均与制粉方法有密切关系。粉末应按要求的粒度组成与配合进行混合。在各组成成分的密度相差较大且均匀程度要求较高的情况下，常采用湿混。

（2）压制成型　压制成型是将混合均匀的混料，装入压模中压制成具有一定形状、尺寸和密度的型坯的过程。

（3）烧结　烧结是通过焙烧，使型坯颗粒间发生扩散、熔焊、再结晶等过程，使粉末颗粒牢固地焊合在一起，使孔隙减小密度增大，最终得到"晶体结合体"，从而获得所需要的具有一定物理及力学性能的过程。

（4）后处理　经过烧结，使粉末压坯件获得所需要的各种性能。一般情况下，烧结好的制件即可使用。但有时还得再进行必要的后处理。常用的后处理方法有：

1）整形：即将烧结后的零件装入与压模结构相似的整形模内，在压力机上再进行一次压形，用来提高零件的尺寸精度和减少零件的表面粗糙度，用来消除在烧结过程中造成的微量变形。

2）浸油：将零件放入热油中或在真空下使油渗入粉末零件孔隙中的过程。经浸油后的零件可以提高耐磨性，并能防止零件生锈。

3）蒸汽处理：把铁基零件在 $500 \sim 600 ℃$ 水蒸气中进行处理，使零件内外表面形成一层硬而致密的氧化膜，从而提高零件的耐磨性并防止零件生锈。

4）硫化处理：将零件放置在 $120 ℃$ 的熔融硫槽内，经十几分钟后取出，并在氢气保护下再加热到 $720 ℃$，使零件表面孔隙形成硫化物的过程。硫化处理能大大提高零件的减摩性和改善加工性能。

2. 常用粉末冶金材料

粉末冶金材料牌号采用汉语拼音字母（F）和阿拉伯数字组成的符号体系来表示。"F"表示粉末冶金材料，后面数字与字母分别表示材料的类别和材料的状态或特性。

（1）烧结减摩材料　在烧结减摩材料中最常用的是多孔轴承，它是将粉末压制成轴承后，再浸在润滑油中，由于材料的多孔性，在毛细现象作用下可吸附大量润滑油（一般含油率为 $12\% \sim 30\%$）。经浸油处理的轴承又称为含油轴承。工作时，由于轴承发热，使金属粉末膨胀，孔隙容积缩小，再加上轴旋转时带动轴承间隙中的空气层，降低摩擦表面的静压强，在粉末孔隙内外形成压力差，迫使润滑油被抽到工作表面；停止工作后，润滑油又渗入孔隙中。所以，含油轴承有自动润滑的作用。一般被用作中速、轻载荷的轴承，特别适宜不能经常加油的轴承，如纺织机械、食品机械、家用电器等轴承，在汽车、机床中也广泛应用。

常用的多孔轴承有以下两类。

铁基多孔轴承：常用的有铁-石墨（$w_G = 0.5\% \sim 3\%$）烧结合金和铁-硫（$w_S = 0.5\% \sim 1\%$）-石墨（$w_G = 1\% \sim 2\%$）烧结合金。前者硬度为 $30 \sim 110HBW$，组织是珠光本+铁素体+渗碳体+石墨+孔隙。后者硬度为 $35 \sim 70HBW$，除有与前者相同的几种组织外，还有硫化物组织。其中石墨或硫化物起固体润滑剂作用，可改善减摩性能，石墨还能吸附很多润滑油，形成胶体状高效能润滑剂，进一步改善摩擦条件。

铜基多孔轴承：常由青铜粉末与石墨粉末制成。硬度为 $20 \sim 40HBW$，它的成分与 ZCuSn5Pb5Zn5 锡青铜相近，但其中 $w_G = 0.3\% \sim 2\%$，组织是 α 固溶体+石墨+铅+孔隙。它有较好的导热性、耐蚀性、抗咬合性，但承压能力较铁基多孔轴承小，经常用于纺织机械、精密机械、仪表中。

近年来，出现了铝基多孔轴承。其摩擦系数比青铜小，工作时温升也低，而且铝粉价格比青铜粉低，因此在某些场合，铝基多孔轴承将逐渐代替铜基多孔轴承而得到广泛使用。

（2）烧结铁基结构材料（烧结钢）　该材料是用碳素钢粉末或合金钢粉末为主要原料，采用粉末冶金方法制造而成的。

此类材料制造的结构零件的优点是：制品精度较高、表面光洁，不需或只需少量切削加工。制品可通过热处理强化来提高耐磨性。制品多孔，可浸渍润滑油，改善摩擦条件，并有减振、消声的作用。

用碳素钢粉末制造的合金，含碳量低的，可制造受力小的零件或渗碳件、焊接件。含碳量较高的，淬火后可制造要求有一定强度或耐磨的零件。用合金钢粉末制的合金，其中常有 Cu、Mo、B、Mn、P 等合金元素。它们可强化基体，提高淬透性，加入铜还可提高耐蚀性。可制造受力较大的烧结结构件，如液压泵齿轮、电钻齿轮等。

（3）烧结摩擦材料　机器上的制动器与离合器需要大量使用摩擦材料。它们是利用材料相互间的摩擦力传递能量的，尤其是在制动时，制动器要吸收大量的动能，使摩擦表面温

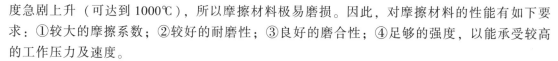

度急剧上升（可达到1000℃），所以摩擦材料极易磨损。因此，对摩擦材料的性能有如下要求：①较大的摩擦系数；②较好的耐磨性；③良好的磨合性；④足够的强度，以能承受较高的工作压力及速度。

摩擦材料通常由强度高、导热性好、熔点高的金属（如用铁、铜）作为基体，并加入可以提高摩擦系数的摩擦组分（如Al_2O_3、SiO_2及石棉等），以及能够抗咬合、提高减摩性的润滑组分（如铅、锡、石墨、二硫化钼等）的粉末冶金材料。铜基烧结摩擦材料常用于汽车、拖拉机、锻压机床的离合器与制动器。铁基烧结摩擦材料常用于各种高速重载机器的制动器。那些与烧结摩擦材料相互摩擦的对偶件，一般用淬火钢或铸铁制造。

3. 粉末冶金的应用

粉末冶金用得最多、历史最长的是用来制造各种衬套和轴套，后来又逐渐发展到制造一些其他的机械零件，如齿轮、凸轮、含油轴承等。粉末冶金含油轴承的耐磨性能良好，而且材料的空隙能储存润滑油，所以可以用这种轴承来代替滚珠轴承和青铜轴瓦。

粉末冶金的重要应用还在于，它可以制造一些具有特殊成分或具有特殊性能的制件，如硬质合金、难熔金属及其合金、金属陶瓷、无偏析高速工具钢、磁性材料、耐热材料、过滤器等。

【知识拓展2】 认识硬质合金

硬质合金是以难熔的金属碳化物（WC、TiC、TaC等）为基体加入适量金属或合金粉末（如Co、Ni、高速工具钢等）作为黏结相而制成的、具有金属性质的粉末冶金材料。

1. 硬质合金的性能特点

硬质合金的性能特点主要有以下方面：

1）硬度高、热硬性高、耐磨性好。常温下硬质合金硬度可达86~96HRA，高于高速工具钢（63~70HRC）；热硬性可达1000℃以上，远远高于高速工具钢（500~650℃）；耐磨性比高速工具钢要高15~20倍。由于这些特点，使得硬质合金作为切削刃具时能允许的最大切削速度比高速工具钢高4~10倍。

2）抗压强度高、弹性模量高。硬质合金的抗压强度可达6000MPa，高于高速工具钢，但抗弯强度较低，只有高速工具钢的1/3~1/2；弹性模量约为高速工具钢的2~3倍；冲击韧度较低，约为淬火钢的30%~50%。

3）硬质合金还具有良好的耐蚀性（抗大气、酸、碱等）与抗氧化性。

由于硬质合金的性能特点，使其在很多领域得到使用。但是，硬质合金只能通过磨削加工，不能通过切削加工，更不能锻造，也不需进行热处理。硬质合金的热导率较低，韧性较差，高速切削时不能使用冷却液，以避免崩裂。

2. 硬质合金的种类

硬质合金分为金属陶瓷硬质合金、碳化铬硬质合金、钢结硬质合金等。

（1）金属陶瓷硬质合金 以WC、TiC、TaC等为基体，以Co粉为黏结相形成的硬质合金称为金属陶瓷硬质合金。常温硬度为83~93HRA，1000℃时硬度为650~850HV。具有高的抗压强度和弹性模量。抗弯强度较高，但冲击韧度低，脆性大，导热性差。

耐磨零件用硬质合金主要有4类，包括金属线、棒、管拉制用硬质合金（代号：S）；

冲压模具用硬质合金（代号：T）；高温高压构件用硬质合金（代号：Q）；线材轧制辊环用硬质合金（代号：V）。

耐磨零件用硬质合金牌号的基本化学成分及力学性能要求见表2-9。

表 2-9 耐磨零件用硬质合金牌号的基本化学成分及力学性能（要求摘自 GB/T-18376.3—2015）

特征代号	分类代号	分组号	基本成分,质量份数%			力学性能		
			Co(Co+Ni)	WC	其他	洛氏硬度 HRA,不小于	维氏硬度 HV,不小于	抗弯强度/MPa,不小于
L	S	10	3~6	余量	微量	90.0	1550	1300
		20	5~9	余量	微量	89.0	1400	1600
		30	7~12	余量	微量	88.0	1200	1800
		40	11~17	余量	微量	87.0	1100	2000
	T	10	13~18	余量	微量	85.0	950	2000
		20	17~25	余量	微量	82.5	850	2100
		30	23~30	余量	微量	79.0	650	2200
	Q	10	5~7	余量	微量	89.0	1300	2600
		20	6~9	余量	微量	88.0	1200	2700
		30	8~15	余量	微量	86.5	1200	2800
	V	10	14~18	余量	微量	85.0	950	2100
		20	17~22	余量	微量	82.5	850	2200
		30	20~26	余量	微量	81.0	750	2250
		40	25~30	余量	微量	79.0	650	2300

（2）碳化铬硬质合金 碳化铬硬质合金是以 Cr_3C_2 为基体（或加入少量 WC），用 Ni 或 Ni 基合金作为黏结相而形成的硬质合金。它具有极高的抗高温氧化性，加热到 1100℃ 以上仅表面变色。具有高的耐磨性和耐蚀性，但强度较低。如想提高其强度，需要添加磷和碳化钨。碳化铬硬质合金可用于制作电真空玻璃器皿成形模、铜材热挤压模、燃油喷嘴、轴承、机械密封摩擦副等。

（3）钢结硬质合金 近年来，用粉末冶金法还生产了另一种新型工模具材料——钢结硬质合金。钢结硬质合金是以 WC 或 TiC 为硬质相，以合金钢粉为黏结相（质量分数占50%以上）而形成的硬质合金。它与钢一样可进行锻造、热处理、焊接与切削加工。它在淬火低温回火后，硬度达 70HRC，具有高耐磨性、抗氧化及耐腐蚀等优点。由于它可切削加工，故适宜制造麻花钻、铣刀等各种形状复杂的刃具、模具以及镗杆、导轨等要求刚度大、耐磨性好的机械零件。

3. 硬质合金的发展

近年来，通过调整合金成分、控制组织结构及表面涂层等方法，研制开发了许多新型硬质合金材料，主要用于制作淬火钢、不锈钢和高强度钢等的切削刀具。

与普通的硬质合金相比，其中由纳米硬质合金制作的刀具具有非常优异的使用性能，其磨损量大大降低，耐用度显著提高。近 10 年来，在硬质合金超细原料与超细硬质合金的研究方面已经取得了令人瞩目的进展。目前已能工业化生产 0.2μm 的超细硬质合金，并且成功应用于集成电路微钻、打印针、难加工材料切削工具、高精度工模具等的制造上。

复习思考题

1. 不同铝合金可通过哪些途径达到强化目的？

2. 何谓硅铝明？它属于哪一类铝合金？为什么硅铝明具有良好的铸造性能？在变质处理前后其组织及性能有何变化？这类铝合金主要用在何处？

3. 铜合金的性能有何特点？铜合金在工业上的主要用途是什么？

4. 何谓粉末冶金？

5. 简述粉末冶金工业过程。

6. 钛合金分为哪三类？性能上各有什么特点？

7. 镁合金分为哪几类？性能上各有什么特点？

项目3

非金属材料

知识目标

1) 了解非金属材料的分类。
2) 了解常见的三大类非金属材料。
3) 掌握常用非金属材料的性能、组织、种类和用途。

能力目标

1) 根据所学知识，通过材料的性能和组织结构可以判断出材料的种类。
2) 根据实际环境可以选出合适的非金属材料。
3) 熟悉非金属材料的性能和用途。

引言

　　非金属材料是指金属材料以外的其他材料。随着人们生活的提高，人们对材料的要求也越来越高，这使非金属材料得到了很快的发展。人们用天然的矿物、植物、石油等为原料，制造并合成了许多新型非金属材料，如水泥、人造石墨、特种陶瓷、合成橡胶、合成树脂（塑料）、合成纤维等。

　　在机械工程中使用的非金属材料主要有高分子材料、陶瓷材料以及复合材料三大类。

任务 3.1　认识高分子材料

　　高分子材料又称为高聚物，是以高分子化合物为主要组分的材料。通常，高聚物根据力学性能和使用状态可分为橡胶、塑料、合成纤维、胶黏剂和涂料等五类。各类高聚物之间并无严格的界限，同一高聚物，采用不同的合成方法和成型工艺，可以制成塑料，也可制成纤维。高聚物具有以下的基本性能及特点。

1. 物理性能

　　高聚物是最轻的一类材料，一般密度在 $1.0 \sim 2.0 \mathrm{g/cm^3}$ 之间。最轻的塑料聚丙烯的密度仅为 $0.91 \mathrm{g/cm^3}$。高聚物分子的化学键为共价键，没有自由电子和可移动的离子，因此是良好的绝缘体。另外，高聚物的分子细长、卷曲，在受热、受声的作用之后振动困难，所以对热、声也有良好的绝缘性能。大多数塑料对金属和对塑料的摩擦系数在 $0.2 \sim 0.4$ 之间，但有一些塑料的摩擦系数很低。同金属相比，高聚物的耐热性是较低的，这是高聚物的一大不足。高聚物的化学稳定性很高，耐水和无机试剂，耐酸和碱的腐蚀。尤其是被誉为"塑料王"的聚四氟乙烯，不仅耐强酸、强碱等强腐蚀剂，甚至在沸腾的王水中也很稳定。

2. 力学性能

无定形和部分晶态高聚物在玻璃化温度以上表现出很高的弹性。一些高聚物，在低温和老化状态时，表现出滞弹性，它是高聚物的一个重要特性。高聚物的强度比金属低得多，这是它目前作为工程结构材料使用的最大障碍之一。但由于密度小，许多高聚物的比强度还是很高的，某些工程塑料的比强度比钢铁和其他金属还高。老化是高聚物的一个主要缺点。

3.1.1　塑料

塑料是一种以有机合成树脂为主要成分的高分子材料，通常可在加热、加压条件下塑制成形，故称为塑料。

塑料的成分相当复杂，几乎所有的塑料都是以有机合成树脂为基础，再加入各种添加剂（也称塑料助剂），如填充剂、增塑剂、稳定剂、着色剂、固化剂、润滑剂等制成的。根据塑料的应用范围，可将其分为通用塑料和工程塑料两大类。常用塑料的力学性能和用途见表3-1。

表 3-1　常用塑料的力学性能和主要用途

塑料名称	抗拉强度/MPa	抗压强度/MPa	抗弯强度/MPa	冲击韧度/(kJ/m²)	使用温度/℃	主要用途
聚乙烯	8~36	20~25	20~45	>2	-70~100	一般机械构件,电缆包覆,耐蚀、耐磨涂层等
聚丙烯	40~49	40~60	30~50	5~10	-35~121	一般机械零件,高频绝缘,电缆、电线包覆等
聚氯乙烯	30~60	60~90	70~110	4~11	-15~55	化工耐蚀构件,一般绝缘,薄膜、电缆套管等
聚苯乙烯	≥60	—	70~80	12~16	-30~75	高频绝缘,耐蚀及装饰,也可作一般构件
ABS	21~63	18~70	25~97	6~53	-40~90	一般构件,减摩、耐磨、传动件,一般化工装置,管道,容器等
聚酰胺	45~90	70~120	50~110	4~15	<100	一般构件,减摩、耐磨、传动件,高压油润滑密封圈,金属防蚀,耐磨涂层等
聚甲醛	60~75	125	100	6	-40~100	一般构件,减摩、耐磨、传动件,绝缘、耐蚀件及化工容器等
聚碳酸酯	55~70	85	100	65~75	-100~130	耐磨、受力、受冲击的机械和仪表零件,透明、绝缘件等
聚四氟乙烯	21~28	7	11~14	98	-180~260	耐蚀件、耐磨件、密封件、高温绝缘件等
聚砜	70	100	105	5	-100~150	高强度耐热件、绝缘件、高频印制电路板等
有机玻璃	42~50	80~126	75~135	1~6	-60~100	透明件、装饰件、绝缘件等
酚醛塑料	21~56	105~245	56~84	0.05~0.82	-110	一般构件,水润滑轴承,绝缘件,耐蚀衬里等;制作复合材料
环氧塑料	56~70	84~140	105~126	5	-80~155	塑料模、精密模、仪表构件、电气元件的灌注、金属涂复、包封、修补;制作复合材料

1. 通用塑料

通用塑料主要包括聚乙烯、聚氯乙烯、聚苯乙烯、聚丙烯、酚醛塑料和氨基塑料等六大品种。这一类塑料的特点是产量大、用途广、价格低，大多用于日常生活用品，占塑料总产量的3/4以上。其中，以聚乙烯、聚氯乙烯、聚苯乙烯、聚丙烯这四大品种用途最广泛。

（1）聚乙烯（PE） 生产聚乙烯的原料均来自于石油或天然气，它是塑料工业产量最大的品种。聚乙烯的相对密度小，耐低温，电绝缘性能好，耐蚀性好。高压聚乙烯质地柔软，因此适于制造薄膜；低压聚乙烯质地坚硬，因此可制作一些结构零件。聚乙烯的缺点是强度、刚度、表面硬度都低，蠕变大，热膨胀系数大，耐热性低，且容易老化。

（2）聚氯乙烯（PVC） 聚氯乙烯产量仅次于聚乙烯，是最早工业生产的塑料产品之一，广泛用于工业、农业和日用制品。聚氯乙烯耐化学腐蚀、不燃烧、成本低、加工容易；但它有一定的毒性，而且耐热性差，冲击强度较低。

（3）聚苯乙烯（PS） 聚苯乙烯是20世纪30年代的老产品，产量仅次于前两者。具有很好的加工性能，其薄膜具有优良的电绝缘性，常用于电气零件；其发泡材料相对密度小（0.33），有良好的隔声、隔热、减振性能，被广泛应用于仪器的包装和隔声材料。聚苯乙烯容易加入各种颜料，可用于制造色彩鲜艳的玩具和各种日用器皿。

（4）聚丙烯（PP） 聚丙烯工业化生产较晚，但由于其原料易得，价格便宜，用途广泛，所以产量剧增。优点是相对密度小，是塑料中最轻的；强度、刚度、表面硬度都比PE塑料高；无毒，耐热性也好，是常用塑料中唯一能在水中煮沸、经受消毒温度（130℃）的品种。但聚丙烯的黏结性、染色性、印刷性均差，低温易脆化，易受热、光作用而变质，且易燃，收缩大。目前主要用于制造各种机械零件，还被广泛用于制造各种家用电器外壳和药品、食品的包装等。

2. 工程塑料

工程塑料是指能作为结构材料在机械设备和工程结构中使用的塑料。它们的力学性能较好，耐热性和耐蚀性也比较好，是当前大力发展的塑料品种。这类塑料主要有聚酰胺、聚甲醛、聚碳酸酯、ABS塑料、聚苯醚、聚砜、氟塑料、有机玻璃等。

（1）聚酰胺（PA） 聚酰胺又叫尼龙或锦纶，是最先发现能承受载荷的热塑性塑料，在机械工业中应用比较广泛。它的强度较高，耐磨性、自润滑性好，而且耐油、耐蚀、消声、减振，被大量用于制造小型零件，代替非铁金属及其合金。

（2）聚甲醛（POM） 聚甲醛是没有侧链、高密度、高结晶性的线型聚合物，性能比尼龙好，但耐候性较差。聚甲醛广泛应用于汽车、机床、化工、电器仪表、农机等。

（3）聚碳酸酯（PC） 聚碳酸酯是新型热塑性工程塑料，品种很多，工程上常用的是芳香族聚碳酸酯，其综合性能很好，近年来发展较快，产量仅次于尼龙。聚碳酸酯的化学稳定性也很好，能抵抗日光、雨水和气温变化的影响，它的透明度高，成型收缩率小，制件尺寸精度高，广泛应用于机械、仪表、电信、交通、航空、光学照明、医疗器械等方面。

（4）ABS塑料 ABS是由丁二烯、丙烯腈、苯乙烯三种组元所组成的，三种组元的量可以任意变化，制成各种品级的树脂。ABS具有三种组元的共同性能，丁二烯使其具有韧性，丙烯腈使其耐化学腐蚀，有一定的表面硬度，苯乙烯使其具有热塑性，因此ABS是具有"坚韧、质硬、刚性"的材料。ABS塑料性能好，且原料易得，价格便宜，因此在机械加工、电气制造、纺织、汽车、飞机、轮船、化工等工业中得到广泛应用。

（5）聚苯醚（PPO） 聚苯醚是线型、非结晶的工程塑料，具有很好的综合性能。最大特点是使用温度宽（-190~190℃），达到热固性塑料的水平；耐摩擦磨损性能和电性能也很好，还具有卓越的耐水、耐蒸汽性能。因此，聚苯醚主要用于较高温度下工作的器械。

（6）聚砜（PSF） 聚砜是分子链中具有硫键的透明树脂，有良好的综合性能，其耐热性、抗蠕变性好，长期使用温度为150~174℃，脆性转折温度为-100℃，广泛应用于电气、机械设备、医疗器械、交通运输等领域。

（7）聚四氟乙烯（F-4） 聚四氟乙烯是氟塑料中的一种，具有很好的耐高、低温以及耐蚀等性能。聚四氟乙烯的化学稳定性超过了玻璃、陶瓷、不锈钢，甚至超过了金、铂，不受任何化学试剂的腐蚀，俗称"塑料王"。聚四氟乙烯的使用范围广，化学稳定性好，介电性能优良，自润滑和防粘性好，所以在国防、科研和工业中占有重要地位。

（8）有机玻璃（PMMA） 有机玻璃是目前最好的透明材料，透光率达到92%以上，且相对密度小（1.18），仅为玻璃的一半。有机玻璃有很好的加工性能，常用来制作飞机的座舱、电视和雷达标绘的屏幕、汽车风窗玻璃、仪表外壳、光学镜片等。缺点是耐磨性差，也不耐某些有机溶剂。

3. 塑料成型工艺简介

（1）挤出成型 借助螺杆和柱塞的作用，使熔化的塑料在压力推动下，通过口模而形成具有恒定截面的连续型材的一种方法，型材形状由口模决定，如图3-1a所示。该工艺可生产各种型材、管材、电线电缆绝缘皮等。目前挤出成型制品约占热塑制品生产的40%~50%。优点是生产效率高、用途广、适应性强。

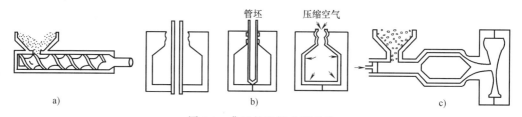

图 3-1 典型的塑料成型工艺

a）挤出成型 b）吹塑成型 c）注射成型

（2）吹塑成型 吹塑成型是指将挤出或注射成型的塑料管坯（型坯），趁处于熔融状态时，放在各种形状的模具中，并及时向管坯内通入压缩空气将其吹胀，使坯料紧贴模胆而成型，冷却脱模后即得中空制品，如图3-1b所示。

（3）注射成型 流动状态下，使熔融塑料靠螺杆或柱塞通过料筒前端的喷嘴，快速注入温度较低的模具中，经过短时间冷却定型获得制品，如图3-1c所示。该工艺生产周期短，适应性强。

3.1.2 橡胶

橡胶是具有高弹性的轻度交联的线型高聚物，它们在很宽的温度范围内处于高弹态。一般橡胶在-40℃~80℃范围内具有高弹性，某些特种橡胶在-100℃的低温和200℃高温下都保持高弹性。橡胶的弹性模量很低，其特征是在较小的外力作用下，就能产生大的变形，当外力去除后又能很快恢复到近似原来的状态。橡胶有优良的伸缩性，良好的储能能力和耐磨、隔声、绝缘等性能，因此被广泛用于制作密封件、减振件、传动件、轮胎和电缆等制品。

橡胶分为天然橡胶和合成橡胶。天然橡胶是从热带的杜仲树或橡树上流出的胶乳，这种胶乳主要成分是以异戊二烯为单体的高聚物，经凝固、干燥、压片等工序制成各种胶片（便于运输）。而合成橡胶同其他高聚物一样，是由单体在一定条件下经聚合反应而成的，其单体的主要来源是石油、天然气和煤等。由于石油化学工业发展迅猛，合成橡胶的产量也随之激增，目前已成为现代橡胶工业的主要原料来源。常用橡胶材料的性能特点及应用见表3-2。

表3-2　常用橡胶材料的性能特点及应用

品种	优点	缺点	用途举例
天然橡胶（NR）	弹性高、抗撕裂性能优良、加工性能好，易与其他材料相混合，耐磨性良好	耐油、耐溶剂性差，易老化，不适用于100℃以上	轮胎、通用制品
丁苯橡胶（SBR）	与天然橡胶性能相近，耐磨性突出，耐热性、耐老化性较好	生胶强度低，加工性能较天然橡胶差	轮胎、胶板、胶布、通用制品
丁腈橡胶（NBR）	耐油性好；耐水，气密	耐寒性、耐臭氧性较差，加工性不好	输油管、耐油密封垫圈及一般耐油制品
氯丁橡胶（CR）	耐酸、耐碱、耐油、耐燃、耐臭氧和耐大气老化	电绝缘性差，加工时易黏辊、黏膜	胶管、胶带、胶黏剂、一般制品
丁基橡胶（HR）	气密性、耐老化性和耐热性最好，耐酸耐碱性良好	弹性大，加工性差，耐老化性差	内胎、外胎化工衬里及防振制品
乙丙橡胶（EPDM）	耐燃，耐臭氧，耐龟裂性好，电性能好	耐油性差，不易硫化	耐热、散热胶管、胶带，汽车配件及其他工业制品
硅橡胶（SI）	耐热、耐寒，绝缘性好	强度低	耐高低温制品，印膜材料
聚氨酯橡胶（UR）	耐油、耐磨损、耐老化、耐水，强度和耐热性好	耐水、耐酸碱性差，高温性能差	胶轮、实心轮胎、齿轮带及耐磨制品

任务3.2　认识陶瓷材料

陶瓷是人类最早使用的材料之一，是人类生活和生产中不可缺少的一种材料。陶瓷材料种类繁多，它具有熔点高、硬度高、化学稳定性高、耐高温、耐磨损、耐氧化和耐腐蚀，以及重量轻、弹性模量大、强度高等优良性质。

传统意义上的陶瓷是指以黏土为主要原料与其他天然矿物原料经过一系列工艺过程而制成的各种制品，主要指陶器和瓷器，还包括玻璃、搪瓷、耐火材料、砖瓦、石灰、石膏等人造无机非金属材料制品。

随着科技的发展，出现了许多新的陶瓷品种。它们的生产过程基本上和传统陶瓷相同，但其成分已扩大到化工原料和合成矿物，组成范围也延伸到无机非金属材料的整个领域，并且出现了许多新的成型工艺。因此，广义上可以认为陶瓷是用陶瓷生产方法制造的无机非金属材料和制品。

3.2.1 陶瓷材料的分类

陶瓷是一种无机非金属材料，制品是多种多样的，在现代工业中有重要应用。按照不同的标准，陶瓷有不同的分类方法。

1. 按原料分类

陶瓷按原料可分为普通陶瓷（硅酸盐材料）和特种陶瓷（人工合成材料）。特种陶瓷按化学成分也分为氧化物陶瓷、碳化物陶瓷、氮化物陶瓷、硼化物陶瓷、金属陶瓷、纤维增强陶瓷等。

2. 按化学成分分类

1）氧化物陶瓷：Al_2O_3、SiO_2、ZrO_2、MgO、BeO、CaO、Cr_2O_4、CeO_2、ThO_2 等。

2）碳化物陶瓷：SiC、B_4C、WC、TiC 等。

3）氮化物陶瓷：SiN、TiN、AlN、BN 等。

4）硼化物陶瓷：TiB_2、ZrB_2 等，主要作为其他陶瓷的第二相或添加剂，应用不广。

3. 按用途和性能分类

陶瓷按用途可分为日用陶瓷、结构陶瓷和功能陶瓷；按性能可分为高强度陶瓷、高温陶瓷、耐酸陶瓷、耐磨陶瓷、压电陶瓷、光学陶瓷、半导体陶瓷、磁性陶瓷、生物陶瓷等。

3.2.2 陶瓷材料的组织结构

陶瓷材料的组织结构一般指陶瓷多晶体内的主晶相、玻璃相及气孔的分布情况（形状、大小、数量）。

（1）主晶相 在陶瓷材料的组织结构中，主晶相是最基本、最重要的组成，主晶相的性能就是材料的性能。

（2）玻璃相 玻璃相是一种低熔物，在达到烧成温度前即熔融。玻璃相的作用有三种：在瓷坯内起黏结作用，也就是把晶粒黏在一起；降低烧成温度；阻止多晶转变和抑制晶粒生长。

（3）气孔 气孔不仅影响材料的机械强度，同时还影响材料的一系列性能，如热学性能、光学性能、介电性能。对隔热材料，气孔是越多越好，而对透光材料，则希望气孔越少越好，最好没有气孔。气孔还会影响瓷坯绝缘强度。陶瓷一般总含有 5%～10%（体积分数）的残余气孔。这些气孔是二次重结晶时残留在晶粒中间的，它们离晶界较远，由于扩散途径长而难以排除。

通过改变组成物的配比、熔剂、辅料以及原料的细度和致密度，可获得不同特性的陶瓷。

3.2.3 陶瓷材料的性能特点

1. 力学性能

（1）弹性 弹性模量是材料的一个重要性能指标。具有强大化学键的陶瓷都有很高的弹性模量，其弹性模量比金属高若干倍，比高聚物高 2～4 个数量级。

（2）硬度 陶瓷材料的硬度反映了材料抵抗破坏能力的大小，陶瓷硬度在各类材料中是最高的。

（3）脆性断裂和强度　陶瓷以离子键为主，存在着部分共价键，这决定了陶瓷有着较高的强度，几乎不发生塑性变形，并且脆性很大。

（4）塑性　无机非金属材料在常温下几乎没有塑性。只有少数属于 NaCl 型结构的陶瓷具有一定的塑性。

一般认为，陶瓷材料是硬而脆的材料，即使在高温下塑性也有限。但近年来的研究表明，在一定条件下，如在高温下（>1300℃），晶粒超细化到纳米级的陶瓷材料会出现超塑性现象，这对于那些难以加工的陶瓷材料来说，具有非常重大的实际意义。

2．热学性能

陶瓷的热学性能和温度变化有直接关系。

（1）热膨胀　陶瓷的线胀系数比高聚物低，比金属低得多。

（2）导热性　陶瓷的导热性受其组成和结构的影响，陶瓷主要依靠原子的晶格振动来传递热量，一般热导率 $\lambda = 10^{-2} \sim 10^{-5} \mathrm{W/(m \cdot K)}$。

3．光学性能

陶瓷材料是一种多晶相体系，内含杂质、气孔、晶界、微裂纹等缺陷，光通过时会遇到一系列的阻碍，所以陶瓷材料并不像晶体那样透光。多数陶瓷材料看上去是不透明的。

随着新技术的发展，陶瓷材料的某些光学性能已得到广泛应用，如用作荧光物质、激光器、通信用光导纤维、电光及声光材料等。

4．电学性能

（1）导电性能　陶瓷材料的导电性能主要受到晶体结构及晶格缺陷的影响，变化范围很大。大多数陶瓷是良好的绝缘体，但不少陶瓷既是离子导体，又有一定的电子导电性，所以陶瓷也是重要的半导体材料。

（2）介电性能　由于陶瓷材料的绝缘性，其介电特性（主要是非导电性）得到了广泛应用。介电陶瓷是指在电场作用下具有极化能力，且能在体内长期建立电场的功能陶瓷，主要有电容器陶瓷、绝缘陶瓷和微波陶瓷等。

5．磁学性能

磁性陶瓷又常称为铁氧体。它还包括不含铁的磁性瓷。陶瓷材料的磁性远远好于金属和合金材料，而且不同陶瓷材料具有各种不同的磁学性能，所以它们在无线电子、自动控制、电子计算机等方面都有着广泛的应用。

任务3.3　认识复合材料

复合材料是指由两种或两种以上不同性质的材料组合起来而得到的一种多相固体材料。复合材料既保持了组成材料各自的特性，又具有复合后的新特性，它的性能往往超过组成材料的性能之和或平均值。例如，汽车的玻璃纤维挡泥板是由脆性大的玻璃和强度与挠度低的聚合物复合后得到的高强度、高韧性及重量轻的新材料；钢筋混凝土是由钢筋和泥砂石等人工合成的复合材料；导电铜片两边加上隔热、隔电的塑料，可实现一定方向导电、另外方向绝缘及隔热的双重功能；用缠绕法制造的火箭发动机壳，其主应力方向上的强度是单一树脂的 20 多倍。

3.3.1 复合材料的强化原理

复合材料颗粒强化原理是：颗粒弥散分布，阻碍金属基体的位错，或阻碍高聚物分子链运动，使变形抗力增大，故强度提高。

复合材料纤维强化原理是：纤维作为承载主体。一方面纤维在基体的保护下不易损伤，另一方面即使纤维局部断裂，塑性和韧性好的基体也能够阻止裂纹扩展。因此，纤维与基体黏结复合时，复合材料获得很好的强化。

以高聚物为基的纤维增强复合材料，是最重要的工程结构复合材料。按照复合材料的强化原理分析，对增强纤维和基体提出下列基本要求，来作为复合原则。

1）纤维必须有比基体更高的强度和弹性模量。

2）基体必须黏结性能好，保证纤维在复合结构中的合理分布；有一定的塑性和韧性，能保护纤维，并能阻止裂纹发展。

3）纤维越细、越长，并且分布与应力方向的平行性越好，体积分数越合适（40%~70%），则增强效果会越好。

4）纤维与基体之间应该有适当的结合强度。结合强度过低，纤维不承载，无法增强；过高时，材料可能会产生整体脆断。

3.3.2 复合材料的种类

复合材料的种类很多，目前较常见的是由金属材料、高分子材料以及陶瓷材料中任两种或几种制备而成的各种复合材料。

复合材料按基体相的性质，可分为非金属基复合材料（如玻璃纤维复合材料、碳纤维复合材料、硼纤维复合材料等）和金属基复合材料（如铝及铝合金基复合材料、钛及钛合金基复合材料和铜及铜合金基复合材料）。

复合材料按照增强相的性质和形态，可分为纤维增强复合材料（如纤维增强橡胶、纤维增强塑料、纤维增强陶瓷和纤维增强金属等）、叠层复合材料（如双层金属和三层复合材料）和颗粒复合材料（如金属陶瓷和弥散强化金属等）三类，其结构示意如图3-2所示。

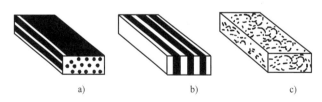

a)   b)   c)

图 3-2　复合材料结构示意图

a) 纤维增强复合材料　b) 叠层复合材料　c) 颗粒复合材料

1. 玻璃纤维复合材料

第二次世界大战期间出现了用玻璃纤维增强工程塑料的复合材料，即玻璃钢，它使机器构件不用金属成为可能。从此，玻璃钢开始以25%~30%的年增长率迅速增长，如今已成为一种重要的工程结构材料。玻璃钢分热塑性和热固性两类。

（1）热塑性玻璃钢　热塑性玻璃钢是以玻璃纤维为增强材料、以热塑性树脂为黏结剂制成的复合材料。同热塑性塑料相比，基体材料相同时，其强度和疲劳性能可提高2~3倍以上，冲击韧性提高 2~4 倍（脆性塑料时），蠕变抗力提高 2~5 倍，达到甚至超过了某些金属的强度。

（2）热固性玻璃钢　热固性玻璃钢是以玻璃纤维为增强材料、以热固性树脂为黏结剂制成的复合材料。玻璃钢的性能随玻璃纤维和树脂种类不同而不同，同时也与组成相的比例、组成相之间结合情况等因素有密切关系。如环氧树脂玻璃钢的机械强度高，收缩率小，尺寸稳定性和耐久性好，可在常温常压下固化，但是成本高，某些固化剂毒性大。酚醛树脂玻璃钢耐热性较好，价格低廉，但是工艺性差，需高压高温成型，收缩率大，吸水性大，固化后较脆。有机硅树脂玻璃钢耐热性较高，耐电弧性能好，防潮，绝缘，但是与玻璃纤维黏结力较小，固化后强度不太高。

玻璃钢性能特点是强度较高、密度小，其比强度高于钢和铝合金，甚至超过高强度钢。此外在耐蚀性、介电性能和成型性能等方面均良好。但其刚度较差，耐热性不高（低于200℃），易老化、易蠕变、导热性差，有待改进。

2. 碳纤维复合材料

碳纤维复合材料自 20 世纪 60 年代迅速发展。碳纤维比玻璃纤维具有更高的强度以及弹性模量，并且在 2000℃ 以上的高温下强度和弹性模量能基本上保持不变，在 -180℃ 以下的低温下也不变脆。所以，碳纤维是比较理想的增强材料，可以用来增强塑料、金属和陶瓷。

（1）碳纤维树脂复合材料　做基体的树脂，目前应用最多的是酚醛树脂、环氧树脂和聚四氟乙烯。这类材料的密度比铝小，强度比钢高，弹性模量比铝合金和钢大，疲劳强度和冲击韧性高，同时耐水和湿气，并具有化学稳定性高、摩擦系数小、导热性好、受 X 线辐射时强度和弹性模量不变化等优点。总之，这类材料比玻璃钢的性能优越，可以用作宇宙飞行器的外层材料，人造卫星和火箭的机架、天线构架。这类材料的主要问题是，碳纤维与树脂的黏结力不够大，各向异性程度较高，耐高温性能差。

（2）碳纤维碳复合材料　这是一种新型的特种工程材料。它除了具有石墨的各种优点外，刚度和耐磨性高，化学稳定性好，尺寸稳定性也好，强度和冲击韧性比石墨高 5~10 倍。目前已用于高温技术领域（如防热）、化工和热核反应装置中。

（3）碳纤维金属复合材料　碳不容易被金属润湿，在高温下易生成金属碳化物，因此这种材料的制作比较困难，现在主要用于熔点较低的金属或合金。这种材料直到接近于金属熔点时仍有很好的强度和弹性模量。用铝锡合金和碳纤维制成的复合材料，是一种减摩性能比铝锡合金更优越、强度更高的高级轴承材料。

3. 硼纤维复合材料

（1）硼纤维树脂复合材料　其基体主要为环氧树脂、聚苯并咪唑和聚酰亚胺树脂等，是 20 世纪 60 年代中期发展起来的复合材料。硼纤维树脂复合材料的特点是，压缩强度（为碳纤维树脂复合材料的 2~2.5 倍）和剪切强度很高，蠕变小，硬度和弹性模量高，有很高的疲劳强度（达 340~390MPa），耐辐射，对水、有机溶剂和燃料、润滑剂都很稳定。由于硼纤维是半导体，因此它的复合材料的导热性和导电性很好。硼纤维树脂材料主要应用于航空和航天工业。

（2）硼纤维金属复合材料　硼纤维金属复合材料常用的基体为铝、镁及其合金，还有钛及其合金等，硼纤维的体积分数为 30%~50%。硼纤维金属复合材料在 400℃ 时的持久强度为烧结铝的 5 倍，其比强度比钢和钛合金还高，因此在航空和航天技术中很有发展前途。

4. 金属纤维复合材料

作为增强纤维的金属主要是强度较高的高熔点金属钨、钼、不锈钢、钛、铍等，它们能被基体金属润湿，也能增强陶瓷。

（1）金属纤维金属复合材料　研究较多的增强剂为钨、钼纤维，基体为镍合金和钛合金。此类材料的特点是，强度和高温强度较高，塑性和韧性较好，较易制造。在制造和使用中应避免或控制纤维与基体之间的相互扩散、沉淀析出和再结晶等过程的发展，从而防止材料强度和韧性的下降。

（2）金属纤维陶瓷复合材料　陶瓷材料的优点是压缩强度高，弹性模量高，耐氧化性能强，因此是一种很好的耐热材料。缺点是脆性太大和热稳定性太差。改善脆性的重要途径之一，就是采用金属纤维增强，充分利用金属纤维的韧性及抗拉能力。

3.3.3　复合材料的特点

复合材料可根据材料的基本特性、材料间的相互作用和使用性能要求，自由选择基体材料和增强材料，并人为地设计增强材料的数量、形态、分布方式，由它们的复合效应获得常规材料难以提供的某一性能或综合性能，满足更为复杂恶劣和极端使用条件的要求。其主要的性能特点如下。

1. 比强度、比刚度和弹性模量高

这主要是由于增强材料一般均为高强度、高刚度、高弹性模量且密度小的材料。复合材料的比强度、比刚度和比弹性模量在各类材料中是最高的，见表 3-3。

表 3-3　各类材料强度性能的比较

材料种类	弹性模量/GPa	抗拉强度/MPa	密度/(g/m^3)	比刚度/[GPa/(g/cm^3)]	比强度/[MPa/(g/cm^3)]
45 钢	210	600	7.85	27	76
铝合金	72	420	2.80	26	151
钛合金	117	1000	4.50	26	222
镁合金	45	220	1.80	25	123
ABS 塑料	23	40	1.04	23	40
玻璃纤维	86	2800	2.54	34	1102
T300 碳纤维	230	3530	1.76	131	2006
T700 碳纤维	230	4900	1.80	128	2722
T800 碳纤维	294	5490	1.81	162	3035

2. 耐疲劳性能好，减振能力强

复合材料具有较好的抗疲劳性。图 3-3 所示为常见增强纤维的强度随温度的变化曲线。

3. 高温性能好

复合材料增强体一般在高温下仍会保持高的强度和弹性模量，这使复合材料具有更高的高温强度和蠕变抗力。

4. 良好的耐磨、耐蚀性

多数复合材料同时具有良好的耐磨性、减摩性及耐蚀性等性能，这使复合材料成为航空

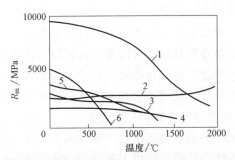

图 3-3 常用增强纤维的强度随温度的变化
1—氧化铝晶须 2—碳纤维 3—钨纤维 4—碳化硅纤维 5—硼纤维 6—钠玻璃纤维

航天等高技术领域的理想新材料。

5. 断裂安全性高

纤维增强复合材料每平方厘米截面上都有成千上万根隔离的细纤维,当其受力时,将处于力学上的静不定状态。过载会使其中部分纤维断裂,但迅速进行应力的重新分配,由未断纤维将载荷承担起来,不至于造成构件在瞬间完全丧失承载能力而断裂,所以工作的安全性高。

除上述特性外,复合材料的工艺性能也较好。应该指出,复合材料为各向异性材料,横向拉伸强度和层间剪切强度不高,同时伸长率较低,冲击韧性有时也不高,尤其是成本太高,所以目前应用还很有限。

【知识拓展】 认识新型材料

人类进入 21 世纪,随着科学技术的迅速发展,在传统金属材料与非金属材料仍大量应用的同时,各种适应高科技发展的新型材料不断涌现,为新技术取得突破创造了条件。所谓工程材料的新进展,是指那些新发展或正在发展的新型材料,如纳米材料、超导材料、形状记忆合金、非晶态合金、磁性材料、智能材料、梯度功能材料、功能复合材料。

1. 纳米材料

纳米级结构材料简称为纳米材料(Nano Material),其结构单元的尺寸介于 1~100nm 之间。当人们将宏观物体细分成超微颗粒(纳米级)后,由于其尺度已接近光的波长,加上其具有大表面的特殊效应,因此显示出许多奇异的特性,即它的光学、热学、电学、磁学、力学以及化学方面的性质和大块固体时的性质相比有显著的不同。纳米金属材料是 20 世纪 80 年代中期研制成功的,相继问世的有纳米半导体薄膜、纳米陶瓷、纳米磁性材料和纳米生物医学材料等。

纳米材料的特殊性能使其具有诱人的广阔应用前景,人们正在努力开发它的应用,主要涉及电子工业、化学工业、机械工业以及生物医学等领域。

计算机在普遍采用纳米材料后,可以缩小成为"掌上电脑"。可以从硬盘上阅读的读卡机以及存储容量为目前芯片上千倍的纳米材料级存储器芯片都已投入生产。用纳米材料制成的纳米材料多功能塑料,具有抗菌、除味、防腐、抗老化、抗紫外线等作用。环境科学领域出现的纳米膜能够探测到由化学和生物制剂造成的污染,并能够对这些制剂进行过滤,从而消除污染。在合成纤维树脂中添加纳米 SiO_2、纳米 ZnO、纳米 SiO_2 复配粉体材料，经抽丝、织布，可制成杀菌、防霉、除臭和抗紫外线辐射的内衣和服装。采用纳米材料技术对机械关键零部件进行金属表面纳米粉涂层处理，可以提高机械设备的耐磨性、硬度和使用寿命。医药使用纳米技术能使药品生产过程越来越精细，并在纳米材料的尺度上直接利用原子、分子的排列制造具有特定功能的药品。使用纳米技术的新型诊断仪器只需检测少量血液，就能通过其中的蛋白质和 DNA 诊断出各种疾病。

可以预测，不久的将来，纳米金属氧化物半导体场效应管、平面显示用发光纳米粒子与纳米复合物、纳米光子晶体将应运而生；用于集成电路的单电子晶体管、记忆及逻辑元件、分子化学组装计算机将投入应用；分子、原子簇的控制和自组装，量子逻辑器件，分子电子器件，纳米机器人，集成生物化学传感器等将被研究制造出来。

2. 超导材料

超导体是指在一定温度以下，电阻为零，使物体内部失去磁通成为完全抗磁性的物质的材料。这种零电阻现象称为超导电性，出现零电阻的温度称为临界温度 T_c。T_c 是物质常数，同一种材料在相同条件下，T_c 有确定值。T_c 的高低是超导材料能否实际应用的关键。T_c 值越高，超导体的使用价值越大。现已发现多达二十余种元素和几千种合金和化合物可以成为超导体。

超导材料的应用虽然受到一系列因素的制约，但是其具有的优异特性使它从被发现之日起，就向人类展示了诱人的应用前景。到 20 世纪 80 年代，超导材料的应用主要有以下几方面。

1）利用材料的超导电性可制作磁体，应用于电机、高能粒子加速器、磁悬浮运输、受控热核反应、储能等；制作电力电缆，用于大容量输电（功率可达 10000MW）；制作通信电缆和天线，其性能优于常规材料。

2）利用材料的完全抗磁性可制作无摩擦陀螺仪和轴承。

3）利用约瑟夫森效应可制作一系列精密测量仪表以及辐射探测器、微波发生器、逻辑元件等。利用约瑟夫森结作计算机的逻辑和存储元件，其运算速度比高性能集成电路快 10~20 倍，而功耗只是它的 1/4。我国科学家在超导材料的研究应用方面也做了大量工作，2000 年已成功研制出超过百米的铋系高温超导带材，达到国际先进水平。

3. 形状记忆合金

形状记忆合金是通过热弹性与马氏体相变及其逆变而具有形状记忆效应的由两种以上金属元素所构成的材料。这种合金在外力作用下会产生变形，当把外力去掉，在一定的温度条件下，能恢复原来的形状。由于它具有百万次以上的恢复功能，因此叫作"记忆合金"。当然它不可能像人类大脑思维那样记忆，因此更准确地说应该称之为"形状记忆合金"或者是"记忆形状的合金"。

形状记忆合金

形状记忆合金可以分为以下三类。

（1）单程记忆效应 形状记忆合金在较低的温度下变形，加热后可恢复变形前的形状，这种只在加热过程中存在的形状记忆现象称为单程记忆效应。

（2）双程记忆效应 某些合金加热时恢复高温相形状，冷却时又能恢复低温相形状，称为双程记忆效应。

（3）全程记忆效应　加热时恢复高温相形状，冷却时变为形状相同而取向相反的低温相形状，称为全程记忆效应。

具有形状记忆效应和超弹性的合金已发现很多，但目前进入实用化的主要有 Ti-Ni 合金和 Cu-Zn-A1 合金。Ti-Ni 合金具有良好的耐蚀性和对生物的亲和性，是应用于医疗的极好材料。此外，该合金的强度、延展性、加工性均优，但价格昂贵。Cu 系合金相对较便宜，但需改善其延展性。

继钛镍和铜基合金之后，又发展了铁基形状记忆合金，如 Fe-Mn-Si 系合金。其形状记忆效应来源于应力诱导可逆马氏体相变，属应力诱导型记忆合金，有很好的应用前景。

4. 非晶态合金

非晶态合金俗称"金属玻璃"。当以极高速度使熔融状态的合金冷却时，凝固后的合金结构呈玻璃态。非晶态合金与金属相比，成分基本相同，但结构不同，因此引起二者在性能上的差异。在非晶态材料中，组成物质的原子、分子的空间排列不呈现周期性和平移对称性，是无序排列。

由于非晶态合金具有高强度、高韧度，以及工艺上可以制成条（带）或薄片的性质，因此可以用它来制作轮胎、传送带、水泥制品及高压管道的增强纤维，还可用来制成各种切削刀具和保安刀片。

非晶态合金具有高强度和塑性变形能力，可以防止裂纹的产生和扩展，正在用于飞机构架和发动机元件的研制。

易于磁化和高硬度的特点，使非晶态合金也适合用于制造放大器、开关、记忆元件、换能器等部件。非晶态合金厚度一般为 $20 \sim 40 \mu m$，电阻率高，非常适合于录像磁头的频率范围，可作为良好的磁头材料。

含 Cr 非晶态合金由于耐腐蚀和耐点蚀，可以用于海洋和生物医学方面，如制造海上军用飞机电缆、鱼雷、化学过滤器和反应容器等。

非晶态材料已应用于日常生活以及尖端技术各领域。如非晶硅太阳能电池的光转换效率虽不及单晶硅器件，但它具有较高的光吸收系数和光电导率，便于大面积薄膜工艺生产，成本低廉。

5. 磁性材料

根据磁性材料的性能和使用特点的不同，磁性材料可以分为软磁材料（具有低的矫顽力）和硬磁材料（具有高的矫顽力）。计算机技术的发展，要求磁性材料的矫顽力能够保持在一定的范围内，例如要求计算机中使用的磁带、磁盘等磁记录介质的矫顽力为 104 ~ 105A/m。矫顽力过低时，记录信号容易受外界干扰，记录密度也难以提高；矫顽力过高时，记录介质将难以为磁头所磁化或难以将记录信号抹掉。

（1）软磁材料　软磁材料在较低的磁场中被磁化而呈强磁性，但在磁场去除后磁性基本消失。这类材料被用作电力、配电和通信变压器和继电器、电磁铁、电感器铁心、发电机与发动机转子和定子以及磁路中的磁扼材料等。

软磁材料根据其性能特点，又被分为高磁饱和材料（低矫顽力）、中磁饱和材料和高导磁材料。软磁材料还包括耐磨高导磁材料、矩磁材料、恒磁导材料、磁温度补偿材料和磁致伸缩材料等。典型的软磁材料有纯铁、Fe-Si 合金（硅钢）、Ni-Fe 合金、Fe-Co 合金、Mn-Zn 铁氧体、Ni-Zn 铁氧体和 Mg-Zn 铁氧体等。非晶态合金是很好的软磁材料。

（2）硬磁材料　磁性材料在磁场中被充磁，当磁场去除后，材料的磁性仍长时间保留，这种磁材料就是永磁材料（硬磁材料）。高碳钢、Al-Ni-Co 合金、Fe-Cr-Co 合金、钡和锶铁氧体等都是硬磁材料。硬磁材料制作的硬磁体能提供一定空间内的恒定工作磁场。利用这一磁场可以进行能量转化等，所以永磁体广泛应用于精密仪器仪表、永磁电机、磁选机、电声器件、微波器件、核磁共振设备与仪器、粒子加速器以及各种磁疗装置中。

硬磁材料种类繁多，性能各异。普遍应用的硬磁材料按成分可分为五种，即 Al-Ni-Co 系硬磁材料、硬磁铁氧体、稀土硬磁材料、Fe-Cr-Co 系硬磁材料和复合硬磁材料。Fe-Cr-Co 系硬磁合金是较早使用的硬磁材料，其特点是高剩磁、温度系数低、性能稳定。在对硬磁体性能稳定性要求较高的精密仪器仪表和装置中，多采用这种硬磁合金。

6. 梯度功能材料

梯度功能材料也叫作倾斜功能材料，它是相对均质材料而言的。一般复合材料中分散相为均匀分布，整体材料的性能是统一的。但在有些情况下，人们常常希望同一件材料的两侧具有不同性质或功能，又希望不同性能的两侧结合得完美，避免在苛刻的使用条件下因性能不匹配而发生破坏。

梯度功能材料早已存在于自然界中。日本东北大学高桥研究所对海螺壳体的组织观察发现，在贝壳极薄的横断面中其组织呈极其圆滑的梯度变化，这种梯度变化的组织特征正是海贝能耐外界的强烈冲击且轻质高强的秘密所在。

由此可见，梯度功能材料就是针对材料两侧不同甚至相反的使用工况，调整其内部结构和性能，使之两侧与不同的工况条件相适应，并使之在厚度方向呈现连续的梯度变化，从而达到组织结构的合理配置、热应力最小、耐磨与强韧的协调及造价最低等目的。它克服了常规均质复合材料及涂层、覆合材料的局限性，在材料科学领域中具有广阔的应用前景。

梯度功能材料的开发是与新一代航天飞机的研制计划密切相关的。以美国现有航天飞机为例，目前唯一的再用型火箭发动机的再用次数目标为 100 次，而实际只能再用 20~30 次。因此，具有良好隔热性能的缓和热应力型的梯度功能材料，今后将广泛用于新一代航天飞机的机身、再用型火箭燃烧器、超音速飞机的涡轮发动机、高效燃气轮机等的超耐热结构件中，其耐热性、再用性和可靠性是以往使用的陶瓷涂层复合材料无法比拟的。

虽然梯度功能材料的最先研制目标是获得缓和热应力型超耐热材料，但从梯度功能的概念出发，通过金属、陶瓷、塑料、金属间化合物等不同物质的巧妙梯度复合，梯度功能材料在核能、电子、光学、化学、电磁学、生物医学乃至日常生活领域，也都有着巨大的潜在应用前景。

7. 功能复合材料

功能复合材料是指除机械性能以外提供其他物理性能的复合材料。凸显某一功能如：导电、超导、半导、磁性、压电、阻尼、吸波、透波、摩擦、屏蔽、阻燃、防热、吸声、隔热等的复合材料，统称为功能复合材料。功能复合材料主要由功能体、增强体和基体组成。功能体可由一种或一种以上功能材料组成。多元功能体的复合材料可以具有多种功能。同时，还有可能由于复合效应而产生新的功能。多功能复合材料是功能复合材料的发展方向。

（1）树脂基功能复合材料　树脂基功能复合材料由于其质地轻、强度高、耐腐蚀、隔热吸声、设计和成型自由度大而被广泛用于航空航天、船舶与车辆制造、建筑工程、电气设备、化学工程以及体育、医学等各个领域。

（2）金属基功能复合材料 金属基复合材料的发展历史虽然要比树脂基复合材料短，但是由于其具有横向机械性能好、层间剪切强度高、导热导电、不吸湿、尺寸稳定性好、使用温度范围宽、耐磨损等优异特性，因此得以迅速发展，特别是功能金属基复合材料的发展更加令人瞩目。

（3）陶瓷基功能复合材料 陶瓷基功能复合材料是复合材料的一个重要领域，它具有耐磨、耐蚀、绝热、电绝缘等优异特性。除通过碳化硅纤维、氧化铝纤维的加入改善陶瓷脆性，提高结构性能外，陶瓷基复合材料的优异功能特性越来越受到人们的关注。

复合材料是一种多相复合体系，它可以通过不同物质的组成、不同相的结构、不同含量及不同方式的复合而制备出来，以满足各种用途的需要。目前复合材料的复合技术已能使聚合物材料、金属材料、陶瓷材料、玻璃、碳质材料等之间进行复合，相互改性，使材料的生产和应用得到综合发展。

复习思考题

一、名词解释
高分子材料、塑料、复合材料

二、简答题
1. 简述作为工程材料的聚合物材料的优缺点（与金属材料比较）。
2. 常用的塑料成型工艺有哪几种？
3. 天然橡胶和合成橡胶各有何特性？应用上有何区别？
4. 陶瓷性能的主要缺点是什么？分析其原因，并指出改进的方法。
5. 复合材料的基本性能（优点）是什么？请简答6个要点。
6. 试分析复合材料的应用及发展。

模块二

金属材料基础知识

项目4

金属的结构分析

知识目标

1）了解晶体、晶格、晶胞、晶格常数等概念，掌握常见金属的晶格类型。

2）熟悉金属的实际晶体结构及缺陷。

3）掌握组元、相、组织等基本概念；掌握合金晶体结构，了解固溶体和化合物的本质区别和性能特点。

4）掌握纯铁同素异构对金属性能的影响。

5）掌握铁碳合金中铁素体、奥氏体、渗碳体的相结构。

能力目标

1）能分析晶体结构与金属材料性能之间的关系。

2）掌握晶体缺陷对金属力学性能的影响，能运用强化机理提高金属和合金的性能。

引言

同样是金属材料，为什么钢的强度比铝合金高，其导电性和导热性不如铝。不同成分的金属材料，其性能也不同。但是对于同一种成分的金属材料，通过不同的加工处理工艺，改变材料内部的组织结构，也可以使其性能发生极大的变化。也就是说，金属的内部结构和组织状态也是决定金属材料性能的重要因素。这就促使人们致力于金属及合金内部组织结构的研究，以寻求改善和发展金属材料的途径。

任务 4.1 认识纯金属的晶体结构

4.1.1 金属的结构特征

金属和合金在固态下通常都是晶体。要了解金属及合金的内部结构，首先应了解晶体的结构。

1. 金属原子间的结构

原子结构理论指出，孤立的自由原子是由带正电的原子核和带负电的核外电子组成的，核外的电子被原子核吸引，各电子间相互排斥并靠一种离心力保持着与核的距离，核外电子按照量子力学规律运动。金属原子最外层的电子数很少，一般不超过三个，由于金属外层电子与原子核结合力较弱，所以很容易脱离原子核的束缚变成自由电子，这些自由电子为整个原子集团所共有，形成电子云，而失去电子的金属原子则变成正的金属离子。

2. 金属键

原子之间的化学键有离子键、共价键。阴阳离子之间通过静电作用形成的化学键叫作离子键。两个或多个原子共同使用它们的外层电子，在理想情况下达到电子饱和的状态，由此组成比较稳定的化学键叫作共价键。

金属及合金的结合键主要是金属键，图4-1所示为金属键模型示意图。不同于离子键和共价键，金属离子沉浸在周围的自由电子云中。这种金属离子跟自由电子间存在较强的作用，因而使许多金属离子互相结合在一起，其形成的化学键叫作金属键。金属键没有饱和性和方向性。

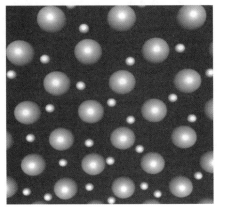

图 4-1　金属键模型示意图

4.1.2　晶体与非晶体结构

一切物质都是由原子组成的，根据原子排列的特征，固态物质可分为晶体和非晶体两类。

原子在空间按一定规律呈周期性排列的固体均是晶体，如金刚石、石墨及一般固态金属及合金等。晶体具有固定的熔点和各向异性等特征。非晶体中的原子排列没有规则性，如玻璃、沥青、石蜡、松香等。非晶体没有固定的熔点，并具有各向同性的特征。液态金属的原子排列无周期规则性，不是晶体；当凝固成固体后，原子呈周期性规则排列，就变为晶体。在极快冷却的条件下，一些金属可获得固态非晶体，即将液态的原子排列方式保留至固态中。故非晶体又称为"过冷液体"或"金属玻璃"。

晶体纯物质与非晶体纯物质在性质上的区别主要有：①晶体纯物质熔化时具有固定熔点，而非晶体纯物质却存在一个软化温度范围，没有明显的熔点；②晶体纯物质具有各向异性，而非晶体纯物质却为各向同性。

4.1.3　金属的晶格类型

根据原子间作用模型可知，金属中原子的排列是有规则的，金属一般为晶体。金属晶体中，原子排列的规律不同，则其性能也不同，因而必须研究金属的晶体结构，即原子的实际排列情况。

1. 晶体学基础

晶体结构是指晶体中原子（或离子、分子、原子集团）的具体排列情况，也就是晶体中的这些质点（原子、离子、分子、原子集团）在三维空间有规律的周期性的重复排列方式。组成晶体的物质质点不同，排列的规则不同，或者周期性不同，就可以形成各种各样的晶体结构，即实际存在的晶体结构可以有很多种。假定晶体中的物质质点都是固定的刚球，那么晶体即由这些刚球堆垛而成，图4-2a即为这种原子堆垛模型。

金属的晶体学
基础

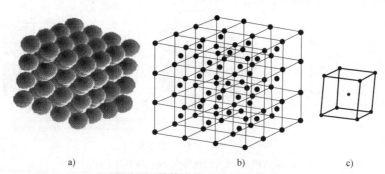

图 4-2　晶体中原子排列示意图

a）原子堆垛模型　b）晶格　c）晶胞

从图中可以看出，原子在各个方向排列都是很规则的。为了清楚地表明物质质点在空间排列的规律性，常常将构成晶体的实际质点抽象为纯粹的几何点，称之为空间阵点或结点。这些阵点或结点可以是原子或分子的中心，也可以是彼此等同的原子群或分子群的中心，各个阵点间的周围环境都相同。这种阵点有规则地周期性重复排列所形成的空间几何图形即称为空间点阵。将阵点用直线连接起来形成空间格子，称之为晶格，如图 4-2b 所示。由于晶格中阵点排列具有周期性的特点，因此，为了便于说明原子在空间排列的特点，可以从晶格中选取一个能够完全反映晶格特征的最小几何单元来分析阵点排列的规律性，这个最小的几何单元称为晶胞，如图 4-2c 所示。

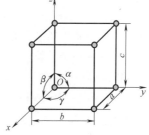

晶胞的大小和形状常以晶胞的棱边长度 a、b、c 及棱边夹角 α、β、γ 表示，如图 4-3 所示。图中三条沿晶胞交于一点的棱边设置了三个坐标轴（或晶轴）x、y、z。晶胞的棱边长度称为晶格常数或点阵常数，晶胞的棱间夹角又称为轴间夹角。

图 4-3　简单晶胞表示法

2. 常见的金属晶体结构

自然界中的晶体有成千上万种，它们的晶体结构各不相同，在工业上使用的金属元素中，绝大多数都具有比较简单的晶体结构，其中最典型、最常见的晶体结构有三种类型，即体心立方结构、面心立方结构和密排六方结构，前两种属于立方晶系，后一种属于六方晶系。

常见的金属
晶体结构

（1）体心立方晶格（简称 BCC）　体心立方晶格的晶胞是一个立方体，如图 4-4 所示。在立方体的八个顶角和中心各分布一个原子，晶胞的三个棱边长度相等，三个轴间夹角均为 90°，构成立方体。除了在晶胞的八个角上各有一个原子外，在立方体的中心还有一个原子。具有体心立方结构的金属有 α-Fe（温度低于 912℃ 的铁）、Cr、V、Nb、Mo、W 等 30 多种。

1）原子数：由于晶格是由大量晶胞堆垛而成，因而晶胞每个角上的原子为与其相邻的 8 个晶胞共有，即只有 1/8 个原子属于这个晶胞，晶胞中心的原子完全属于这个晶胞，所以体心立方晶胞中的原子数为 8×1/8+1＝2，如图 4-4c 所示。

2）原子半径：用球体代表原子，如图 4-4b 所示，可以更清楚表示体心立方晶胞的对称规律和原子的位置。立方体的边长 a 称为晶胞的点阵常数（或晶格常数），所以体心立方晶胞中的原子半径为 $r=\sqrt{3}\,a/4$。

 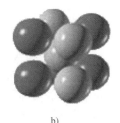 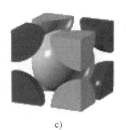

a)　　　　　　　　　　　b)　　　　　　　　　　　c)

图 4-4　体心立方晶格示意图

a）质点模型　b）刚球模型　c）晶胞原子数

3）配位数和致密度：晶胞中原子排列的紧密程度也是反映晶体结构特征的一个重要因素。通常用两个参数来表征，一个是配位数，另一个是致密度。

配位数是指与晶体中一个原子最邻近的等距离的原子数。配位数越大，晶体中的原子排列越紧密。在体心立方晶格中，与立方体中心的原子最近且等距离的原子数有 8 个，所以体心立方晶格的配位数为 8。

致密度是一个晶胞中原子的体积与晶胞体积之比，也可称为原子堆垛密度。可用下式来表示：

$$K = \frac{nV_1}{V} \tag{4-1}$$

式中　K——晶体的致密度；

　　　n——一个晶胞实际包含的原子数；

　　　V_1——一个原子的体积；

　　　V——晶胞的体积。

体心立方晶格的晶胞中包含有 2 个原子，晶胞的棱边长度（晶格常数）为 a，原子半径为 $r = \sqrt{3}\,a/4$，其致密度为

$$K = \frac{nV_1}{V} = \frac{2 \times 4/3 \pi r^3}{a^3} \approx 0.68 \tag{4-2}$$

也就是说，在体心立方结构中，有 68% 的体积被原子所占据，其余 32% 为间隙体积。

（2）面心立方结构（简称 FCC）　面心立方结构的晶胞如图 4-5 所示。在晶胞的八个角上各有一个原子，构成立方体，在立方体六个面的中心各有一个原子。γ-Fe（温度在 912~1394℃之间的铁）、Cu、Ni、Al、Ag 等约 20 种金属具有这种晶体结构。

 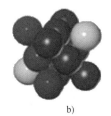 

a)　　　　　　　　　　　b)　　　　　　　　　　　c)

图 4-5　面心立方晶格示意图

a）质点模型　b）刚球模型　c）晶胞原子数

由图 4-5 可以看出，面心立方晶格除立方体角上有原子外，立方体的 6 个面的中心也有

原子占据，每个角上的原子由 8 个晶胞分享，而面中心的原子则由 2 个晶胞分享，故一个面心立方晶胞有四个完整的原子。所以，面心立方晶胞的原子半径为 $r=\sqrt{2}a/4$，面心立方晶胞的配位数是 12，致密度为 0.74。

（3）密排六方晶格（简称 HCP）　密排六方晶格的晶胞如图 4-6 所示。在晶胞的 12 个角上各有 1 个原子，构成六方柱体，上底面和下底面的中心各有 1 个原子，晶胞内还有 3 个原子。具有密排六方晶格的金属有 Zn、Mg、Be、α-Ti（温度低于 883℃ 的钛）、α-Cu、Cd 等。

图 4-6　密排六方晶格示意图

a）质点模型　b）刚球模型　c）晶胞原子数

　　密排六方晶格的晶胞上下面的 6 个原子分别由 6 个晶胞分享；面中心的原子由 2 个晶胞分享，中间平面的 3 个原子属于这个晶胞所有。所以，每个密排六方晶胞包含 6 个原子，配位数和致密度分别也是 12 和 0.74。

　　密排六方晶格的配位数和致密度均与面心立方晶格相同，这说明两种晶胞中原子的紧密排列程度相同。

任务 4.2　认识实际金属的结构

4.2.1　多晶体结构

　　根据前面的知识可知，面心立方结构和密排六方结构都是致密度最高（74%）的密排晶体结构，但是二者在晶体结构和性能上有较大的区别，这与它们的堆垛方式有关。原子的重复和有规律的堆垛方式决定了物质的力学性能。如果同样的原子排列规律和周期性延续到整个样品而未发生中断，则这个样品就是一个单晶。制作集成电路用的硅片就是单晶，它是由单晶硅棒切割而成。在有些矿物中可以看到天然的单晶。冰糖块是糖的单晶形态。

　　多数晶体物质以多晶状态存在。多晶体是小的单晶颗粒的集合，这种单晶颗粒就称为晶粒。大多数金属是在多晶状态下使用的。图 4-7 所示为在光学显微镜下看到铁的多晶晶粒。图中黑色颗粒是铁中的夹杂物。

　　多晶的形成过程可以概括为：固体的结晶核心首先在某些地方形成，随着原子的加入，晶粒不断长大，但晶粒（单晶）相互间往往存在不同的取向，即晶粒的同一晶轴（如 x 晶轴）之间有一定的角度差。最后，不同的晶粒相遇形成晶界。晶粒间的取向差，就导致晶界处晶体的不完整性。由于晶界是不完整的晶体区域，所以，晶界的状况对于晶体材料的性能有显著的影响。

前面提到，原子不具备远程排列规律的物质是非晶体，也可称之非晶态。有些通常是晶态的物质在某种条件下也可以形成非晶态，如金属晶体的快速冷却。图 4-8 示出了物质晶态和非晶态时原子排列的差别。尽管在这两种情况下每个原子近邻都有三个原子，但在晶态中，原子的排列具有重复的周期性，即具有远程秩序。在非晶态中，原子的排列则只有近程秩序，即只保证了每个原子的近邻有三个原子，原子的排列并没有有规律地周期重复。

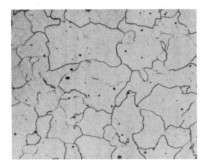

图 4-7　铁的多晶晶粒

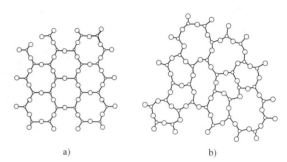

图 4-8　晶态和非晶态的结构示意图
a）晶态　b）非晶态

熔融状态的金属缓慢冷却得到的是晶态金属，因为从熔融的液态到晶态需要时间使原子排列有序化。如果熔融状态的金属以极高的速度骤冷，不给原子有序化排列的时间，把原子瞬间冻结在像液态一样的无序排列状态，得到的就是非晶态金属。这种结构与玻璃的结构极为相似，所以常把非晶态金属称为金属玻璃。非晶态金属是从熔融液态急冷凝固得到的，金属整体呈现均匀性和各向同性，因而具有优良的力学性能，如拉伸强度大，强度、硬度都比一般晶态金属高。由于非晶态金属中原子是无序排列，没有晶界，不存在晶体滑移、位错等缺陷，使金属具有高电阻率、高磁导率、高耐蚀性等优异性能。非晶态金属的电阻率一般要比晶态金属高 2~3 倍，这可以大大减少涡流损失，特别适合做变压器和电动机的铁心材料。采用非晶态金属做铁心，效率为 97%，比用硅钢高出 10% 左右，所以得到推广应用。此外，非晶态金属在脉冲变压器、磁放大器、电源变压器、漏电开关、光磁记录材料、高速磁泡头存储器、磁头和超大规模集成电路基板等方面均获得应用。

4.2.2　晶体缺陷分析

在实际应用的金属材料中，总是不可避免地存在一些原子偏离规则排列的不完整性区域，这就是晶体缺陷。一般说来，金属中这些偏离其规定位置的原子数目很少，因此，从整体上看，其结构还是接近完整的。尽管如此，这些晶体缺陷的产生和发展、运动与交互作用，以至于合并和消失，在晶体的强度和塑性、扩散以及其他的结构敏感性的问题中扮演了重要的角色。

根据晶体缺陷的几何形态特征，可以将其分为点缺陷、线缺陷、面缺陷。

点缺陷的特征是三个方向上的尺寸都很小，相当于原子尺寸，例如空位、间隙原子、置换原子等。线缺陷的特征是在两个方向的尺寸很小，另一个方向上的尺寸相对很大，属于这一类的主要是位错。面缺陷的特征是在一个方向上的尺寸很小，另外两个方向上的尺寸相对很大，例如晶界、亚晶界等。

1. 点缺陷

常见的点缺陷有三种，即空位、间隙原子和置换原子，如图 4-9 所示。

（1）空位　在任何温度下，金属晶体中的原子都是以其平衡位置为中心不间断地进行着热振动。原子的振幅大小与温度有关，温度越高，振幅越大。在一定的温度下，每个原子的振动能量并不完全相同，存在能量起伏，即在某一瞬间，某些原子的能量可能高些，其振幅就要大些；而另一些原子的能量可能低些，振幅就要小些。在某一温度下的某一瞬间，总有一些原子具有足够高的能量，以克服周围原子对它的约束，脱离开原来的平衡位置迁移到别处，其结果是在原位置上出现了空结点，即空位。

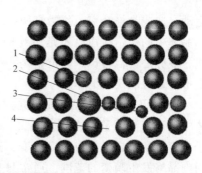

图 4-9　晶体中的各种点缺陷
1—小的置换原子　2—大的置换原子
3—间隙原子　4—空位

空位是由于该处的原子获得了足够的能量被激活，跳离了自己的平衡位置而形成的。空位的形成有时还会造成间隙原子的出现。由于空位的存在，使其周围的原子偏离平衡位置，从而使晶格发生畸变，所以说空位是一种点缺陷。

形成一个空位所需的能量称为空位形成能，温度越高，能够获得空位形成能的原子越多，所以空位的数量也就越多。

晶体中的空位不是固定不动的，而是始终处在运动变化之中。空位与其周围原子不断换位，就形成了空位的运动。当空位与间隙原子相遇时，它们便会复合而消失；如果多个空位聚到一起，便形成复合空位。

（2）间隙原子　间隙原子是指处于晶格间隙中的原子。在晶格原子之间的间隙是很小的，一个原子硬挤进去必然使周围原子偏离平衡位置，造成晶格畸变，因此间隙原子也是一种点缺陷。间隙原子可分为同类原子的间隙原子和异类原子的间隙原子两种。同类的间隙原子，如前所述，一般是空位形成时产生的，空位浓度越高，则同类间隙原子的浓度也越高。异类间隙原子一般都是半径很小的原子，如钢铁中的碳、氮、硼、氢原子即属此类。尽管这些原子半径很小，但是仍比晶格间隙的尺寸大，所以也会造成晶格畸变。异类间隙原子在一定温度也有一个平衡浓度，称之为固态溶解度，简称固溶度。间隙原子的固溶度通常都很小，但是对金属强化却起着极其重要的作用。

（3）置换原子　置换原子是溶入金属晶体并且占据原来基体原子平衡位置的异类原子。由于置换原子的半径和基体原子的半径总有些差异，所以也会使其周围原子偏离平衡位置，造成晶格畸变。置换原子的固溶度一般较大，有些可以互为置换原子，如 Cu-Ni 合金，Ni 在 Cu（或 Cu 在 Ni）中的固溶度可以达到 100%，即 Cu 原子和 Ni 原子可以互相置换。

综上所述，不管是哪类点缺陷，都会造成晶格畸变，从而对金属性能产生影响。此外，点缺陷的存在，将加速金属中的扩散过程。因此，凡与扩散有关的相变、化学热处理、高温下的塑性变形和断裂等，都与空位和间隙原子的存在和运动有着密切的关系。

2. 线缺陷

线缺陷又称为位错。也就是说，位错是一种线型的晶体缺陷，它是在晶体中某处有一列或若干列原子发生了有规律的错排现象，位错线周围附近的原子偏离自己的平衡位置使长度达几百至几万个原子间距、宽约几个原子间距范围内的原子离开其平衡位置，发生有规律的运动，造成晶格畸变。位错有两种基本类型，一种叫作刃型位错，另一种叫作螺型位错。实际晶体中的位错往往既不是单纯的螺型位错，也不是单纯的刃型位错，而是它们的混合形式，故称之为混合位错。位错是一种极为重要的晶体缺陷，它对于金属的强度、断裂和塑性变形等起着决定性的作用。

（1）刃型位错　在一简单立方晶体内部，晶体中多余的半原子面好像一片刀刃切入晶体中，沿着半原子面的"刃边"，形成一条间隙较大的"管道"，该"管道"周围附近的原子偏离平衡位置，造成晶格畸变，这样的位错就是刃型位错。刃型位错包括"管道"及其周围晶格发生畸变的范围，通常只有 3~5 个原子间距宽，而位错的长度却有几百至几万个原子间距。

刃位错有正负之分，若额外半原子面位于晶体的上半部，则此处的位错线称为正刃型位错，用符号"⊥"表示。反之，若额外半原子面位于晶体的下半部，则称为负刃型位错，用符号"⊤"表示。

刃型位错的形成，可以描述为：在晶体右上角施加一切应力，晶体在切应力的作用下，一部分相对于另一部分沿一定的晶面（滑移面）和晶向（滑移方向）产生位移，由于此时晶体右上角原子尚未滑移，于是在晶体内部就出现了已滑移区和未滑移区的边界。在边界附近，原子排列的规则性遭到了破坏，从而形成多余半原子面，也就形成了刃型位错。在切应力的继续作用下，刃型位错向前运动，位错经过的区域晶体发生了滑移。因此，也可以说位错是晶体已滑移区与未滑移区的分界线，如图 4-10 所示。

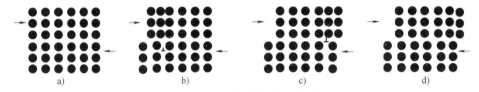

a)　　　　　　　b)　　　　　　　c)　　　　　　　d)

图 4-10　刃型位错形成示意图

刃型位错会吸引间隙原子和置换原子向位错区聚集，如图 4-11 所示。小的间隙原子往往进入位错管道，置换原子则富集在管道周围。这样可以降低晶格的畸变能，同时这些间隙原子和置换原子对位错起了钉扎作用，使位错难以运动，结果可以使晶体的强度、硬度提高。

图 4-11　置换原子和间隙原子
在刃型位错区的富集
1—置换原子　2—间隙原子

从以上的刃型位错模型中，可以看出其具有以下几个重要特征：

1）刃型位错有一多余半原子面。

2）位错线是一个具有一定宽度的细长的晶格畸变管道，其中既有正应变，又有切应变。对于正刃型位错，滑移面之上晶格受到压应力，滑移面之下为拉应力。负刃型位错与此相反。

3）位错线与晶体滑移的方向相垂直，即位错线运动的方向垂直于位错线。

（2）螺型位错　螺型位错也是在切应力的作用下形成的。如图 4-12 所示，上半部分晶体的右边相对于它下面的晶体移动了一个原子间距。在晶体已滑移和未滑移之间存在一个过渡区，在这个过渡区内的上下二层的原子相互移动的距离小于一个原子间距，因此它们都处于非平衡位置。这个过渡区就是螺型位错，也是晶体已滑移区和未滑移区的分界线。之所以称其为螺型位错，是因为如果把过渡区的原子依次连接起来可以形成"螺旋线"。螺位错用环形箭头（见图4-12）或用s表示。

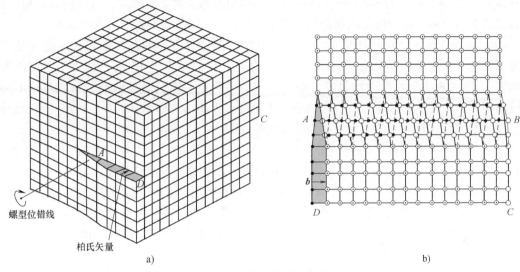

图4-12 螺型位错示意图

根据位错线附近呈螺旋形排列的原子的旋转方向的不同，螺型位错可分为左螺型位错和右螺型位错两种。通常用拇指代表螺旋的前进方向，而以其余四指代表螺旋的旋转方向。凡符合右手法则的称为右螺型位错，符合左手法则的称为左螺型位错。

螺型位错没有多余半原子面。在晶格畸变的细长管道中，只存在切应变，而无正应变，并且位错线周围的弹性应力场呈轴对称分布。此外，从螺型位错的模型中还可以看出，螺型位错线与晶体滑移方向平行，但位错线前进的方向与刃型位错相同，即与位错线相垂直。

综上所述，螺型位错具有以下重要特征：

1）螺型位错没有多余半原子面。

2）螺型位错线是一个具有一定宽度的细长的晶格畸变管道。其中只有切应变，而无正应变。

3）位错线与滑移方向平行，位错线运动的方向与位错线垂直。

晶体中的位错密度是以单位体积中位错线的总长度来表示的，其单位为 cm/cm^3。在退火金属中，位错密度一般为 $106cm/cm^3$ 数量级；而在经过冷变形加工或者经淬火处理的金属中，位错密度可高达 $1012cm/cm^3$。位错密度越高，金属的强度、硬度越高。

晶体中的位错线可以在高倍电子显微镜下观察到，改变温度或施加应力的时候，甚至可以看到位错线的运动。位错的存在，对金属材料的力学性能、扩散及相变等过程有着重要的影响。如果金属中不含位错，那么它将有极高强度。不含位错的晶须，不易塑性变形，因而强度极高；而工业纯铁中含有位错，易于塑性变形，所以强度很低。如果采用冷塑性变形等方法使金属中的位错密度大大提高，则金属的强度也可以随之提高。

3. 面缺陷

晶体的面缺陷一般是指具有二维尺寸的晶体缺陷。晶体的面缺陷包括晶体的外表面

（表面或自由界面）和内界面两类，内界面主要包括晶界、亚晶界、孪晶界等。

（1）晶体外表面　晶体外表面上的原子与晶体内部的原子所处的环境不同，内部原子周围都被邻近的原子对称地包围着，而表面原子只有一侧被内部原子包围着，另一侧则暴露在其他介质中。因此，表面原子所受周围原子的作用力不是均匀对称的，这就使表面原子偏离自己的平衡位置，处于能量较高的畸变状态。

（2）晶界　晶体结构相同但位向不同的晶粒之间的界面称为晶粒晶界，或简称晶界。晶界可分为小角度晶界和大角度晶界。两相邻晶粒的位向差小于15°时，称为小角度晶界；位向差大于15°时，称为大角度晶界。晶粒的位向差不同，则其晶界的结构和性质也不同。现已查明，小角度晶界基本上由位错构成，大角度晶界的结构却十分复杂，目前还不十分清楚，而多晶体金属材料中的晶界大都属于大角度晶界。

（3）亚晶界　在实际晶体内，每个晶粒内的原子排列并不是十分齐整的，它们彼此间存在着极小的（<2°）位向差。这些晶块之间的内界面就称为亚晶粒晶界，简称亚晶界。

（4）孪晶界　孪晶界是一种简单而特别的晶界。所谓孪晶是指两个晶体（或一个晶体的两部分）沿一个公共晶面构成镜面对称的位向关系，此公共晶面就称为孪晶面，这里的孪晶面也就是孪晶界。在孪晶面上的原子为孪晶的两部分晶体所共有，且同时位于两个晶体点阵的结点上。这种形式的孪晶界称为共格孪晶界。

任务4.3　认识合金中的相结构

合金的组织常由多种"相"混合组成，为了研究合金的性能与其成分、组织的关系，必须探索合金组织的形成及其变化规律。通过认识合金中的相结构，了解其力学性能、物理和化学性能与组织的关系。

4.3.1　认识合金

合金是指两种或两种以上的金属，或金属与非金属，经熔炼或烧结，或用其他方法组合而成的具有金属特征的物质。合金具有较高的强度、硬度以及某些优异的物理、化学性能和力学性能，且价格相对低廉，是工业上广泛使用的金属材料。

组成合金的最基本的、独立的物质称为组元。一般来说，组元就是组成合金的元素，但有时也可将稳定的化合物作为组元，如铁碳合金中的 Fe_3C。合金中化学成分和结构相同，与其他组成部分有界面分开的独立均匀的组成部分称为"相"。

4.3.2　合金的相结构

合金的相结构实质是合金中的晶体结构。根据合金中各元素间的相互作用，合金中的相可分为固溶体、金属化合物两类。

1. 固溶体

合金中一组元作为溶质溶解在另一组元溶剂的晶格中，并保持溶剂晶格类型的金属固相，称之为固溶体。一般含量多者为溶剂，含量少者为溶质。例如，钢组织中铁素体相就是碳在体心立方晶格 α-Fe 中的固溶体。根据溶质原子在溶剂晶格中所占位置，可将固溶体分为置换固溶体和间隙固溶体两种类型。

（1）置换固溶体　溶质原子占据溶剂晶格部分结点位置而形成的固溶体称为置换固溶体，如图4-13a所示。按溶质溶解度不同，置换固溶体又可分为有限固溶体和无限固溶体两种。其溶解度主要取决于组元间的晶格类型、原子半径和原子结构。实践证明，大多数合金只能有限固溶，且固溶度随着温度的升高而增大。只有两组元晶格类型相同、原子半径相差很小时，才可以形成无限固溶体。

（2）间隙固溶体　溶质原子占据溶剂晶格的间隙而形成的固溶体称为间隙固溶体。如图4-13b所示。由于溶剂晶格的间隙有限，间隙固溶体只能有限固溶溶质原子，只有在溶质原子与溶剂原子半径的比值小于0.59时，才能形成间隙固溶体。间隙固溶体的固溶度与温度、溶剂溶质原子半径比值和溶剂晶格类型等有关。

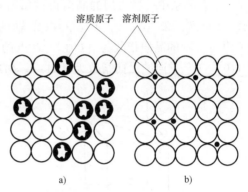

图4-13　固溶体的两种类型
a）置换固溶体　b）间隙固溶体

无论是置换固溶体，还是间隙固溶体，异类原子的插入都将使固溶体晶格发生畸变，增加位错运动的阻力，使固溶体的强度、硬度提高。这种通过溶入溶质原子形成固溶体，从而使合金强度、硬度升高的现象称为固溶强化。固溶强化是强化金属材料的重要途径之一。

实践证明，只要适当控制固溶体中溶质的含量，就能在显著提高金属材料强度的同时仍然使其保持较高的塑性和韧性。

2. 金属化合物

金属化合物是指合金组元间发生相互作用而形成的具有金属特性的合金相。例如，铁碳合金中的渗碳体就是铁和碳组成的化合物 Fe_3C，金属化合物具有与其构成组元晶格截然不同的特殊晶格，熔点高，硬而脆。合金中出现金属化合物时，通常能显著地提高合金的强度、硬度和耐磨性，但塑性和韧性也会明显降低。

【知识拓展1】　晶向指数和晶面指数

在晶体中，由一系列原子所组成的平面称为晶面，任意两个原子之间连线所指的方向称为晶向。晶面指数和晶向指数是为了便于研究和表述不同晶面和晶向的原子排列情况及其在空间的位向，人为规定的一种表示方法。

晶向指数的确定步骤如下：

1）以晶胞的某一阵点 O 为原点，过原点 O 的晶轴为坐标轴 X、Y、Z，以晶胞点阵矢量的长度作为坐标轴的长度单位。

2）过原点 O 作一直线，使其平行于待定晶向。

3）在这条直线上选取距原点 O 最近的一个阵点，确定该点阵的3个坐标值。

4）将这3个坐标值化为最小整数 u、v、w，加以方括号，[uvw] 即为待定晶向的晶向指数。

通常以 [uvw] 表示晶向指数的普遍形式，若晶向指向坐标的负方向时，则坐标值中出现负值，这时在晶向指数的这一数字之上加以负号。

现以图 4-14 中 *AB* 方向的晶向为例说明。通过坐标原点引一平行于待定晶向 *AB* 的直线 *OB′*，*B′* 点的坐标值为 （-1, 1, 0），故其晶向指数为 $[\overline{1}10]$。

应当指出，从晶向指数的确定步骤可以看出，晶向指数所表示的不仅仅是一条直线的位向，而是一族平行线的位向，即所有相互平行的晶向，都具有相同的晶向指数。

立方晶系中一些常用的晶向指数如图 4-15 所示。如 *x* 轴方向，其晶向指数可用 *A* 点表示，*A* 点坐标为 （1, 0, 0）。所以 *X* 轴的晶向指数为 ［100］。同理，*y* 轴的晶向指数为 ［010］，*z* 轴的晶向指数为 ［001］。*D* 点的坐标为 （1, 1, 0）。所以 *OD* 方向的晶向指数为 ［110］。*OF* 方向的晶向指数为 ［111］。*OH* 方向的晶向指数为 ［210］。

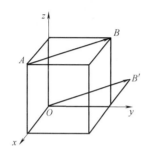

图 4-14 确定晶向指数的示意图

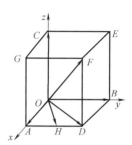

图 4-15 立方晶系中常用的晶向指数

同一直线有相反的两个方向。其晶向指数的数字和顺序完全相同，只是符号相反。它相当于用 -1 乘晶向指数中的三个数字，如 ［123］ 与 $[\overline{1}\,\overline{2}\,\overline{3}]$ 相反，［120］ 与 $[\overline{1}\,\overline{2}\,0]$ 方向相反等。

原子排列相同但空间位向不同的所有晶向称为晶向族，以 <*uvw*> 表示。在立方晶系中，［100］、［010］、［001］ 以及方向与之相反的 $[\overline{1}00]$、$[0\overline{1}0]$、$[00\overline{1}]$ 共六个晶向上的原子排列完全相同，只是空间位向不同，属于同一晶向族，用 <100> 表示。同样，<110> 晶向族包括：［110］、［101］、［011］、$[\overline{1}10]$、$[\overline{1}01]$、$[0\overline{1}1]$ 以及方向与之相反的晶向、$[\overline{1}\,\overline{1}0]$、$[\overline{1}0\overline{1}]$、$[0\overline{1}\,\overline{1}]$、$[1\overline{1}0]$、$[1\,0\overline{1}]$、$[01\overline{1}]$ 共 12 个晶向。<111> 晶向族包括 ［111］、$[\overline{1}11]$、$[1\overline{1}1]$、$[11\overline{1}]$ 以及 $[\overline{1}\,\overline{1}\,\overline{1}]$、$[11\,\overline{1}]$、$[\overline{1}\,\overline{1}1]$、$[\overline{1}\,11]$ 八个晶向。

晶面指数的确定步骤如下：

1）在点阵中设定参考坐标系，设置方法与确定晶向指数时同。

2）求得待定晶面在三个晶轴上的截距，若该晶面与某轴平行，则在此轴上截距为无穷大；若该晶面与某轴负方向相截，则在此轴上截距为一负值。

3）取各截距的倒数。

4）将三倒数化为互质的整数比，并加上圆括号，即表示该晶面的指数，记为 （*hkl*）。

如果所求晶面在坐标轴上的截距为负值，则在相应的指数上加一负号。

如图 4-16 所示的晶面，该晶面在 *x*、*y*、*z* 坐标轴上的截距分别为 1、1、1，故其晶面指数为 （111）。

在某些情况下，晶面可能只与两个或一个坐标轴相交，而

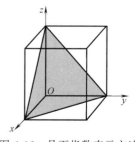

图 4-16 晶面指数表示方法

与其他坐标轴平行。当晶面与坐标轴平行时，就认为在该轴上的截距为∞，其倒数为0。

图4-17所示为立方晶体中一些晶面的晶面指数，其中A晶面在三个坐标轴上的截距分别为1、∞、∞，取其倒数为1、0、0，故其晶面指数为（100）。B晶向在坐标轴上的截距为1、1、∞，倒数为1、1、0，晶面指数为（110）。C晶面在坐标轴上的截距为1、1/2、1/2，其倒数为1、2、2，其晶面指数为（122）。D晶面在坐标轴上的截距为1、1、1/2，其倒数为1、1、2，晶面指数为（112）。

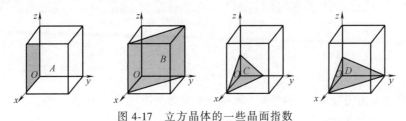

图4-17　立方晶体的一些晶面指数

晶面指数所代表的不仅是某一晶面，而是代表着一组相互平行的晶面。另外，在晶体内凡晶面间距和晶面上原子的分布完全相同，只是空间位向不同的晶面可以归并为同一晶面族，以 $\{hkl\}$ 表示，它代表由对称性相联系的若干组等效晶面的总和，如 $\{100\}$ 晶面族包含6个原子排列相同的晶面。它们是：（100）、（010）、（001）、（$\bar{1}$00）、（0$\bar{1}$0）、（00$\bar{1}$）。要注意，在这六个晶面中0与1的位置并不相同。$\{110\}$ 晶面族则含有12个原子排列相同的晶面。

在立方晶体中，同指数的晶向和晶面是相互垂直的，即〔100〕晶向与（100）晶面垂直。其他的晶系中则不存在这种关系。

【知识拓展2】　金相试样的制备

金相试样的制备内容请扫二维码，通过观看微课进行学习。

金相试样的制备

复习思考题

1. 什么是晶体，什么是非晶体？简述二者在结构与性能上的差别。

2. 常见的金属晶格类型有哪些？Fe、Cu、Al、Ni、Pb、W、Mo、V、Ti、Zn、Mg等各属于哪种晶体结构？

3. 列举常见的点缺陷、线缺陷、面缺陷？

4. 螺型位错和刃型位错各有什么重要特征？

5. 柏氏矢量与刃型位错和螺型位错有什么关系？

6. 什么是固溶体？什么是金属化合物？它们的结构特点和性能特点各是什么？

7. 什么是合金？与纯金属比较合金有哪些优点？

8. 纯铁的三个同素异构体各叫什么名称？晶体结构是什么？

项目5

金属的结晶过程与控制

知识目标

1）了解金属与合金的结晶规律，掌握金属结晶的热力学条件和结构条件。

2）能熟练掌握晶核的形成机理，了解晶核长大机制，晶粒大小对性能的影响。

3）掌握金属铸锭组织与缺陷，了解铸锭三晶区形成过程，了解铸锭组织的控制方法。

4）了解二元合金相图的建立，掌握匀晶、共晶相图及其结晶过程；掌握合金成分、组织与性能的关系。

5）了解铁碳合金的结晶过程，了解碳对铁碳合金组织、性能的影响。

6）掌握铁碳合金相图分析。

能力目标

1）能根据金属与合金的结晶过程及规律，有效控制金属的结晶过程，改善金属材料的组织和性能。

2）正确运用杠杆定律分析相图，根据相图推测合金的性能。

3）根据所学知识可以合理应用铁碳合金相图。

引言

物质由液态到固态的转变过程称为凝固。若凝固得到的固体是晶体，则这种凝固称为结晶。固态金属或合金多属于晶体，所以金属的凝固，又叫作结晶；在极高的冷却速度下制取非晶态金属或合金时，只能叫作凝固。金属结晶后所形成的组织，包括各种相的晶粒形状、大小和分布等，将极大地影响金属的加工性能和使用性能。对于铸件和焊接件来说，结晶过程就基本上决定了它的使用性能和寿命。而对于尚需进一步加工的铸锭来说，结晶过程既直接影响它的轧制和锻压工艺性能，又不同程度地影响其制成品的使用性能。因此，研究和控制金属的结晶过程，已成为提高金属力学性能和工艺性能的一个重要手段。

此外，液相向固相的转变又是一个相变过程。因此，掌握结晶过程的基本规律，将为研究其他相变奠定基础。纯金属和合金的结晶，两者既有联系又有区别。为了便于研究问题，这里先介绍纯金属的结晶。

任务 5.1 掌握纯金属的结晶

5.1.1 金属结晶的现象

结晶过程是一个十分复杂的过程，尤其是金属不透明，其结晶过程不能直接观察，给研究带来困难。为了揭示金属结晶的基本规律，这里先从结晶的现象入手，进而再去研究结晶过程的实质。

1. 过冷现象

根据金属结晶过程中测得的冷却曲线（见图 5-1）可知，金属在结晶之前，温度连续下降，当液态金属冷却到理论结晶温度（熔点）时，并未开始结晶，而是需要继续冷却到之下某一温度 T_n，液态金属才开始结晶。金属的实际结晶温度 T_n 与理论结晶温度 T_m 之差，称为过冷度，以 ΔT 表示，$\Delta T = T_m - T_n$。过冷度越大，则实际结晶温度越低。

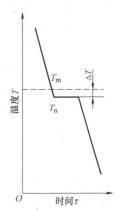

图 5-1 纯金属结晶时的
冷却曲线示意图

过冷度随金属的本性和纯度的不同，以及冷却速度的差异，可以在很大的范围内变化。金属不同，过冷度的大小也不同；金属的纯度越高，则过冷度越大。当以上两因素确定之后，过冷度的大小取决于冷却速度。冷却速度越快，则过冷度越大，即实际结晶温度越低；反之，冷却速度越慢．则过冷度越小，实际结晶温度越接近理论结晶温度。但是，不管冷却速度多么缓慢，也不可能在理论结晶温度进行结晶。对于一定的金属来说，过冷度有一最小值，若过冷度小于此值，结晶过程就不能进行。

2. 结晶潜热

物质从一个相转变为另一个相时，伴随着放出或吸收的热量称为相变潜热。金属熔化时从固相转变为液相要吸收热量，而结晶时从液相转变为固相则放出热量，前者称为熔化潜热，后者称为结晶潜热。它可以从图 5-1 冷却曲线上反映出来。当液态金属的温度到达结晶温度 T_n 时，由于结晶潜热的释放，补偿了散失到周围环境的热量，所以在冷却曲线上出现了平台。平台延续的时间就是结晶过程所用的时间。结晶过程结束，结晶潜热释放完毕，冷却曲线便又继续下降。冷却曲线上的第一个转折点，对应着结晶过程的开始，第二个转折点则对应着结晶过程的结束。

在结晶过程中，如果释放的结晶潜热大于向周围环境散失的热量，温度将会上升，甚至发生已经结晶的局部区域重熔的现象。因此，结晶潜热的释放和散失，是影响结晶过程的一个重要因素。

3. 金属结晶的过程

金属结晶过程是形核与长大的过程。结晶时首先在液体中形成具有某一临界尺寸的晶核，然后这些晶核不断凝聚长大。形核过程与长大过程既紧密联系又相互区别。图 5-2 所示为纯金属的结晶过程。当液态金属过冷至理论结晶温度以下的实际结晶温度时，晶核并未立即产生，而是经过了一定时间后才开始出现第一批晶核。结晶开始前的这段停留时间称为孕育期。随着时间的推移，已形成的晶核不断长大。与此同时，液态金属中又产生第二批晶核。依此类推，原有的晶核不断长大，同时又不断产生新的晶核，就这样，液态金属中不断形核、不断长大，使液态金属越来越少，直到各个晶体相互接触．液态金属耗尽，结晶过程宣告结束。由一个晶核长成的晶体，就是一个晶粒。由于各个晶核是随机形成的，其位向各不相同，所以各晶粒的位向也不相同，这样就形成一块多晶体金属。如果在结晶过程中只有一个晶核形成并长大，那么就形成一块单晶体金属。

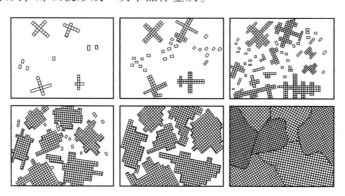

图 5-2　纯金属结晶过程示意图

总之，结晶过程是由形核和长大两个过程交错重叠在一起的。但对一个晶粒来说，它严格地区分为形核和长大两个阶段。

5.1.2　金属结晶的热力学条件

实验证明，纯金属液体被冷却到熔点 T_m（理论结晶温度）时保温，无论保温多长时间结晶都不会进行，只有当温度明显低于 T_m 时，结晶才开始。也就是说，金属要在过冷的条件下才能结晶。液态金属的结晶是由热力学条件决定的。热力学第二定律指出：在等温等压条件下，物质系统总是自发的从吉布斯自由能较高的状态向吉布斯自由能较低的状态转变。

对于结晶过程而言，结晶能否发生，取决于固相的吉布斯自由能是否低于液相的吉布斯自由能。图 5-3 是纯金属液、固两相的吉布斯自由能随温度变化示意图，由图可见，液相和固相的吉布斯自由能都随温度的升高而降低。由于液态金属原子排列的混乱程度比固态金属的大，也就是液态吉布斯自由能曲线的斜率比固态的大，所以液相吉布斯自由能降低得更快些。当固相吉布斯自由能低于液相时，液相和固相处于平衡状态。图中 $G_L = G_S$ 对应的温度 T_m 就是金属的熔点，也就是理论结晶温度。由热力学第二定律可知：当 $T>T_m$ 时，$G_L<G_S$，表明液态是稳定状态；当 $T<T_m$ 时，$G_L>G_S$，表明固态是稳定状态，液态金属要向固态转变（即结晶）。固、液两相的吉布斯自由能之差 $\Delta G = G_S - G_L$ 就是结晶的驱动力。

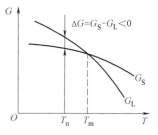

图 5-3　纯金属液、固两相的吉布斯自由能随温度变化示意图

在恒温、恒压的条件下，单位体积的液体与固体的吉布斯自由能之差为

$$\Delta G_v = \frac{L_m \Delta T}{T_m}$$

(5-1)

式中　L_m——熔化潜热；

　　　ΔT——过冷度。

可见，过冷度越大，结晶的驱动力也就越大；过冷度等于0，ΔG_v也等于0，没有驱动力，结晶不能进行。因此，结晶的热力学条件就是必须有一定的过冷度。

5.1.3　金属结晶的结构条件

大量的实验结果表明，液体中的微小范围内，存在着紧密接触并规则排列的原子集团，如图5-4所示，称之为近程有序，这些大小不一的原子集团是与固态结构类似的；液态金属中近程规则排列的原子集团并不是固定不动的，而是处于不断的变化之中。由于液态金属原子的热运动激烈，原子间距较大，结合较弱，所以液态金属原子在平衡位置停留的时间很短，很容易改变自己的位置，这使近程有序的原子集团只能维持短暂的时间

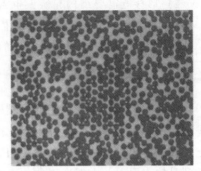

图 5-4　液相中的原子集团

就被破坏消失。与此同时，在其他地方又会出现新的近程有序的原子集团。前一瞬间属于这个近程有序原子集团的原子，下一瞬间可能属于另一个近程有序的原子集团。原子集团这种此起彼伏（原子重新聚集）的现象称为结构起伏。造成结构起伏的原因是液态金属中存在着能量起伏，能量低的地方有序原子集团才能形成，遇到能量高峰又散开成无序状态。因此，结构起伏与能量起伏是对应的。而在晶体大范围内的原子却是有序排列的，称之为长程有序。

根据结晶的热力学条件可以判断，只有在过冷液体中出现尺寸较大的相起伏，才有可能在结晶时转变为晶核，这些相起伏就是晶核的胚芽，称为晶胚。

5.1.4　晶核的形成

在过冷液体中形成固态晶核有两种方式：一种是均匀形核，又称均质形核或自发形核；另一种是非均匀形核，又称异质形核或非自发形核。若液相中各个区域出现新相晶核的几率都是相同的，这种形核方式即为均匀形核；反之，新相优先出现于液相中的某些区域称为非均匀形核。前者是指液态金属绝对纯净，无任何杂质，只是依靠液态金属的能量变化，由晶胚直接形成晶核的过程。显然这是一种理想状况，在实际液态金属中，总是或多或少地含有某些杂质。因此，晶胚常常依附于这些固态杂质质点上形成晶核，所以实际金属的结晶主要按非均匀形核方式进行。

均匀形核需要很大的过冷度，如纯铝结晶时的过冷度为130℃，镍为319℃，而纯铁的过冷度则高达295℃。实际金属结晶时，往往在不到10℃的很小过冷度下就开始结晶了，并不需要均匀形核时那样大的过冷度。这是因为，在实际金属液体中，存在许多微小的固相质点；另外，铸锭模的内壁总是与金属液体接触的，这些固体的表面为晶核的形成提供了方便，晶核优先依附于这些现成的表面而形成。这种形核方式称为非均匀形核，也叫作非均质形核或异质形核。

非均匀形核的形核率受一系列物理因素的影响，如在液态金属凝固过程中振动或搅动，一方面可使正在长大的晶体碎裂成多个结晶核心，另一方面又可使受振动的液态金属中的晶

核提前形成。

综上所述，金属的结晶形核有以下要点：

1）液态金属的结晶必须在过冷液体中进行，其过冷度必须大于临界过冷度，晶胚尺寸必须大于临界晶核半径。前者提供形核的驱动力，后者是形核的热力学条件所要求的。

2）形核既需要结构起伏，也需要能量起伏，二者皆是液体本身存在的自然现象。

3）晶核的形成过程是原子的扩散迁移过程，因此结晶必须在一定温度下进行。

4）在工业生产中，液体金属的凝固总是以非均匀形核方式进行。

5.1.5 晶核的长大

当液态金属中出现大于临界晶核半径的晶核后，液体的结晶过程就开始了。结晶过程的进行，依赖于新晶核的连续不断地产生，但更依赖于已有晶核的进一步长大。晶体的长大从宏观上来看，是晶体的界面向液相逐步推移的过程；从微观上看，则是依靠原子由液相中扩散到晶体表面上，占据适当的位置而与晶体稳定牢靠地结合起来的过程。由此可见，晶体长大的条件是：第一，要求液相不断地向晶体扩散供应原子，以使液态金属原子具有足够的扩散能力；第二，要求晶体表面能够不断而牢靠地接纳这些原子。但是晶体表面上接纳这些原子与晶体的表面结构有关，并应符合结晶过程的热力学条件，即晶体长大时的体积吉布斯自由能的降低应大于晶体表面能的增加。因此，晶体的长大必须在过冷的液体中进行，只不过它所需要的过冷度比形核时小得多而已。因而，决定晶体长大方式和长大速度的主要因素是晶核的界面结构、界面附近的温度分布及潜热的释放和逸散条件。

1. 固-液界面的结构

固-液界面的微观结构有两种类型，即光滑界面和粗糙界面。

图 5-5a 所示为光滑界面的微观结构。光滑界面是指固相表面为基本完整的原子密排面，固液两相截然分开，从微观上看界面是光滑的。但是从宏观来看，界面呈锯齿状的折线，所以又称小平面界面。粗糙界面在微观上高低不平、粗糙，存在几个原子厚度的过渡层（见图 5-5b）。在过渡层中，液相与固相的原子犬牙交错分布，这类界面是粗糙的，又称为非小平面界面。从宏观上看，界面反而是平直的。

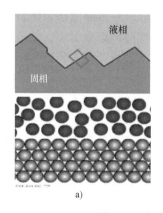
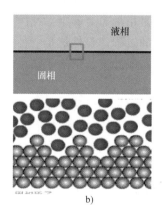

图 5-5　固-液界面的微观结构示意图

a）光滑界面　b）粗糙界面

2. 晶体长大机制

晶体长大也需要一定的过冷度。长大所需的界面过冷度称为动态过冷度，用 ΔT_k 表示。具有光滑界面的物质，其 ΔT_k 约为 $1\sim2$℃。具有粗糙界面的物质，ΔT_k 仅为 $0.01\sim0.05$℃。这说明界面的微观结构不同，则其接纳液相中迁移过来的原子的能力也不同，因此在晶体长大时将有不同的机制。

粗糙界面上，约有50%的结晶位置空着，液相原子可以直接进入这些位置，从而使整个固-液界面垂直地向液相中推进，即晶体沿界面的法线方向向液相中生长。这种长大方式叫作垂直长大，这样的晶体生长速率很快。

光滑界面晶体有两种长大机制：二维晶核长大机制和依靠晶体缺陷长大机制。

3. 固-液界面前沿液体中的温度梯度和晶体生长状态

金属凝固时，晶体的生长形态取决于固-液界面的微观结构和界面前沿液相中的温度梯度 dT/dx。

在正温度梯度下，即 $dT/dx>0$ 时，界面处的结晶潜热只能通过固相传导出去，所以界面的推进速度受到固相传热速度的控制。由于界面处的液体具有最大的过冷度，当界面上偶尔发生晶体凸起，就会进入温度较高的液体中，晶体生长速度立即减慢甚至停止。因此固-液界面保持为稳定的平面状，晶体生长以平面向前推进。宏观上为锯齿（或称为台阶）状的光滑界面，界面向前平面式推进。

在负温度梯度下，即 $dT/dx<0$ 时（界面处温度高是由于结晶潜热所致），界面前方的液体具有更大的过冷度，因此，当界面某处固相偶然伸入液相时，便能够以更大的速率生长。伸入液相的晶体形成一个晶轴，称为一次晶轴。由于一次晶轴生长时也会放出结晶潜热，其侧面周围的液相中又产生负的温度梯度。这样，一次晶轴上又会产生二次晶轴。同理，二次晶轴上也会长出三次晶轴。由于这样生长的结果很像树枝，所以被称为树枝状生长。晶体以树枝状生长时，晶体树枝逐渐变粗，树枝间的液体最后全部转变为固体，使每个枝晶成为一个晶粒。

综上所述，晶体长大的要点如下：

1）具有粗糙界面的金属，其长大机理为垂直长大，所需过冷度小。

2）具有光滑界面的金属化合物或非金属等，其长大机理有两种方式：其一为二维晶核长大方式；其二为螺型位错长大方式。它们的长大速度都很慢，所需的过冷度很大。

3）晶体生长的界面形态与界面前沿的温度梯度和界面的微观结构有关，在正的温度梯度下长大时，光滑界面的一些小晶面互成一定角度，呈锯齿状；粗糙界面的形态为平行于等温面的平直界面，呈平面长大方式。在负的温度梯度下长大时，一般金属和亚金属的界面都呈树枝状。

5.1.6　晶粒大小及控制

晶粒的大小称为晶粒度，通常用晶粒的平均面积或平均直径来表示。

晶粒大小对晶体材料的力学性能影响很大。晶粒越细小，材料的强度越高。不仅如此，晶粒细小还可以提高材料的塑性和韧性。根据凝固理论，细化晶粒的途径是提高形核率和抑制晶体的长大速率。为此，工艺上采取的主要措施有：增大过冷度、变质处理、振动搅拌。

1. 增大过冷度

晶粒越细小，晶粒数就应越多。显然，晶粒数与形核率成正比，而与晶体生长速率成反比。增大过冷度虽然也会提高晶体生长速率，但提高形核率更为显著。也就是说，增大过冷度可以提高形核率与生长速率的比值，从而使晶粒数增多，晶粒细化。

增大过冷度，实际上是提高金属凝固时的冷却速度，这可以通过采用吸热能力强、导热性能好的铸型（如金属型），以及降低熔液的浇注温度等措施来实现。这种方法对于小型铸件或薄壁铸件效果较好，但对于大型铸件就不合适了。

2. 变质处理

变质处理就是向金属液体中加入一些细小的形核剂（又称为孕育剂或变质剂），作为非均匀形核的基体，从而使晶核数大量增加，晶粒显著细化。变质处理是目前工业生产中广泛使用的方法。例如：在铝或铝合金中加入少量的钛、锆；往钢中加入钛、锆、钒等元素就可以细化晶粒。

向金属或合金液体中加入同种固体颗粒，一来可以增加大量直接作为结晶核心的固相，二来可以提高冷却速度、增大过冷度，因此是一种非常好的细化晶粒的方法，工业生产中已经采用。向铝硅合金中加入的钠盐虽然不起形核作用，却可以阻止硅晶体的长大，从而起到细化合金组织的作用。

3. 振动搅拌

在浇注和结晶过程中进行机械振动或搅拌，也可以显著细化晶粒。其主要原因是：一方面振动和搅拌能够向金属液体中输入额外能量、增大能量起伏，从而更加有效地提供形核所需要的形核功；另一方面，振动和搅拌可以使枝晶碎断，增大晶核数量。

振动和搅拌方法有机械法、电磁法、超声波法等。

任务5.2　了解金属铸锭组织与缺陷

在实际生产中，液态金属是在铸锭模或铸型中凝固的，前者得到铸锭，后者得到铸件。铸态组织包括晶粒大小、形状和取向、合金元素和杂质的分布以及铸锭中的缺陷（缩孔、气孔、偏析等）。铸态组织直接影响到金属制品的力学性能、压力加工性能和使用寿命。

5.2.1　属铸锭组织

1. 铸锭三晶区的形成

铸锭的宏观组织通常由三个晶区所组成，即外表层的细晶区、中间的柱状晶区和心部的等轴晶区，如图5-6所示。

（1）表层细晶区　当高温的金属液体倒入铸型或铸锭模之后，结晶首先从模壁处开始。这是由于温度较低的型壁或模壁有强烈地吸热和散热作用，使靠近型壁或模壁的一薄层液体产生极大的过冷，加上型壁或模壁可以作为非均匀形核的基体，因此在此一薄层液体中立即产生大量的晶核，并同时向各个方向生长。由于晶核数目多，邻近的晶核很快彼此相遇，不能继续生长，这样就在靠近型壁或模壁处形成一

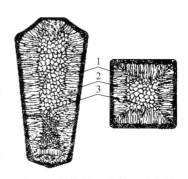

图5-6　铸锭的三个晶区示意图
1—表层细晶区　2—柱状晶区
3—中心等轴晶区

薄层很细的等轴晶粒区。

表层细晶区的形核数目决定于下列因素：型壁或模壁的形核能力以及型壁或模壁处所能达到的过冷度大小。后者主要依赖于铸型铸锭模的表面温度、铸型铸锭模的热传导能力以及浇注温度等因素。如果铸型或铸锭模的表面温度低、热传导能力好以及浇注温度较低的话，便可以获得较大的过冷度，从而使形核率增加，细晶区的厚度增大；相反，如果浇注温度高，铸型或铸锭模的散热能力小而使温度很快上升，就大大减少了晶核数目，细晶区的厚度也要减小。

（2）柱状晶区　柱状晶区由垂直于型壁或模壁的粗大的柱状晶构成。激冷层形成后，热阻增加，热流减小，特别是铸锭与型壁或模壁间形成气隙后，未凝金属液的散热强度显著降低。此时，金属液的过热热量和结晶潜热主要通过凝固层传出，发生向型壁或模壁的定向传热。由于晶体长大所需要的过冷度比形核要小得多，于是结晶表现为已有晶核的继续长大。树枝晶的一次轴与型壁或模壁垂直的晶体方向，散热路径最短，散热最快，加之该处凝固前沿略为突出，过冷度降低较小，所以这些晶体方向的长大得到优先发展，而其余的晶体和向其他方向的长大则受到彼此的妨碍而被抑制。于是，在细小等轴晶带之后，形成迎着热流生长的有明显方向性的柱状晶带。

柱状晶的长大速度与已凝固固相的温度梯度和液相的温度梯度有关。固相的温度梯度越大或液相的温度梯度越小，柱状晶的发展速度越快。如果已结晶的柱状晶的固相的导热性好，散热速度很快，始终能保持定向散热，并且在柱状晶前沿的液体中没有新形成的晶粒阻挡，那么柱状晶就可以一直长大到铸坯中心，直到与其他柱状晶相遇为止，这种铸锭组织称为穿晶组织。

在柱状晶区，晶粒彼此间的界面比较平直，气泡缩孔很小，组织比较致密。但当沿不同方向生长的两组柱状晶相遇时，会形成柱晶间界。柱晶间界是杂质、气泡、缩孔较富集的地区，因而是铸锭的脆弱结合面。此外，柱状晶区的性能有方向性，对塑性好的金属或合金，即使全部为柱状晶组织，也能顺利通过热轧而不致开裂。而对塑性差的金属或合金，则应力求避免形成发达的柱状晶区，否则往往导致热轧开裂而产生废品。

（3）中心等轴晶区　在柱状晶的长大过程中，在铸锭中心部分的液体中就已经存在大量的可作为晶核的碎枝残片，这是形成中心等轴晶区的一个主要原因。另一方面，随着柱状晶的长大，结晶前沿液体中的成分过冷区也会逐渐加大，这会促使铸锭中部迅速形核和长大。除此之外，悬浮在中心部分液体中的杂质质点，也可成为新的结晶核心。总之，以上情况都说明，在柱状晶长到一定程度后，在铸锭中部就开始了形核长大过程，由于中心部分液体温度大致是均匀的，所以每个晶粒的成长在各方向上也是接近一致的，因此形成了等轴晶。当它们长到与柱状晶相遇时，全部液体凝固完毕。

与柱状晶区相比，等轴晶区的各个晶粒在长大时彼此交叉，枝叉间的搭接牢固，裂纹不易扩展，不存在明显的脆弱界面，各晶粒取向不尽相同，其性能也没有方向性。这是等轴晶区的优点。其缺点是等轴晶的树枝状晶体比较发达，分枝较多，因而显微缩孔也较多，组织不够致密。但显微缩孔一般均未氧化，因此经热压力加工后，一般均可焊合，对性能影响不大。由此可见，一般的铸锭尤其是铸件，都要求得到发达的等轴晶组织。

2. 典型镇静钢钢锭组织

镇静钢钢锭是由深脱氧钢浇注的钢锭。钢液经铝、硅等脱氧剂深度脱氧，使钢中含氧量远低于与碳平衡的含氧量，通常在 $40×10^{-6}$ 以下，钢液在浇注过程中不发生 [C]-[O] 反应，无沸腾现象，故名镇静钢。现代实际使用的全部合金钢、大部分低合金钢以及许多碳素钢钢材品种，都是由镇静钢钢锭或钢坯轧制而成的。镇静钢钢锭或钢坯成分比较均匀，组织比较致密，轧成的钢材具有良好的综合力学性能，在国民经济各部门得到最为广泛的应用。但镇静钢钢锭头部有缩孔，开坯时切头损失大，成材率低。

典型的镇静钢钢锭结构由表面至中心分别为细小等轴晶的激冷层、柱状晶带和锭心粗大的等轴晶带等三个结晶带。实际的镇静钢柱状晶形成过程中结晶速度降低到某一临界值后，出现过冷区，阻止柱状晶的继续生长，导致在偏析层前面成分较纯、过冷度较大的钢液中产生孤立的晶核。锭心的钢液还存在一定的过热度（大型钢锭凝固情况）时，通过柱状晶的定向传热仍很明显，新的晶核仍然主要是沿大致与型壁或模壁垂直的主轴长大，直至出现新的偏析层。其后，又产生新的孤立晶核。这样便形成等轴晶的过渡晶带（或称分枝柱状晶带）。因此，在一些大型碳素钢钢锭的柱状晶带与锭心等轴晶带之间，还可以区分出过渡晶带。随着凝固条件的不同，在凝固结晶过程中还会出现偏析、疏松、缩孔等现象。图 5-7 为大型镇静钢钢锭结构及偏析示意图。

钢液经过连续铸机直接生产钢坯的方法叫连铸。它生产出来的钢坯叫连铸坯。连铸坯的组织结构与镇静钢一致，但连铸坯的切头切尾率比模铸少得多，成材率大大提高。同时，连铸坯组织致密，夹杂物少，质量好，而且可改善工人劳动条件，所以近年来得到广泛推广。

3. 沸腾钢钢锭组织

沸腾钢是指脱氧不完全的碳素钢。一般脱氧后，钢液中还留有高于碳氧平衡的氧量，其与碳反应放出一氧化碳气体，因此在浇注时钢液在钢锭型内呈沸腾现象，故称为沸腾钢。

沸腾钢钢锭的典型结构如图 5-8 所示，可分为以下 5 个带。

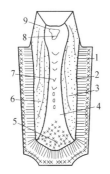

图 5-7　大型镇静钢钢锭结构及偏析示意图

1—激冷层　2—柱状晶带　3—过渡晶带
4—粗大等轴晶带　5—沉积锥　6—倒 V 形偏析带
7—V 形偏析带　8—疏松　9—帽口缩孔

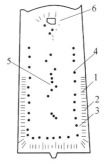

图 5-8　沸腾钢钢锭的典型结构

1—坚壳带　2—蜂窝气泡带　3—中间坚固带
4—二次气泡带　5—锭心带　6—头部疏松区

（1）坚壳带　钢液接触型壁或模壁后受到强烈冷却，形成由细小等轴晶组成的无气泡的致密、坚实的外壳带，一般厚度为 12~25mm。

（2）蜂窝气泡带　钢锭下部的柱状晶在向锭心生长时，平行于柱状晶生长方向而逐渐长大形成椭圆形气泡组织。

（3）中间坚固带　为防止出现过分严重的偏析，在钢液上面加盖封顶，从而抑制了碳氧反应，气体停止析出，蜂窝气泡终止生长，而结晶继续进行，形成无气泡的由柱状晶组成的中间坚固带。

（4）二次气泡带　随柱状晶的生长，由于偏析作用，碳氧富集到一定程度时，碳氧反应重新发生，产生的气泡分布在钢锭整个高度，成为二次气泡带。

（5）锭心带　当型壁或模壁温度与钢锭中心温度之差很小时，钢锭心部形成等轴晶，成为锭心带。此时沸腾已大致停止，但仍有少量气孔形成，部分气泡还能逐渐上移聚合长大为头部大气泡，构成头部疏松区。沸腾钢钢锭凝固时强烈析出气体，在各类钢锭中，偏析最为严重。钢锭越大，沸腾越烈，延续时间越长，偏析发展越严重。

沸腾钢由于有良好的沸腾作用，钢锭可形成一个纯净、坚实的外壳，轧成的产品表面质量较好，特别适于制造薄板，并因含碳、硅量较低，有良好的焊接、冷弯和冲压性能，一些冷冲压件如拖拉机箱、汽车壳体等均使用沸腾钢。还用它轧制一般型钢、中板、线材、窄带和管材。沸腾钢钢锭头部没有集中缩孔，轧制成坯后切头率低，且消耗脱氧剂和耐火材料少，故成本较低。但沸腾钢偏析严重、组织不致密、力学性能波动较大，在轧材的不同部位抗拉强度和伸长率有明显差别。其低温冲击韧性差，钢板易于时效使韧性降低，故不适于制造对力学性能要求较高的零部件。此外，为保证铸锭模内正常沸腾，沸腾钢碳的质量分数不能超过 0.28%，锰的质量分数不大于 0.60%，硅的质量分数不大于 0.03%，因此只限于生产普通低碳钢，使沸腾钢的钢种受到很大限制。

4. 半镇静钢钢锭组织

半镇静钢为脱氧程度较镇静钢弱，但比沸腾钢强的碳素钢。钢液在浇注前的氧含量接近或稍高于与碳氧平衡时的氧含量。当其凝固时，一般只排出少量的气体，在铸锭模内进行短时间的微弱沸腾。这种钢锭中气泡的体积与钢液的冷凝收缩大致相等，因此也称为"平衡钢"。实际上，现代半镇静钢的发展已超出其原有含义，凡切头率比镇静钢钢锭低，偏析较沸腾钢钢锭少，介于二者之间的各种钢锭，都可认为是半镇静钢，如图5-9所示。

半镇静钢钢锭的结构，有激冷带、柱状晶带和锭心等轴晶带。但由于脱氧程度、气体放出量的多少、位置和时间的不同，形成在钢锭内部的气孔大小和分布均不相同的结构。

图 5-9　半镇静钢钢锭

在正常脱氧情况下，排出气体量使钢锭内生成的气泡基本抵消了钢液的冷凝收缩。其下部结构比较致密，没有蜂窝气泡，而上部有可能产生短小的蜂窝气泡。在其头部中心，存在气泡疏松。整个钢锭似乎下部具有镇静钢钢锭特点，上部则具有沸腾钢钢锭的一些特征。脱氧不足时，放出气体稍多，气泡接近钢锭侧面和上表面，蜂窝气泡甚至布满整个高度，并在头部有大量集中的气泡；而脱氧过度时，放出气体很少，将产生缩孔，实质上成为镇静钢的结构。

半镇静钢在浇注过程中沸腾微弱，浇注完沸腾很快停止，因此其偏析比沸腾钢钢锭少得多，但比镇静钢钢锭大。

5.2.2　铸锭缺陷

铸锭或铸件中经常出现一些缺陷，常见缺陷有偏析、缩孔、疏松、气泡及夹杂物等。

1. 偏析

通常在大型镇静钢钢锭中存在以下 4 个偏析带：

1）沉积锥负偏析带。分布在钢锭下部 1/3 区域内，具有较细的等轴晶结构，由先期结晶的、成分较纯的碎断枝晶沉积而成。沉积锥的负偏析带只有通过化学分析或显微镜观察才能发现。

2）V 形偏析带。分布在钢锭上半部轴心部位，通常与中心疏松伴生。

3）倒 V 形偏析带。分布在等轴晶带的过渡晶带，由若干偏析线（胡须）组成，呈倒 V 形分布，其顶点位于缩孔区。

4）位于缩孔下的最大正偏析区，这一部分在钢锭开坯时应被切除。

小型镇静钢钢锭或合金钢钢锭一般不存在明显的偏析带。

2. 缩孔

缩孔一般指镇静钢钢锭头部中心部位的漏斗状空腔。它是钢液冷凝收缩的结果，是不可避免的。缩孔应控制在钢锭冒口线以上，以便开坯或轧制后切除。有时因浇注工艺不当，会使缩孔尖细的底部伸入锭身，在加工成材后的该部位横向低倍试片上，呈现出形状不规则的中心小孔洞，称为缩孔残余。缩孔和缩孔残余都是钢材技术标准中所不允许存在的缺陷，生产中必须切除干净。缩孔，特别是伸入锭身的缩孔，必然降低钢锭的成材率。缩孔的形成倾向与钢种、锭型及浇注温度、浇注速度有关。

3. 疏松

疏松主要指镇静钢钢锭内部的微小孔隙。集中分布于轴心区的微小孔隙称中心疏松，分散于其他部位的微小孔隙称一般疏松。疏松是由于钢锭凝固过程中某些微小封闭区域钢液冷凝收缩得不到填充所致。收缩倾向大的钢种，疏松程度也大。疏松通常与偏析伴生，钢中气体、非金属夹杂及硫、磷等杂质元素含量高时，疏松程度加重。

4. 气泡

气体在固态金属中的溶解度往往比液态中的溶解度小得多，因此，液态金属凝固过程中，气体将以分子的形式逐渐富集于液固界面前沿的液体中，形成气泡。这些气泡长大到一定程度后会上浮，如果浮出表面，即可逸出散掉；如果来不及浮出，则保留在铸锭内部，形成气孔。铸锭内部气孔在加工过程中一般可以焊合，但是靠在表层的气孔则可能由于破裂氧化，在加工过程中不能焊合而形成裂纹。

5. 夹杂物

铸锭中的夹杂物，根据其来源可分为外来夹杂物和内生夹杂物。外来夹杂物是浇注过程中带入的物质，如耐火材料等。内生夹杂物是液态金属冷却过程中形成的，如金属与气体的氧化物等。夹杂物对铸锭的力学性能会产生一定的影响。

任务 5.3　了解二元合金相图

合金相图是表示在平衡条件（极缓慢冷却或加热）下合金组织状态与温度、成分之间关系的图。相图可以用来了解不同成分的合金，在不同温度下由哪些相构成，温度变化时合金相能发生哪些转变等。合金相图是分析合金组织状态及其变化规律的有效工具，是进行金相分析、制定铸造、锻造、热处理和焊接等热加工工艺的重要依据。

相图是对合金材料性质研究和开发的非常有用的工具，对材料的生产加工具有指导作用。通过对相图知识的学习，应掌握和了解相图的建立方法，运用相律和杠杆定律对典型相图（匀晶相图、共晶相图）进行分析，掌握共晶反应、匀晶反应的特点。

5.3.1 相图的建立

1. 相图的表示方法

相图是一个材料系统在不同的化学成分、温度、压力条件下所处状态的图形表示，因此，相图也称为状态图。由于相图都是在平衡条件（极缓慢冷却）下测得的，所以，相图也称为平衡相（状态）图。

相图中的相是指具有相同的状态（气、液、固）、相同的化学成分和结构的区域。对于成分单一的纯物质，如纯水、纯金属、纯氧化物等，由于没有成分的变化，一般采用压力-温度相图。对于常用的合金相图，因为压力的影响很小，况且一般都是处在 1 个大气压的条件下，所以不再把压力当作变量考虑，用纵、横两个坐标分别表示温度和成分，而采用温度-成分相图。本章所介绍的主要是这一类的二元合金相图。

2. 相图的测定方法

相图通常都是用实验的方法建立起来的。现以 Cu-Ni 合金系为例，说明如何用热分析法建立合金相图。

1）配制一系列成分不同的 Cu-Ni 合金，见表 5-1。

表 5-1 几种成分不同的 Cu-Ni 合金

合金序号	合金成分 w_i(%)		合金序号	合金成分 w_i(%)	
	Cu	Ni		Cu	Ni
1	100	0	4	40	60
2	80	20	5	20	80
3	60	40	6	0	100

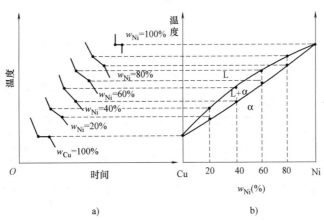

图 5-10 用热分析法测定 Cu-Ni 合金的相图

a）Cu-Ni 合金系的冷却曲线 b）Cu-Ni 合金相图

2）测定这些合金的冷却曲线，如图 5-10a 所示。

3）找出各曲线上的临界点（结晶的开始温度和终了温度）。

4）在温度-成分坐标系中过各合金成分点做成分垂线，将临界点标在成分垂线上。

5）将成分垂线上相同意义的点连接起来，并标上相应的数字和字母，便得到如图 5-10b 所示的 Cu-Ni 二元合金相图。

图中，上临界点的连接线称为液相线，表示合金结晶的开始温度或加热过程中合金熔化终了的温度。下临界点的连接线称为固相线，表示合金结晶终了的温度或在加热过程中合金开始熔化的温度。这两条曲线把 Cu-Ni 合金相图分成三个相区，在液相线之上，所有的合金都处于液态，是液相单相区，以 L 表示；在固相线以下，所有的合金已结晶完毕，处于固态，是固相单相区，经 X 射线结构分析或金相分析表明，所有的合金都是单相固溶体，以 α 表示；在液相线和固相线之间，合金已开始结晶，但结晶过程尚未结束，是液相和固相的两相共存区，以 α+L 表示。

5.3.2　匀晶相图及固溶体的结晶

两组元在液态无限互溶、固态也无限互溶的二元合金相图，称为匀晶相图。匀晶相图是最简单的二元相图，Cu-Ni、Cu-Au、Au-Ag、W-Mo 等合金都属于匀晶合金，具有匀晶相图。这类合金结晶时都是从液相结晶出单相的固溶体，这种结晶过程称为匀晶转变。几乎所有的二元合金相图都包含有匀晶转变部分。

1. 相图分析

Cu-Ni 合金二元匀晶相图如图 5-11a 所示，上面一条曲线为液相线，是加热时合金熔化的终了温度点或冷却时结晶的开始温度点的连线，下面的一条曲线为固相线，是加热时合金熔化的开始温度点或冷却时结晶的终了温度点的连线。液相线以上合金全部为液体 L，称为液相区。固相线以下合金全部为 α 固溶体，称为固相区。液相线和固相线之间为液相和固相共存的两相区（L+α）。

2. 固溶体合金的平衡结晶过程

平衡结晶是指合金在极缓慢冷却条件下进行结晶的过程。下面以图 5-11 中合金 I 为例进行分析。

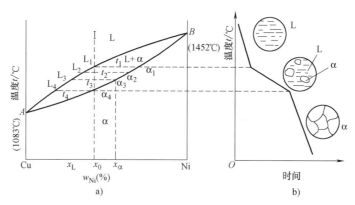

图 5-11　Cu-Ni 合金相图及合金平衡结晶过程

a）合金相图　b）固溶体合金平衡结晶过程示意图

当合金缓慢冷却至 L_1 点以前时，均为单一的液相，成分不发生变化，只是温度的降低（见图 5-11b）。冷却到 L_1 点时，开始从液相中析出 α 固溶体，冷却到 $α_4$ 点时，合金全部转变为 α 固溶体，在 L_1 点与 $α_4$ 点之间，液相和固相两相共存。若继续从 $α_4$ 点冷却到室温，合金只是温度的降低，组织和成分不再变化，为单一的 α 固溶体。

在液固两相共存区，随着温度的降低，液相的量不断减少，固相的量不断增多，同时液相和固相的成分也将通过原子的扩散不断改变。当合金的温度在 $t_1 \sim t_4$ 之间时，液相的成分是温度水平线与液相线的交点，固相的成分是温度水平线与固相线的交点。由此可见，在两相共存区，液相的成分沿液相线变化，固相成分沿固相线变化。这对于其他性质相同的两相区也是一样，即相互处于平衡状态的两个相的成分，分别沿两相区的两条边界相线变化。

匀晶合金在平衡条件下结晶，冷却速度极其缓慢，先后结晶的固相虽然成分不同，但是有足够的时间进行均匀化扩散。所以，室温下的组织是均匀的固溶体，在光学显微镜下观察，与纯金属十分相似（见图 5-12）。

但是，在实际生产中合金的冷却速度很快，远远达不到平衡的条件。因此，固、液二相中的扩散来不及充分进行，先后结晶出来的固相中较大的成分差别被保留下来。这种成分差别的存在，还造成结晶时固相以树枝状形态生长，如图 5-13 所示。图中白亮区域含 Ni 量高、含 Cu 低，深色区域则相反。这种成分上的不均匀性被称为"树枝状偏析"或枝晶偏析。枝晶偏析的大小除了与冷却速度有关以外，还与给定成分合金的液、固相线间距有关。冷速越大，液、固相线间距越大，枝晶偏析越严重。

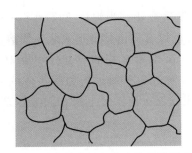

图 5-12　平衡结晶的匀晶合金组织示意图

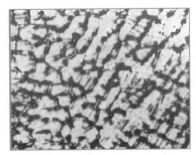

图 5-13　Cu-30%Ni 合金的非平衡结晶组织

枝晶偏析的存在将影响合金性能，因此在生产中通常把具有晶内偏析的合金加热到高温（低于固相线）并进行长时间保温，使合金进行充分的扩散，可消除枝间偏析。这种处理被称为均匀化退火。

在合金的结晶过程中，合金中各个相的成分及其相对量都在不断地变化。不同条件下各相的成分及其相对量，可通过杠杆定律求得。

5.3.3　共晶相图及其合金的结晶

当两组元在液态下完全互溶，在固态下有限互溶，并发生共晶反应时，所构成的相图称为二元共晶相图。Pb-Sb，Al-Si，Pb-Sn，Ag-Cu 等二元合金均为共晶相图。

1. 相图分析

图 5-14 中有 α、β、L 三种相，形成三个单相区。其中，α 是以 Pb 为溶剂，以 Sn 为溶质的有限固溶体；β 是以 Sn 为溶剂，以 Pb 为溶质的有限固溶体，在每两个单相区之间，共形成了三个两相区，即 L+α、L+β，和 α+β。AEB 是液相线，AMENB 是固相线，MF 是 Sn 在 α 相中的固溶线（溶解度线），NG 是 Pb 在 β 中的固溶线。A 为 Pb 的熔点，B 为 Sn 的熔点。

图中的水平线 MEN 称为共晶线。在水平线对应的温度下（183℃）下，E 点成分的液

相同时结晶出 M 点成分的 α 固溶体和 N 点成分的 β 固溶体。

$$L_E \xrightleftharpoons{183℃} α_M + β_N \tag{5-2}$$

这种在一定温度下，由一定成分的液相同时结晶出两种成分和结构都不相同的新固相的转变过程，称为共晶转变或共晶反应。

共晶反应的产物称为共晶体或共晶组织。发生共晶反应的温度称为共晶温度，代表共晶温度和共晶成分的点称为共晶点，具有共晶成分的合金称为共晶合金。在共晶线上，凡成分位于共晶点以左的合金称为亚共晶合金，位于共晶点以右的合金称为过共晶合金。

2. 合金的结晶

根据共晶合金的成分和组织特点，Pb-Sn 合金系可以分为固溶体合金、共晶合金、亚共晶合金和过共晶合金四类。下面分析各类合金的结晶过程及组织。

（1）合金 I（$w_{Sn} \leqslant 19.2\%$）的结晶过程　从图 5-14 可以看出，当合金 I 缓慢冷却到 1 点时，开始从液相中结晶出 α 固溶体。随着温度的降低，α 固溶体的数量不断增多，而液相的数量不断减少，它们的成分分别沿固相线 AM 和液相线 AE 发生变化。合金冷却到 2 点时，结晶完毕，全部结晶成 α 固溶体，其成分与原始的液相成分相同。这一过程与匀晶系合金的结晶过程完全相同。

继续冷却时，在 2~3 点温度范围内，α 固溶体不发生变化。当温度下降到了 3 点以下时，Sn 在 α 固溶体中呈过饱和状态，因此，多余的 Sn 就以 β 固溶体的形式从 α 固溶体中析出。随着温度的继续降低，这一析出过程将不断进行，α 相和 β 相的成分分别沿 MF 线和 NG 线变化。由固溶体中析出另一个固相的过程称为脱溶过程，即过饱和固溶体的分解过程，也称之为二次结晶。二次结晶析出的相称为次生相或二次相，次生的 β 固溶体以 $β_{II}$ 表示。图 5-15 为该合金的冷却曲线及组织变化示意图。

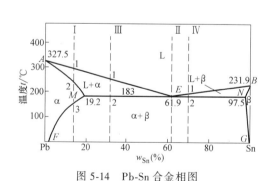

图 5-14　Pb-Sn 合金相图

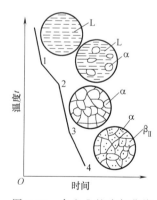

图 5-15　合金 I 的冷却曲线
及组织变化示意图

（2）共晶合金 II 的结晶过程（$w_{Sn} = 61.9\%$）　共晶合金（61.9%Sn）的熔点最低，它的液相线与固相线重合（温度相同）。缓慢冷却过程中，共晶合金在 183℃ 发生共晶转变，见式（5-2）。这是一个恒温转变，在 183℃ 液相全部转变成由固相 α 和 β 组成的共晶组织。当温度低于 183℃ 时，随着温度的降低，Sn 在 α 中的固溶度降低（沿固溶线 MF 变化），α 相中析出 $β_{II}$ 相；同理，Pb 在 β 中的固溶度也降低（沿固溶线 NG 变化），β 相中析出 $α_{II}$ 相。图 5-16 为该合金的冷却曲线及组织变化示意图。

共晶组织中 α、β 两相的相对量可以应用杠杆定理计算出来，即

$$w_{\alpha_M}=\frac{EN}{MN}\times100\%=\frac{97.5-61.9}{97.5-19.2}\times100\%=45.5\%$$

$$w_{\beta_N}=\frac{ME}{MN}\times100\%=\frac{61.9-19.2}{97.5-19.2}\times100\%=54.5\%$$

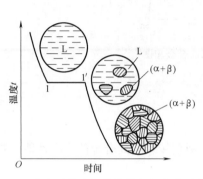

图 5-16　合金Ⅱ的冷却曲线及组织变化示意图

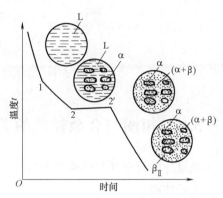

图 5-17　合金Ⅲ的冷却曲线及组织变化示意图

（3）亚共晶合金Ⅲ的结晶过程（19.2%＜w_{Sn}≤61.9%）　成分在共晶点 E 以左、M 点以右的合金称为亚共晶合金。亚共晶合金与共晶合金的冷却过程的区别在于，亚共晶合金发生共晶转变之前，先进行匀晶转变（L→α），匀晶转变剩余的液相再进行共晶转变。图 5-17 为该合金的冷却曲线及组织变化示意图。

当合金缓慢冷至 1 点时。开始结晶出 α 固溶体。在 1～2 点温度范围内，随着温度的缓慢下降，α 固溶体的数量不断增多，α 相和液相的成分分别沿 AM 和 AE 线变化，这一阶段的转变属于匀晶转变。

在 t_E 温度时，成分为 E 点的液相发生共晶转变，见式（5-2）。这一转变一直进行到剩余液相全部形成共晶组织为止。共晶转变前形成的 α 固溶体称为初晶，又称先共晶相。亚共晶合金在共晶转变刚刚结束后的组织为先共晶固溶体 α 和共晶组织（α+β）。

在 2 点以下继续冷却时，将从 α 相（包括先共晶 α 相和共晶组织中的 α 相）中析出二次相 $β_Ⅱ$ 相。

（4）过共晶合金Ⅳ的结晶过程（61.9%＜w_{Sn}≤97.5%）　过共晶合金的结晶过程与亚共晶合金相似，不同的是一次相为 β，二次相为 α。其室温组织为 β+（α+β）+$α_Ⅱ$，该合金的冷却曲线及组织变化示意图如图 5-18 所示。

综上所述，从相角度看，Pb-Sn 合金结晶的产物只有 α 相和 β 两相，它们称为相组成物。但不同方式析出的 α 相和 β 相具有不同的特征，上述各合金结晶所得的 α、β、$α_Ⅱ$、$β_Ⅱ$ 及共晶（α+β），在显微镜下可

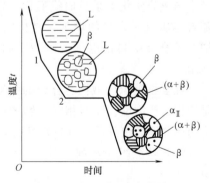

图 5-18　合金Ⅳ的冷却曲线及组织变化示意图

以看到各具有一定的组织特征，它们称为组织组成物。标明组织组成物的相图如图 5-19 所示，这样标明的合金组织与显微镜下看到的金相组织是一致的。

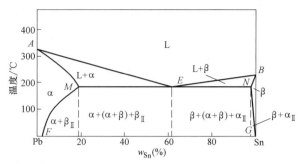

图 5-19　标明组织组成物的 Pb-Sn 合金相图

任务 5.4　相图与合金性能的关系

不同成分的合金其相组成是不同的，相的组成不同则直接影响到合金的力学性能、物理性能和铸造性能。

5.4.1　相图与合金力学性能的关系

组织为固溶体的合金，随溶质元素含量的增加，合金的强度和硬度也增加，产生固溶强化。如果是无限互溶的合金，则在溶质质量分数为 50% 附近强度和硬度最高，性能与合金成分之间呈曲线关系，如图 5-20 所示。

由图可知，在单相固溶区，强度和硬度随成分呈曲线变化关系。这是由于溶质溶入溶剂而引起合金固溶强化。固溶体合金的电导率与成分变化关系呈曲线变化。这是由于随着溶质组元含量的增加，晶格畸变增大，增大了合金中自由电子的阻力。如图 5-20a 所示。

在复相组织区域内，合金的强度和硬度是两相的平均值，即两相混合物的强度和硬度与成分呈直线关系。当共晶组织十分细密，

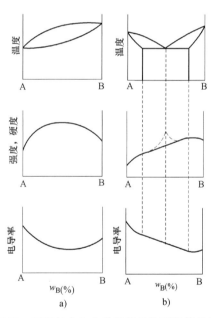

图 5-20　相图与合金力学性能及物理性能的关系
a）匀晶合金　b）共晶合金

形成的共晶组织非常细小时，合金的强度和硬度将偏离直线关系而出现峰值。如图 5-20b 所示。

5.4.2　相图与合金铸造性能的关系

铸造性能主要指液态合金的流动性以及产生缩孔、裂纹的倾向性等，它们与合金的结晶特点及相图中液相线和固相线间的距离密切相关。液、固相线之间的距离越短，液态合金结晶的温度范围越窄，则合金的流动性越好，对浇注和铸件质量越有利；相反，枝晶偏析倾向

性越大，则合金流动性越差，形成分散缩孔的倾向越大，使铸造性能恶化。图 5-21 表示相图与合金铸造性能的关系。

单相固溶体的合金，浇注时合金流动性差，不能充满铸型，凝固后形成许多分散的缩孔，此类合金不宜制作铸件。共晶成分的合金在恒温下结晶，固、液两相区间为零，结晶温度最低，故流动性最好。在结晶时易形成集中缩孔，铸件的致密性好，故铸造合金应选用共晶成分附近的合金。

单相固溶体的塑性较好，两相混合物合金的塑性总比单相固溶体差。特别是含有硬而脆的相，并沿着晶界呈网状分布时，将使塑性、韧性和综合力学性能显著下降，锻压、轧制性能变差。所以，对锻压、轧制工艺来说，多采用单相固溶体合金。

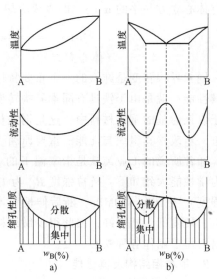

图 5-21 合金焊接性能与相图关系
a）匀晶合金　b）共晶合金

任务5.5 认识铁碳合金的结构及相图

铁碳合金是碳素钢和铸铁的统称，是工业中应用最广的合金，是国民经济的重要物质基础。不同成分的碳素钢和铸铁，组织和性能也不相同。铁碳合金相图是研究铁碳合金最基本的工具，是研究碳素钢和铸铁的成分、温度、组织及性能之间关系的理论基础，是制定热加工、热处理、冶炼和铸造等工艺的依据。碳的质量分数为 0.0218% ~ 2.11% 的铁碳合金称为碳素钢，大于 2.11% 的称为铸铁。

铁和碳可形成一系列稳定化合物：Fe_3C、Fe_2C、FeC，它们都可以作为纯组元看待，但由于碳的质量分数大于 Fe_3C 成分（$w_C = 6.69\%$）时，合金脆性很大，没有实用价值，因此我们所讨论的铁碳合金相图实际上是 Fe-Fe_3C 相图。

5.5.1 铁碳合金的基本组元和基本相

1. 纯铁及其同素异构转变

固态金属随温度变化而发生晶格改变的现象，称为同素异构转变。纯铁就具有同素异构转变的特征，如图 5-22 所示，纯铁在 1538℃ 开始结晶，形成具有体心立方晶格的 δ-Fe；当冷却到 1394℃ 时发生同素异构转变，由体心立方晶格的 δ-Fe 转变为面心立方晶格的 γ-Fe；继续冷却到 912℃ 时，再次发生同素异构转变，由具有面心立方晶格的 γ-Fe 转变成

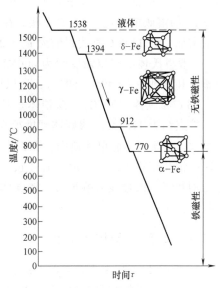

图 5-22 纯铁及其同素异构转变图

具有体心立方晶格的 α-Fe。再继续冷却时，晶格类型不再发生变化。

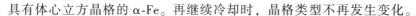

$$\delta\text{-Fe} \xrightleftharpoons{1394℃} \gamma\text{-Fe} \xrightleftharpoons{912℃} \alpha\text{-Fe}$$

（体心立方）　　　（面心立方）　　　（体心立方）

　　同素异构转变是纯铁的一个重要特性，以铁为基的铁碳合金之所以能通过热处理显著改变其性能，就是由于铁具有同素异构转变的特性。同素异构转变不仅存在于纯铁中，而且存在于以铁为基的钢铁材料中，这是钢铁材料性能呈多种多样、用途广泛，并能通过各种热处理进一步改善其组织与性能的重要原因。

　　通常所说的工业纯铁是指室温下的 α-Fe，其强度、硬度低，塑性、韧性好。工业纯铁的力学性能大致如下：抗拉强度 R_m 为 180～230MPa，规定残余延伸强度 $R_{r0.2}$（一般称为屈服强度）为 100～170MPa，断后伸长率 A 为 30%～50%，硬度为 50～80HBW。可见，纯铁强度低、硬度低，塑性好，因此很少做结构材料。由于纯铁有高的磁导率，因此它主要作为电工材料用于制作各种铁心。

**　　2. 基本相结构及其性能**

　　Fe-Fe₃C 相图如图 5-23 所示，图中除了高温时存在的液相 L 和化合物相 Fe_3C 外，还有碳固溶于铁形成的几种间隙固溶体相。

　　（1）铁素体（F）　碳溶于 α-Fe 中的间隙固溶体称为铁素体，用符号 F 或 α 表示。它仍保持 α-Fe 的体心立方晶格结构，由于体心立方晶格原子间的空隙很小，因此溶碳能力极差，在 727℃ 时的最大溶碳量为 $w_C = 0.0218\%$，在 600℃ 时溶碳量约为 $w_C = 0.0057\%$，室温下几乎为 0。其室温性能几乎和纯铁相同，铁素体的强度、硬度不高（R_m 为 180～280MPa，硬度为 50～80HBW），但具有良好的塑性和韧性（$A = 30\%～50\%$）。所以，以铁素体为基体的铁碳合金适于塑性成形加工。

　　碳在 δ-Fe 中形成的固溶体称为 δ 固溶体，以 δ 表示，它是高温下的铁素体。在 1495℃ 时，碳在 δ-Fe 中的最大溶解度为 0.09%。

　　（2）奥氏体（A）　碳溶于 γ-Fe 中的间隙固溶体称为奥氏体，用符号 A 或 γ 表示。它仍保持 γ-Fe 的面心立方晶格结构。由于面心立方晶格原子间的空隙比体心立方晶格大，因此 γ-Fe 的溶碳能力比 α-Fe 要大些。在 727℃ 时的溶碳量为 $w_C = 0.77\%$，随着温度升高，溶碳量增加，到 1148℃ 时达到最大 $w_C = 2.11\%$。奥氏体的力学性能与其溶碳量及晶粒大小有关，一般奥氏体的抗拉强度约为 400MPa，硬度约为 160～200HBW，表现一般，但具有良好的塑性和韧性（$A = 40\%～50\%$），所以以奥氏体为基体的铁碳合金易于锻压成型。

　　（3）渗碳体（Fe₃C）　渗碳体是具有复杂晶格的间隙化合物，$w_C = 6.69\%$，用 Fe₃C 表示，熔点约为 1227℃。渗碳体硬度很高（约为 950～1050HV），而塑性与韧性几乎为零，脆性很大。渗碳体不能单独使用，在钢中总是和铁素体混在一起，是碳素钢中主要强化相。渗碳体在钢和铸铁中的存在形式有片状、球状、网状、板状，它的数量、形状、大小和分布状况对钢和铸铁的性能影响很大。渗碳体是一种亚稳定相，在一定条件下会发生分解，形成石墨状的自由碳。

5.5.2　铁碳合金相图分析

**　　1. Fe-Fe₃C 相图中各点的温度、含碳量及含义**

　　Fe-Fe₃C 相图是研究铁碳合金及热处理的基础，如图 5-23 所示。Fe-Fe₃C 相图中各点的温度、含碳量及含义见表 5-2。

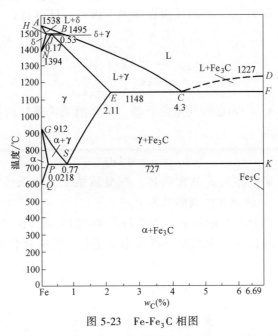

图 5-23 Fe-Fe₃C 相图

表 5-2 相图中各点的温度、含碳量及含义

符号	温度/℃	w_C(%)	含义	符号	温度/℃	w_C(%)	含义
A	1538	0	纯铁的熔点	H	1495	0.09	碳在 δ-Fe 中的最大溶解度
B	1495	0.53	包晶转变时液态合金的成分	J	1495	0.17	包晶点
				K	727	6.69	Fe₃C 的成分
C	1148	4.3	共晶点	N	1394	0	γ-Fe→δ-Fe 同素异构转变点
D	1227	6.69	Fe₃C 的熔点				
E	1148	2.11	碳在 γ-Fe 中的最大溶解度	P	727	0.0218	碳在 α-Fe 中的最大溶解度
				S	727	0.77	共析点
F	1148	6.69	Fe₃C 的成分	Q	600	0.0057	600℃时碳在 α-Fe 中的最大固溶度
G	912	0	α-Fe→γ-Fe 同素异构转变点		室温	0.0008	室温最大固溶度

2. Fe-Fe₃C 相图中重要的点和线

（1）三个重要的特性点

1）J点：包晶点。合金在平衡结晶过程中冷却到 1495℃时，B 点成分的 L 与 H 点成分的 δ 发生包晶反应，生成 J 点成分的 A。包晶反应在恒温下进行，反应过程中 L、δ、A 三相共存，反应式为

$$L_{B} + \delta_{H} \xrightleftharpoons{1495℃} A_{J}$$

$$\text{或 } L_{0.53} + \delta_{0.09} \xrightleftharpoons{1495℃} A_{0.17}$$

2）C点：共晶点。合金在平衡结晶过程中冷却到1148℃时，C点成分的L发生共晶反应，生成E点成分的A和Fe_3C。共晶反应在恒温下进行，反应过程中L、A、Fe_3C三相共存，反应式为

$$L_C \underset{}{\overset{1148℃}{\rightleftharpoons}} A_E + Fe_3C$$

$$或 L_{4.3} \underset{}{\overset{1148℃}{\rightleftharpoons}} A_{2.11} + Fe_3C$$

共晶反应的产物是A与Fe_3C的共晶混合物，称高温莱氏体，用符号Ld表示，所以共晶反应式也可表达为

$$L_{4.3} \underset{}{\overset{1148℃}{\rightleftharpoons}} Ld_{4.3}$$

莱氏体组织中的渗碳体称为共晶渗碳体。在显微镜下，莱氏体的形态呈块状或粒状（727℃时转变为珠光体），分布在渗碳体基体上。

3）S点：共析点。合金在平衡结晶过程中冷却到727℃时，S点成分的A发生共析反应，生成P点成分的F和Fe_3C。共析反应在恒温下进行，反应过程中A、F、Fe_3C三相共存，反应式为

$$A_S \underset{}{\overset{727℃}{\rightleftharpoons}} F_P + Fe_3C$$

$$或 A_{0.77} \underset{}{\overset{727℃}{\rightleftharpoons}} F_{0.0218} + Fe_3C$$

共析反应的产物是铁素体与渗碳体的共析混合物，称珠光体，用符号P表示，所以共析反应式也可表示为

$$A_{0.77} \underset{}{\overset{727℃}{\rightleftharpoons}} P_{0.77}$$

珠光体组织中的渗碳体称为共析渗碳体。在显微镜下，珠光体的形态呈层片状，在放大倍数很高时，可清楚看到相间分布的渗碳体片（窄条）与铁素体片（宽条）。

（2）相图中的特性线　相图中的ABCD为液相线，AHJECF为固相线。整个相图主要由包晶、共晶和共析三个恒温转变所组成。

1）水平线HJB为包晶反应线，在1495℃发生包晶转变。$w_C = 0.09 \sim 0.53\%$的铁碳合金在平衡结晶过程中均发生包晶反应。反应式为：$L_B + \delta_H \overset{1495℃}{\rightleftharpoons} A_J$，转变产物是A。

2）水平线ECF为共晶反应线，在1148℃发生共晶转变。$w_C = 2.11 \sim 6.69\%$的铁碳合金在平衡结晶过程中均发生共晶反应。反应式为：$L_C \overset{1148℃}{\rightleftharpoons} A_E + Fe_3C$，转变产物是Ld。

3）水平线PSK为共析反应线，在727℃发生共析转变。共析转变温度通常称A_1温度。PSK线在热处理中亦称A_1线。$w_C = 0.0218 \sim 6.69\%$的铁碳合金在平衡结晶过程中均发生共析反应。反应式为：$A_S \overset{727℃}{\rightleftharpoons} F_P + Fe_3C$，转变产物是P。

4）GS线是合金冷却时自A中开始析出F或F全部溶入A的临界温度线，通常称A_3线。常称此温度为A_3温度。

5）ES线是碳在A中的固溶线，通常称A_{cm}线。常称此温度为A_{cm}温度。低于此温度时，A中将析出Fe_3C，称为二次渗碳体Fe_3C_{II}，以区别于从液体中经液相线结晶出的一次渗碳体Fe_3C_I。

6）PQ线是碳在F中的固溶线。F从727℃冷却下来时，也将析出Fe_3C，称为三次渗碳体Fe_3C_{III}。Fe_3C_{III}数量极少，往往可以忽略。下面在分析铁碳合金平衡结晶过程时，均忽略

这一析出过程。

5.5.3 典型铁碳合金的结晶过程分析

通常按有无共晶转变来区分碳素钢和铸铁，即 $w_C < 2.11\%$ 为碳素钢，$w_C > 2.11\%$ 为铸铁。根据组织特征，参照 Fe-Fe$_3$C 相图，可将铁碳合金按碳的质量分数划分为以下七种类型：

1）工业纯铁：$w_C < 0.0218\%$。

2）亚共析钢：$w_C = 0.0218\% \sim 0.77\%$。

3）共析钢：$w_C = 0.77\%$。

4）过共析钢：$w_C = 0.77\% \sim 2.11\%$。

5）亚共晶白口铸铁：$w_C = 2.11\% \sim 4.30\%$。

6）共晶白口铸铁：$w_C = 4.30\%$。

7）过共晶白口铸铁：$w_C = 4.30\% \sim 6.69\%$。

下面分别对这七种典型铁碳合金的结晶过程进行分析。

1. 工业纯铁

以 $w_C = 0.01\%$ 的铁碳合金为例，其冷却曲线和平衡结晶过程如图 5-24 所示。

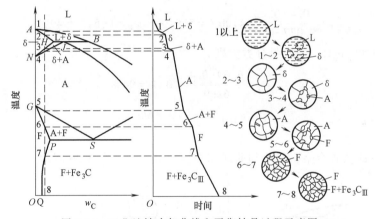

图 5-24 工业纯铁冷却曲线和平衡结晶过程示意图

合金溶液在 1~2 点温度区间结晶出 δ 固溶体。冷却至 3 点时，开始发生固溶体的同素异构转变 δ→A。这一转变在 4 点结束，合金为单相 A。冷至 5~6 点又发生同素异构转变 A→F，6 点以下全部为 F。冷却至 7 点时，碳在 F 中的溶解度达到饱和，在 7 点以下，将从 F 中析出三次渗碳体 Fe$_3$C$_{III}$。因此，工业纯铁的室温平衡组织为 F+Fe$_3$C$_{III}$。F 呈白色块状，Fe$_3$C$_{III}$ 量极少，呈小白片状分布于 F 晶界处。若忽略 Fe$_3$C$_{III}$，则组织全为 F。

2. 亚共析钢

以 $w_C = 0.4\%$ 的铁碳合金为例，其冷却曲线和平衡结晶过程如图 5-25 所示。

合金溶液在 1~2 点温度区间结晶出 δ 固溶体。冷却至 2 点（1495℃）时，δ 固溶体中碳的质量分数为 0.09%，液相中碳的质量分数为 0.53%，此时液相和 δ 相发生包晶反应生成 A，反应结束后还有多余的 L。在 2′~3 点之间，液相中继续结晶出 A，所有 A 固溶体的成分均沿 JE 线变化。冷却至 3 点时，合金全部由 A 组成。冷至 4 点时，开始从 A 中析出 F，F 的含碳量沿 GP 线变化，而剩余 A 中含碳的量沿 GS 线变化。当冷却至 5 点（727℃）

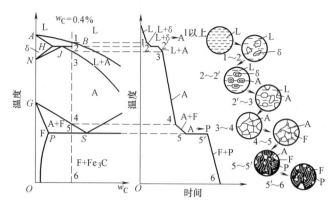

图 5-25 亚共析钢冷却曲线和平衡结晶过程示意图

时，剩余 A 中碳的质量分数达到 0.77%，在恒温下发生共析转变形成珠光体。在 5′点以下，先共析铁素体中将析出三次渗碳体 Fe_3C_{III}，但因其数量少，一般可忽略。因此室温平衡组织为 F+P。F 呈白色块状；P 呈层片状，放大倍数不高时呈黑色块状。$w_C > 0.6\%$ 的亚共析钢，室温平衡组织中的 F 常呈白色网状，包围在 P 周围。

$w_C = 0.4\%$ 的亚共析钢的组织组成物（F 和 P）的质量分数为

$$w_P = \frac{0.4 - 0.02}{0.077 - 0.02} \times 100\% = 51\% \qquad w_F = 1 - 51\% = 49\%$$

组成相（F 和 Fe_3C）的质量分数分别为

$$w_F = \frac{6.69 - 0.4}{6.69} \times 100\% = 94\%$$

$$w_{Fe_3C} = 1 - 94\% = 6\%$$

3. 共析钢

$w_C = 0.77\%$ 的铁碳合金，其冷却曲线和平衡结晶过程如图 5-26 所示。

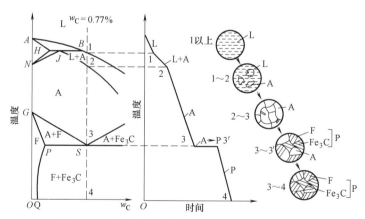

图 5-26 共析钢冷却曲线和平衡结晶过程示意图

合金溶液在 1~2 点温度区间结晶出 A 固溶体，在 2 点凝固完毕，合金为单相 A。冷至 3 点（727℃）时，A 发生共析反应，生成物为珠光体 P。P 是 F 和 Fe_3C 的层片状混合物。P 中的 Fe_3C 称为共析渗碳体。因此，共析钢的室温组织为 P。

P 中的 F 和 Fe_3C 的质量分数可用杠杆定律求得，即

$$w_F = \frac{6.69-0.77}{6.69} \times 100\% = 88\%$$

$$w_{Fe_3C} = 1 - w_F = 12\%$$

4. 过共析钢

以 $w_C = 1.2\%$ 的铁碳合金为例，其冷却曲线和平衡结晶过程如图5-27所示。

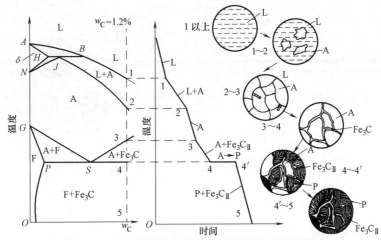

图5-27　过共析钢冷却曲线和平衡结晶过程示意图

合金溶液在 1~2 点温度区间结晶出 A 固溶体，在 2 点凝固完毕，合金为单相 A。冷至 3 点开始从 A 中析出二次渗碳体 Fe_3C_{II}，直到 4 点为止。这种先共析 Fe_3C_{II} 通常沿 A 晶界呈网状分布，量较多时还会在晶内呈针状分布。温度降到 4 点（727℃）时，剩余 A 中碳的质量分数达到 0.77%，在恒温下发生共析转变，形成珠光体。因此，室温平衡组织为 Fe_3C_{II} + P。在显微镜下，Fe_3C_{II} 以网状形态分布在层片状 P 周围。

$w_C = 1.2\%$ 的过共析钢的组成相为 F 和 Fe_3C_{II}；组织组成物为 Fe_3C_{II} 和 P，它们的质量分数分别为

$$w_{Fe_3C_{II}} = \frac{1.2-0.77}{6.69-0.77} \times 100\% = 7\% \qquad w_P = 1-7\% = 93\%$$

5. 亚共晶白口铸铁

以 $w_C = 3\%$ 的铁碳合金为例，其冷却曲线和平衡结晶过程如图5-28所示。

合金溶液在 1~2 点温度区间结晶出 A 固溶体，此时液相成分沿 BC 线变化，而 A 固溶体的成分沿 JE 线变化。冷却至 2 点（1148℃）时，剩余液相的成分达到共晶成分，在恒温下发生共晶转变，形成 Ld。在 2 以下，初晶 A 和共晶 A 中都析出二次渗碳体 Fe_3C_{II}。随着 Fe_3C_{II} 的析出，A 固溶体的成分沿 ES 线降低。温度降到 3 点（727℃）时，所有 A 都发生共析转变成为珠光体。因此亚共晶白口铸铁的室温组织为 Ld′+P+Fe_3C_{II}。网状 Fe_3C_{II} 分布在粗大块状 P 的周围，Ld′ 则由条状或粒状 P 和 Fe_3C 基体组成。

亚共晶白口铸铁的组成相为 F 和 Fe_3C。组织组成物为 P、Fe_3C_{II} 和 Ld′。它们的质量分数可以利用杠杆定律求出。

6. 共晶白口铸铁

$w_C = 4.3\%$ 的铁碳合金，共晶白口铸铁的冷却曲线和平衡结晶过程如图5-29所示。

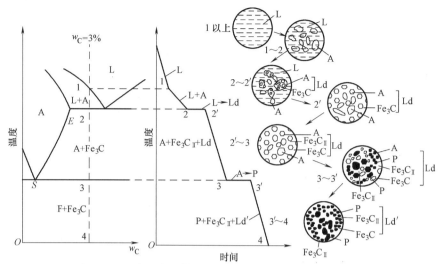

图 5-28 亚共晶白口铸铁冷却曲线和平衡结晶过程示意图

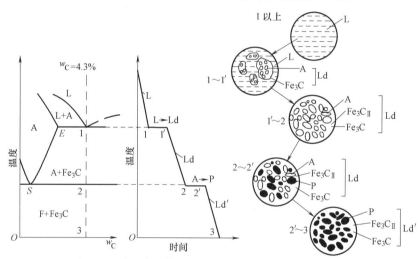

图 5-29 共晶白口铸铁冷却曲线和平衡结晶过程示意图

合金溶液冷却至 1 点（1148℃）时，在恒温下发生共晶反应，由 L 转变为（高温）莱氏体 Ld（A+Fe₃C），其形态为短棒状的 A 分布在 Fe₃C 基体上。冷至 1 点以下，共晶 A 中不断析出二次渗碳体 Fe₃C$_{II}$，它通常依附于共晶 Fe₃C 上而不能分辨。温度降到 2 点（727℃）时，共晶 A 中碳的质量分数达到 0.77%，在恒温下发生共析转变形成珠光体。高温莱氏体 Ld 转变成低温莱氏体 Ld′（P+ Fe₃C$_{II}$ + Fe₃C）。从 2′至 3 点组织不变化，所以室温平衡组织仍为 Ld′，由黑色条状或粒状 P 和白色 Fe₃C 基体组成。

共晶白口铸铁的组织组成物全为 Ld′，而组成相还是 F 和 Fe₃C$_{II}$，它们的质量分数可用杠杆定律求出。

7. 过共晶白口铸铁

过共晶白口铸铁的结晶过程与亚共晶白口铸铁大同小异，唯一的区别是：其先析出的相是一次渗碳体（Fe₃C$_I$）而不是 A，而且因为没有先析出 A，进而其室温组织中除 Ld′中的珠光体以外再没有珠光体，即室温下组织为 Ld′+Fe₃C$_I$，组成相也同样为 F 和 Fe₃C，它们的质量分数的计算仍然用杠杆定律，方法同上。

任务5.6 掌握铁碳合金相图的应用

5.6.1 含碳量、组织与力学性能的关系

随着含碳量的增加，合金的室温组织中不仅渗碳体的数量增加，其形态、分布也有变化。因此，合金的力学性能也随之发生变化。铁碳合金的成分、组织、相组成、组织组成、力学性能等变化规律如图5-30所示。

1. 含碳量对钢的平衡组织性能的影响

随含碳量的增加，钢的平衡组织中铁素体量减少，渗碳体量增加。在亚共析钢中，随碳含量增加，铁素体量减少，珠光体量增多，因而强度、硬度也升高，塑性、韧性不断下降。在过共析钢中，珠光体量减少，而网状二次渗碳体的数量相对增加，因而强度、硬度上升，塑性、韧性下降。但是，当钢中$w_C > 0.9\%$时，二次渗碳体沿晶界形成完整的网状形态，此时

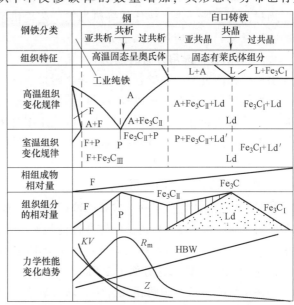

图5-30 铁碳合金的成分、组织及性能变化规律

虽然硬度继续增高，但因网状二次渗碳体割裂基体，使钢的强度呈迅速下降趋势。随含碳量的增加，钢的塑性和韧性不断降低。实际生产中，为了保证碳素钢具有足够的强度及一定的塑性和韧性，w_C一般不应超过$1.3\% \sim 1.4\%$。

2. 含碳量对钢的力学性能的影响

由于铁素体（F）的性能是软而韧，硬度极低，渗碳体（Fe_3C）的性能是硬而脆，所以含碳量对钢的力学性能有如下影响。

1）含碳量增加，硬度增加；塑性韧性降低。

2）含碳量增加，强度先增后降（0.9%最高）。当$w_C \leqslant 0.9\%$时，渗碳体含量越多，分布越均匀，铁碳合金强度越高；当$w_C > 0.9\%$时，渗碳体在钢的组织中呈网状分布在晶界上，而在白口铸铁的组织中作为基体存在，使强度降低。

3. 含碳量对钢的工艺性能的影响

（1）可加工性 一般认为中碳素钢的塑性比较适中，硬度在200HBW左右的时候，可加工性最好。含碳量过高或过低，都会降低其可加工性。

（2）铸造工艺性能 铸铁的流动性比钢好，容易铸造，尤其是靠近共晶成分的铸铁，其结晶温度低，流动性也好，并且具有良好的铸造性能。从相图来看，凝固温度区间越大，越容易形成分散缩孔和偏析，铸造工艺性能越差。

（3）可锻性　低碳钢比高碳钢好。这是因为钢加热到单相奥氏体状态时，塑性好、强度低，便于塑性变形，因此一般锻造都是在单相奥氏体状态下进行。

（4）焊接性　通常，含碳量越低，钢的焊接性能越好，所以低碳钢比高碳钢更容易焊接。

5.6.2　铁碳合金相图的应用

铁碳相图在客观上反映了钢铁材料的组织随成分和温度变化的规律，它在工程上为选材、用材及铸、锻、焊、热处理等热加工工艺提供了重要的理论依据，因此在生产中具有重大的实际意义，主要应用在以下方面。

1. 在钢铁材料选用方面的应用

由铁碳相图可知，铁碳合金中随着含碳量的不同，它的平衡组织也各不相同，从而导致其力学性能不同。因此，可以根据零件的不同性能要求来合理地选择材料。例如：建筑结构和各种型钢需用塑性、韧性好的材料，可选用碳含量较低的钢材；机械零件需要强度、塑性及韧性都较好的材料，应选用碳含量适中的中碳钢；各种工具要用硬度高和耐磨性好的材料，应选用含碳量高的钢种。

2. 在铸造工艺方面的应用

参照 Fe-Fe₃C 相图可以确定合金的浇注温度。浇注温度一般在液相线以上 50~100℃。由相图可见，纯铁和共晶白口铸铁的铸造性能最好，所以铸铁在生产上总是选在共晶成分附近。铸钢生产中，碳的质量分数在 0.15%~0.6% 范围时钢的结晶温度区间较小，铸造性能较好。

3. 在热锻、热轧工艺方面的应用

钢在室温时的组织为两相混合物，塑性较差，变形困难，只有将其加热到单相奥氏体状态，才具有较低的强度、较好的塑性和较小的变形抗力，易于成形。因此，锻造或轧制应选在单相奥氏体区内进行。

铁碳合金相图在热轧生产中的应用

4. 在焊接生产上的应用

焊接时，局部区域被快速加热，从焊缝到母材各处的温度都不相同，铁碳相图为其提供了重要的理论依据。

5. 在热处理工艺方面的应用

铁碳合金在固态加热和冷却过程中均有相的变化，一些热处理工艺如退火、正火、淬火的加热温度都是依据 Fe-Fe₃C 相图确定的。这将在以后章节中详细阐述。

【知识拓展1】　相律及杠杆定律

1. 相律及其应用

相律是检验、分析和使用相图的重要工具，所测定的相图是否正确，要用相律检验，在研究和使用插图时，也要用到相律。相律是表示在平衡条件下，系统的自由度、组元数和相数之间的关系，是系统平衡条件的数学表达式。相律可用下式表示

$$F = C - P + 2 \tag{1}$$

式中　F——系统的自由度，即在不影响系统状态的条件下，能够独立变化的因素数，这些因素有：温度、压力、成分、相数；

C——组成物的组元数，即系统由几种物质（纯净物）组成，例如：纯水系统，$C=$
1；对于盐水来说，由于水中含有 NaCl，所以 $C=2$；Al-Si 合金系统，组成物为
Al 和 Si，故 $C=2$；

P——系统中能够同时存在的相（如固相、液相、α 相等）数；

2——表示温度和压力两个变量。

对于绝大多数的常规材料系统而言，压力的影响极小，可以不把压力当作变量而看作常量：为 1 个大气压（atm）$^{\ominus}$，因此自由度数减少一个，相律的表达式为

$$F=C-P+1 \tag{2}$$

对于一元系统（$C=1$），在压力不变（1atm）的条件下，$F=C-P+1=2-P$。自由度 F 的最小值为 0，当 $F=0$ 时，$P=2$。这说明，在压力不变（1atm）条件下，单元系统最多只能有二相同时存在。如果压力也是可变的，$F=0$ 时，由公式 $F=C-P+2$ 可知 $P=3$，这意味着单元系统最多可以有三相共存。$F=0$ 的含义是：在保持系统平衡状态不变的条件下，没有可以独立变化的变量，也就是说，任何变量的变化都会造成系统平衡状态的变化。

图 5-31 是纯水的压力-温度相图，在 O 点，水在 1 大气压、0℃条件下，保持液（水）-固（冰）二相平衡。温度升高，冰溶化成水；温度降低，水结晶成冰。也就是说，此时水的液-固平衡转变是在恒温（0℃）下进行的。A 点是气-液二相平衡点，意义与 O 点相似。在 A、O 之间（0~100℃），水是单一的液相（$P=1$），此时 $F=1$，这说明在此范围内温度的变化不会引起状态的改变。

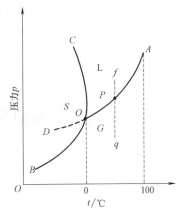

图 5-31　纯水的压力-温度相图

对于二元系统（$C=2$），压力不变的二元合金系统（以后所涉及的二元合金系统都是压力不变的，不再特别说明），$C=2$，$F=0$ 时，$P=3$。这说明，当二元合金系统同时出现三个相时，就没有可以变化的因素了。也就是说，只有在一定的温度、成分所确定的某一点才会出现三相同时存在的状态。

二元合金系统三相共存状态，都是在发生平衡反应的过程中。可以推断出，二元合金系统的平衡反应仅有二大类型：$A\to B+C$，$A+B\to C$。由于自由度为 0，这些平衡反应都是恒温反应，并且反应中的三个相（无论是反应相，还是生成相）化学成分都是固定的。只有当反应结束后（相数小于 3 时），随着温度的变化，相的化学成分才可能发生变化。

2. 杠杆定律

在合金的结晶过程中，合金中各个相的成分以及它们的相对含量都在不断地发生着变化。为了了解相的成分及其相对含量，这就需要应用杠杆定律。在二元系合金中，杠杆定律只适用于两相区。因为对单相区来说无此必要，而三相区又无法确定。当合金在某一温度下处于两相区时，由相图不仅可以知道两平衡相的成分，而且还可以用杠杆定律求出两平衡相的相对含量。现以 Cu-Ni 合金为例推导杠杆定律。

（1）求出两平衡相的成分　设合金成分为 x，过 x 作成分垂线，在垂线上相当于温度 t_1

　⊖　atm 为非法定计量单位，1atm=101.325kPa。

的点 O 作水平线，其与液、固相线的交点 a、b 所对应的成分 x_1、x_2，分别为液相和固相的成分，如图 5-32 所示。

（2）确定两平衡相的相对量   设成分为 x 的合金的总质量为 Q，液相的相对质量为 Q_L，其成分为 x_1，固相相对质量为 Q_α，其成分为 x_2，则

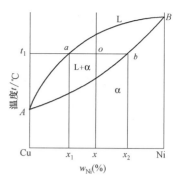

图 5-32   Cu-Ni 二元合金相图

$$\begin{cases} Q = Q_L + Q_\alpha \\ Qx = Q_L x_1 + Q_\alpha x_2 \end{cases} \qquad (3)$$

经变换可得

$$Q_L(x - x_1) = Q_\alpha(x_2 - x) \qquad (4)$$

或

$$\frac{Q_L}{Q_\alpha} = \frac{x_2 - x}{x - x_1} \qquad (5)$$

由此可知，两相质量之比为：$Q_L \cdot x_1 x = Q_\alpha \cdot x x_2$。

此式与力学定律中的杠杆定律完全相似，因此也称之为杠杆定律，即合金在某温度下两平衡相的质量比等于该温度下与各自相区距离较远的成分线段之比，如图 5-33 所示。在杠杆定律中，杠杆的支点是合金的成分，杠杆的端点是所求两平衡相的成分。

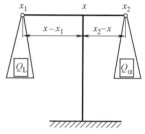

图 5-33   杠杆定律示意图

【知识拓展2】   包晶相图及其合金的结晶

当两组元在液态下完全互溶，在固态下有限互溶，并发生包晶反应时所构成的相图称为包晶相图。具有包晶转变的二元合金系有 Pt-Ag、Sn-Sb、Cu-Sn、Cu-Zn 等，Fe-C 合金相图中也含有包晶转变部分。

1. 相图分析

Pt-Ag 相图是典型的二元包晶相图，下面就以它为例进行分析讨论。

图 5-34 中 ACB 为液相线，$APDB$ 为固相线，PE 及 DF 分别 Ag 固溶于 Pt 中和 Pt 固溶于 Ag 中的固溶线。相图中有三个单相区，即液相 L 及固相 α 和 β。其中 α 相是 Ag 固溶于 Pt 中的固溶体，β 相是 Pt 固溶于 Ag 中的固溶体。单相区之间有三个两相区，即 $L+\alpha$、$L+\beta$、$\alpha+\beta$。两相区之间存在一条三相（L、α、β）共存线，即水平线 PDC。

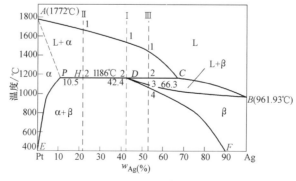

图 5-34   Pt-Ag 合金相图

水平线 PDC 是包晶转变线。所有成分在 P 与 C 之间范围内的合金在此温度都将发生三相平衡的包晶转变。相图中的 D 点称为包晶点，D 点所对应的温度（t_D）称为包晶温度。PDC 线称为包晶线。这种转变的反应式为

$$L_C + \alpha_P \xrightleftharpoons{t_D} \beta_D \tag{1}$$

这种在一定温度下，由一定成分的固相与一定成分的液相作用，形成另一个一定成分的固相的转变过程，称为包晶转变或包晶反应。根据相律可知，在包晶转变时，其自由度为零（$F = 2 - 3 + 1 = 0$），即三个相的成分不变，且转变在恒温下进行。在相图上，包晶转变的特征是：反应相是液相和一个固相，其成分点位于水平线的两端，所形成的固相位于水平线中间的下方。

2. 典型合金的平衡结晶过程及组织

（1）$w_{Ag} = 42.4\%$ 的 Pt-Ag 合金（合金Ⅰ） $w_{Ag} = 42.4\%$ 的 Pt-Ag 合金由液态缓慢冷却。当温度到达液相线进入 L+α 二相区时，液相中结晶出 α 固溶体。随着温度降低，α 固溶体的量不断增加，液相的量则逐渐减少，并且，液相的成分沿着液相线下滑，直到 C 点；α 固溶体的成分沿着固相线下滑，直到 P 点。在包晶温度（t_D），α 与液相进行包晶转变，生成固溶体 β 相。包晶转变结束时，合金为 100% 的 β 固溶体。温度继续下降，由于 Pt 在 β 相中的溶解度随温度降低而快速下降，因此过饱和的 β 相中析出 α_{II}。最后，室温下合金的平衡组织为 $\beta + \alpha_{II}$。

（2）$w_{Ag} = 10.5\% \sim 42.4\%$ 的 Pt-Ag 合金（合金Ⅱ） $w_{Ag} = 10.5\% \sim 42.4\%$ 的 Pt-Ag 合金，冷却过程中的组织转变与合金Ⅰ类似，区别在于：后者在包晶反应结束时，先结晶出来的 α 相和剩余的液相正好消耗完，全部形成 β 相；而前者在包晶反应结束时，还有 α 相剩余。因此，$w_{Ag} = 10.5\% \sim 42.4\%$ 的 Pt-Ag 合金的室温平衡组织为 $\alpha + \beta_{II} + \beta + \alpha_{II}$。

当合金缓慢冷却至液相线 1 点时，开始结晶出初晶 α。随着温度的降低，初晶 α 的数量不断增多，液相的数量不断减少。α 相和 L 相的成分分别沿着 AP 线和 AC 线变化。在 1~2 点之间属于匀晶转变。

当温度降低至 2 点时，α 相和液相的成分分别为 P 点和 C 点。在温度为 t_D（2 点）时，成分相当于 P 点的 α 相和 C 点的液相共同作用，发生包晶转变，转变为 β 固溶体，如式（1）所示。

（3）$w_{Ag} = 42.4\% \sim 66.3\%$ 的 Pt-Ag 合金（合金Ⅲ） $w_{Ag} = 42.4\% \sim 66.3\%$ 的 Pt-Ag 合金，包晶转变结束时 α 相消耗完毕，还有液相剩余。剩余的液相逐步直接转变为 β 相。此类合金的室温平衡组织为 $\beta + \alpha_{II}$。

当合金Ⅲ冷却到与液相线相交的 1 点时，开始结晶出初晶 α 相，在 1~2 点之间，随着温度的降低，α 相数量不断增多，液相数量不断减少，这一阶段的转变属于匀晶转变。当冷却到 t_D 温度时，发生包晶转变。

当合金的温度从 2 点继续降低时，剩余的液相继续结晶出 β 固溶体，在 2~3 点之间，合金Ⅲ的转变属于匀晶转变，β 相的成分随 DB 线变化，液相的成分沿 CB 线变化。在温度降低到 3 时，合金Ⅲ全部转变为 β 固溶体。

在 3~4 点之间的温度范围内，合金Ⅲ为单相固溶体，不发生变化。在 4 点以下，将从 β 固溶体中析出 α_{II}。因此，该合金的室温组织为 $\beta + \alpha_{II}$。

复习思考题

1. 简述纯金属的结晶过程？与纯金属相比，固溶体合金结晶有何特点？

2. 液态金属结晶时，为什么必须过冷？

3. 什么叫过冷现象、过冷度？过冷度与冷却速度有何关系？对结晶后的晶粒大小有何影响？

4. 金属晶粒大小对力学性能有何影响？控制金属晶粒大小的方法有哪些？

5. 为了得到发达的柱状晶应采取哪些措施？为了得到发达的等轴晶应采取哪些措施？其基本原理是什么？

6. 金属铸锭组织通常由哪几个晶区组成？各晶区有何特点？

7. 什么是合金相图？简述合金相图的建立方法。

8. A-B 二元匀晶合金相图如图 5-35 所示。应用杠杆定律计算，当 $w_B = 40\%$ 的合金冷却到 1000℃时，结晶出了多少固相（相对量）？剩余多少液相（相对量）？

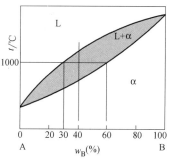

图 5-35 复习思考题 8 图

9. 试述含碳量对碳素钢组织和性能有何影响。

10. 工业用铁碳合金是怎样进行分类的？试根据 $Fe\text{-}Fe_3C$ 相图来说明。

项目6

金属的塑性变形认知

知识目标

1）了解滑移、孪生等基本概念。
2）掌握断裂的基本类型和影响材料断裂的基本因素。
3）了解金属在塑性加工中组织和性能的变化。

能力目标

根据运用所学知识提高金属材料的性能。

引言

金属铸态组织往往具有晶粒粗大且不均匀、组织不致密和成分偏析等缺陷，所以金属经冶炼浇注后大多数要进行塑性加工（如轧制、锻造、挤压、拉拔和冲压等），制成型材和工件。金属经塑性加工变形后，不仅改变了形状和尺寸，而且也使其内部的组织和性能发生了变化。例如经冷轧、冷拔等冷塑性加工后，金属的强度显著提高而塑性下降；经冷塑性加工的金属在加热退火后，强度降低而塑性提高；经热轧、锻造等热塑性加工后，金属强度的提高虽不明显，但塑性和韧性较铸态有明显改善。若塑性加工不当，当其变形量超过金属的塑性值后，就会产生裂纹或断裂。由此可见，探讨金属的塑性变形规律及金属在冷、热塑性加工过程中和冷塑性加工金属在加热时的组织性能变化规律，具有十分重要的理论意义和实际意义。

任务 6.1 认识金属的塑性变形与断裂

人类很早就利用塑性变形进行金属材料的加工成形，但只是在一百多年以前才开始建立塑性变形理论。早期主要研究了金属晶体内的塑性变形。

6.1.1 单晶体的塑性变形

当应力超过弹性极限后，金属将产生塑性变形。尽管工程上应用的金属及合金大多为多晶体，但为了方便起见，还是首先研究单晶体的塑性变形，这是因为多晶体的塑性变形与各个晶粒的变形行为有关，因此掌握了单晶体的塑性变形规律，将有助于理解多晶体的塑性变形规律。在常温或低温下，金属塑性变形主要方式是滑移和孪生。

1. 滑移

（1）滑移带　如果将表面抛光的单晶体金属试样进行拉伸，当试样经适量的塑性变形后，在金相显微镜下可以观察到，在抛光的表面上出现许多相互平行的线条，这些线条称为滑移带，如图 6-1 所示。用电子显微镜观察，发现每条滑移带上均是由一组相互平行的滑移线组成，这些滑移线实际上是在塑性变形后晶体表面产生的一个个小台阶（图 6-2）。相互靠近的一组小台阶在宏观上的反应是一个大台阶，这就是滑移带。用 X 射线对变形前后的晶体进行结构分析，发现晶体结构未发生变化。以上事实说明，晶体的塑性变形是一部分相对于另一部分沿某些晶面或晶向发生平移滑动的结果，这种变形方式叫作滑移。当滑移的晶面移出晶体表面时，在滑移面与晶体表面相交处，即形成了滑移台阶，一个滑移台阶就是一条滑移线，每一条滑移线所对应的台阶高度，标志着某一滑移面的滑移量，这些台阶的累积就造成了宏观的塑性变形效果。

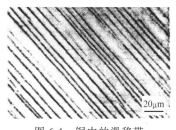

图 6-1　铜中的滑移带

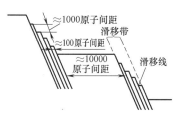

图 6-2　滑移线和滑移带示意图

（2）滑移系　滑移是晶体一部分沿着一定的晶面和晶向相对于另一部分作相对的平移滑动，这种晶面称为滑移面，晶体在滑移面上的滑动方向称为滑移方向。一般说来，滑移面总是原子排列最紧密的晶面，而滑移方向也是原子排列最紧密的晶向。这是因为在晶体的原子密度最大的晶面上，原子间的结合力最强，而面与面之间的距离却最大，即密排面之间的原子结合力最弱，滑移的阻力最小，因而最易于滑移。沿原子密度最大的晶向滑动时，阻力也最小。一个滑移面和此面上的一个滑移方向结合起来，组成一个滑移系。滑移系表示金属晶体在未发生滑移时滑移动作可能采取的空间位向。当其他条件相同时，金属晶体中的滑移系越多，则滑移时可供采用的空间位向也越多，故该金属的塑性也越好。

金属塑性的好坏，不止取决于滑移系的多少，还与滑移面上原子的密排程度和滑移方向的数目有关。如 α-Fe，它的滑移方向不及面心立方金属多；同时其滑移面上的原子密排程度也比面心立方金属低，因此，它的滑移面间距较小，原子间的结合力较大，必须在较大的应力作用下才能开始滑移，所以它的塑性要比铜、铝、银、金等面心立方金属差一些。

（3）滑移的基本类型　按位错滑移运动的方式，可将滑移分为单滑移、多滑移和交滑移。对于滑移系多的立方晶系单晶体来说，起始滑移首先在取向最有利的滑移系中进行。随着晶体的转动，滑移过程在两个或多个滑移系中同时进行或交替地进行。

（4）滑移的本质——位错的运动　滑移的实质是：位错在切应力作用下沿滑移面的运动。

2. 孪生

塑性变形的另一种重要方式是孪生。当晶体在切应力的作用下发生孪生变形时，晶体的一部分沿一定的晶面和一定的晶向相对于另一部分晶体均匀的切变。在变形区内，与孪生面平行的每层原子的切变量与它距孪生面的距离成正比，并且不是原子间距的整数倍。这种切变不会改变晶体的点阵类型，但是变形部分的位向发生变化，并与未变形部分的晶体以孪晶界为分界面构成了镜像对称的位向关系。通常把对称的两部分晶体称为孪晶；将形成孪晶的过程称为孪生。由于变形部分的位向与未变形的不同，因此经抛光和浸蚀之后，在显微镜下极易看出，其形态为条带状，有时呈透镜状，如图 6-3 所示。

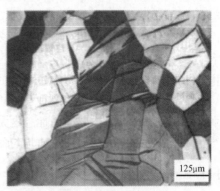

125μm

图 6-3　锌中的变形孪晶

孪生与滑移类似，也使晶体发生切变，孪生切变也是沿特定的晶面（孪生面）和晶向（孪生方向）上发生的，两者合称孪生系。只有在滑移很难进行的条件下，晶体才进行孪生变形。对于密排六方金属，由于它的对称性低，滑移系少，在晶体的取向不利于滑移时，常以孪生方式进行塑性变形。体心立方金属室温下只有承受冲击载荷时才产生孪生变形；但在室温以下，由于滑移的临界分切应力显著提高，滑移不易进行，因此在较慢的变形速度下也可引起孪生。面心立方金属的对称性高，滑移系多，很少发生孪生变形，只有少数金属如铜、银、金等，在极低温度下（4~47K）滑移很困难时才发生孪生变形。孪生对塑性变形的贡献比滑移小得多，例如：镉单纯依靠孪生变形只能获得 7.4% 的伸长率。但是，由于孪生后变形部分的晶体位向发生改变，可使原来处于不利取向的滑移系转变为新的有利取向，这样就可以激发起晶体的进一步滑移，提高金属的塑性变形能力。例如滑移系少的密排六方金属，当晶体相对于外力的取向不利于滑移时，如果发生孪生，那么孪生后的位向大多会变得有利于滑移。这样，滑移和孪生两者交替进行，即可获得较大的变形量。正是由于这一原因，当金属中存在大量孪晶时，可以较顺利地进行塑性变形。可见，对于密排六方金属来说，孪生对于塑性变形的贡献，还是不能忽略的。

6.1.2　多晶体的塑性变形

1. 多晶体的变形特点

除了少数场合，实际上使用的金属材料大多是多晶体。多晶体的塑性变形也是以滑移和孪生为其基本方式，但是多晶体是由许多形状、大小、取向各不相同的单晶体晶粒所组成的，这就使多晶体的变形过程更加复杂。首先，多晶体的塑性变形受到晶界的阻碍和位向不同的晶粒的影响；其次，任何一个晶粒的塑性变形都不是处于独立的自由变形状态，需要其周围的晶粒同时发生相应的变形来配合，以保持晶粒之间的结合和整个物体的连续性。因此，多晶体的塑性变形表现出如下变形特点：一是晶粒变形的不同时性，各晶粒的变形有先有后。二是各晶粒变形的相互协调性，面心立方和体心立方金属的滑移系多，各个晶粒的变形协调得好，因此其多晶体金属表现出良好的塑性，而密排六方金属的滑移系少，很难使晶粒的变形彼此协调，所以其塑性差，冷塑性加工较困难。三是多晶体塑性变形具有不均匀性，由于晶界及晶粒位向的影响，各晶粒的变形是不均匀的，有的晶粒变形量大，而有的晶粒则变形量小；在一个晶粒内部，变形也不均匀，晶内变形大，晶界变形小。

2. 晶粒大小对塑性变形的影响

多晶体的塑性变形过程中，一方面由于晶界的存在，使变形晶粒中的位错在晶界处受阻，每一晶粒中的滑移带也都终止在晶界附近；另一方面，由于各晶粒间存在着位向差，为了协调变形，要求每个晶粒必须进行多滑移，而多滑移时必然要发生位错的相互交割。这两者均大大提高金属材料的强度。显然，晶界越多，即晶粒越细小，则强化效果越显著。这种用细化晶粒、增加晶界提高金属强度的方法称为细晶强化。

细晶强化是金属材料的一种极为重要的强化方法，细化晶粒不但可提高材料的强度，同时还可以改善材料的塑性和韧性，这是材料的其他强化方法所不能比拟的。因此，在工业生产中，通常总是设法获得细小而均匀的晶粒组织，使材料具有良好的综合力学性能。

6.1.3　合金的塑性变形

工业上使用的金属材料大多是合金，根据合金的组织可将其分为两大类：单相固溶体合金和多相合金。多晶体合金的塑性变形方式，总的来说与多晶体纯金属的情况基本相同，但由于合金元素的存在，组织也不相同，故塑性变形也各有特点，下面分别进行讨论。

1. 单相固溶体合金的塑性变形

由于单相固溶体合金的显微组织与多晶体纯金属相似，因而其塑性变形过程也基本相同。但是由于固溶体中存在着溶质原子，使合金的强度、硬度提高，而塑性、韧性有所下降，产生了固溶强化效果。

2. 多相合金的塑性变形

多相合金也是多晶体，但其中有些晶粒是另一相，有些界面是相界面。多相合金的组织主要分为两类：一类是两相晶粒尺寸相近，两相的塑性也相近；另一类是由塑性较好的固溶体基体及其上分布的硬脆的第二相所组成的。这类合金除了具有固溶强化效果外，还有因第二相的存在而引起的强化，它们的强度往往比单相固溶体合金高。多相合金的塑性变形除与固溶体基体密切相关外，还与第二相的性质、形状、大小、数量及分布状况等有关，后者在塑性变形时甚至起着决定性的作用。现分述如下。

（1）合金中两相的性能相近　合金中两相的含量相差不大，且两相的变形性能相近，则合金的变形性能为两相的平均值，合金的强度随较强的一相的含量增加而呈线性增加。

（2）合金中两相的性能相差很大　合金中两相的变形性能相差很大，若其中的一相硬而脆，难以变形，另一相的塑性较好，且为基体相，则合金的塑性变形除与相的相对量有关外，在很大程度上取决于脆性相的分布情况。脆性相的分布有以下三种情况。

1）硬而脆的第二相呈连续网状分布在塑性相的晶界上。这种分布情况是最恶劣的，因为脆性相在空间把塑性相分割开，从而使其变形能力无从发挥，经少量的变形后，即沿着连续的脆性相裂开，使合金的塑性和韧性急剧下降。这时，脆性相越多，网越连续，合金的塑性也就越差，甚至强度也随之下降。例如过共析钢中的二次渗碳体在晶界上呈网状分布时，会使钢的脆性增加，强度和塑性下降。生产上可通过热塑性加工（如轧制和锻压）和热处理（如正火）相互配合来破坏或消除其网状分布。

2）脆性的第二相呈片状或层状分布在塑性相的基体上。例如钢中的珠光体组织，铁素体和渗碳体呈片状分布，铁素体的塑性好，渗碳体硬而脆，塑性变形主要集中在铁素体中，位错的移动被限制在渗碳体片之间很短距离内。可见，珠光体片间距越小，则强度越高，且其变形越均匀。所以细珠光体不但强度高，塑性也好。

3）脆性相在塑性相中呈颗粒状分布。如共析钢或过共析钢经球化退火后得到的粒状珠光体组织，由于颗粒的渗碳体对铁素体的变形阻碍作用大大减弱，故强度降低，塑性和韧性得到显著改善。一般来说，粒状的脆性第二相对塑性的危害要比针状和片状的小。若脆性的第二相呈弥散粒子均匀地分布在塑性相基体上，则可显著提高合金的强度，这种强化称为第二相强化，又称弥散强化、沉淀强化或析出强化。其主要原因是由于弥散细小的第二相粒子与位错的交互作用，阻碍了位错运动，从而提高了合金的塑性变形抗力。

6.1.4　金属的断裂

断裂是金属材料在外力的作用下丧失连续性的过程，它包括裂纹的萌生和裂纹的扩展两个基本过程。断裂过程的研究在工程上有很大的实际意义。金属零件的断裂，不仅使整个设备停止运转，并且往往造成重大伤亡事故，比塑性变形产生的后果要严重得多。

1. 断裂的基本类型

（1）塑性断裂　塑性断裂又称为延性断裂，断裂前发生大量的宏观塑性变形，断裂时承受的工程应力大于材料的屈服强度。由于塑性断裂前产生显著的塑性变形，容易引起人们的注意，从而可及时采取措施防止断裂的发生，即使局部发生断裂，也不会造成灾难性事故。对于使用时只有塑性断裂可能的金属材料，设计时只需按材料的屈服强度计算承载能力，一般就能保证安全使用。

（2）脆性断裂　金属脆性断裂过程中，极少或没有宏观塑性变形，但在局部区域仍存在一定的微观塑性变形。断裂时承受的工程应力通常不超过材料的屈服强度，甚至低于按宏观强度理论确定的许用应力，因此，又称低应力断裂。由于脆性断裂前既无宏观塑性变形，又无其他预兆，并且一旦开裂后，裂纹扩展迅速，造成整体断裂或很大的裂口，有时还产生很多碎片，因此容易导致严重事故。选择可能发生脆断的金属材料时，必须从脆断角度计算其承载能力，并充分估计过载的可能性。脆性断裂通常发生于高强度或塑性、韧性差的金属或合金中，但塑性较好的金属在低温、厚的截面或高的应变速率等条件下或当裂纹起重要作用时，都可能以脆性方式断裂。

2. 影响材料断裂的基本因素

不同的材料，可能有不同的断裂方式，但是断裂属于塑性断裂还是脆性断裂，不仅与材料的化学成分和组织结构有关，而且还受工作环境、加载方式的影响。塑性材料在一定的条件下可以是脆性断裂，而脆性材料在一定条件下也表现出一定的塑性。如在室温拉伸时呈脆性断裂的铸铁等材料，当在压应力的作用下却有一定的塑性。因此，在生产实际中，拉伸时呈脆性断裂的材料通常只用来制造在受压状态下工作的零件，而不用来制造重要零件。可见，研究影响材料断裂因素对工程实际应用十分重要。下面扼要介绍几个主要影响因素。

（1）裂纹和应力状态的影响　对大量脆性断裂事故的调查表明，大多数断裂是由于材料中存在微小裂纹和缺陷引起的。裂纹的存在引起应力集中，且产生复杂的应力状态，就改变了构件的断裂行为。同样，受载方式不同会造成应力状态的改变，也能改变材料的断裂行为。例如拉伸或弯曲很脆的材料（如大理石），在受三向压应力时，却表现出良好的塑性。

（2）温度的影响　中、低强度钢的断裂过程都有一个重要现象，就是随着温度的降低，都有从塑性断裂逐渐过渡为脆性断裂的现象，尤其是当试件上带有裂纹和缺口时，更加剧了这种过渡倾向。

（3）其他影响因素　除材料本身的影响因素外，影响材料断裂的外界因素还有很多。

例如，环境介质对断裂有很大影响，某些金属与合金在腐蚀介质和拉应力的同时作用下，产生应力腐蚀断裂；金属材料经酸洗、电镀，或从周围介质中吸收了氢之后，产生氢脆断裂。变形速度的影响比较复杂，一方面，变形速度增加，使金属加工硬化严重，因而塑性降低；另一方面，它又使变形热来不及散出，促使加工硬化消除而提高塑性。至于哪个因素占主导地位，要视具体情况而定。

任务6.2 金属在塑性加工中组织和性能的变化

6.2.1 冷塑性变形对金属组织和性能的影响

1. 冷塑性加工对组织结构的影响

多晶体金属经冷塑性加工后，除了在晶粒内出现滑移带和孪晶组织特征外，还具有下述组织结构的变化。

（1）显微组织的变化 金属与合金经冷塑性加工后，晶粒形状逐渐发生变化，随着变形方式和变形量的不同，晶粒形状的变化也不一样。如在轧制时，各晶粒沿变形方向逐渐伸长，变形量越大，晶粒伸长的程度也越大。当变形量很大时，晶粒呈现出一片如纤维状的条纹，称为纤维组织（图6-4）。纤维的分布方向，即为金属变形时的伸展方向。当金属中有杂质存在时，杂质也沿变形方向拉长为细带状（塑性杂质）或粉碎成链状（脆性杂质），这时光学显微镜已经分辨不清晶粒和杂质。

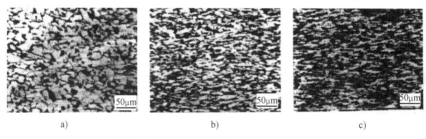

图 6-4 低碳钢冷塑性加工后的纤维组织
a）30%的压缩率 b）50%的压缩率 c）70%的压缩率

（2）亚结构的细化 实际晶体的每一个晶粒内都存在着许多尺寸很小，位向差也很小的亚结构，塑性变形前铸态金属的亚结构直径约为 10^{-2} cm，冷塑性加工后，亚结构直径将细化到 $10^{-4} \sim 10^{-6}$ cm。

（3）形变织构 当变形量很大时，多晶体中原来任意取向的各个晶粒会逐渐调整其取向而彼此趋于一致，这一现象称为晶粒的择优取向。这种由于金属塑性变形使晶粒具有择优取向的组织叫作形变织构，如图6-5所示。

当出现织构后，多晶体金属就不再表现为各向同性而显示出各向异性，这对材料的性能和加工工艺有很大的影响。例如，当用有织构的板材冲压杯状零件时，将会因板材各个方向变形能力的不同，使冲压出来的工件边缘不齐，壁厚不均，即产生所谓"制耳"现象。但是，在某些情况下，织构的存在是有利的。例如，变压器铁心用的硅钢片，沿织构方向最易磁化，因此，当采用具有这种织构的硅钢片制作电机、电器时，可以减少铁损，提高设备效

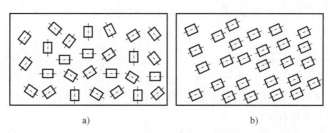

图 6-5　多晶体在冷塑性加工过程中出现形变织构

a）变形前晶粒紊乱排列　b）变形后晶粒整齐排列

率，减轻设备重量，节约钢材。

2. 冷塑性加工对金属性能的影响

（1）加工硬化　在塑性变形过程中，随着金属内部组织的变化，金属的力学性能也将产生明显的变化，即随着变形程度的增加，金属的强度、硬度增加，而塑性、韧性下降，这种现象即为加工硬化或形变强化。

加工硬化现象在金属材料生产过程中具有重要的实际意义，目前已广泛用来提高金属材料的强度。例如，自行车链条的链板，材料为 Q345（16Mn）低合金钢，原来的硬度为 150HBW，抗拉强度 $R_m \geqslant 520MPa$，经过五次轧制，钢板厚度从 3.5mm 压缩到 1.2mm（变形程度为 65.7%），这时硬度提高到 275HBW，抗拉强度提高到接近 1000MPa，从而使链条的负荷能力提高了一倍。对于用热处理方法不能强化的材料来说，用加工硬化方法提高其强度就显得更加重要。如塑性很好而强度较低的铝、铜及某些不锈钢等，在生产上往往制成冷拔棒材或冷轧板材供应用户。加工硬化也是某些工件或半成品能够加工成形的重要因素。例如，冷拔钢丝拉过模孔后，其断面尺寸必然减小，而每单位面积上所受应力却会增大，如果金属不是产生了加工硬化而提高强度，那么钢丝在出模孔后就可能被拉断。由于钢丝经塑性变形后产生了加工硬化，尽管钢丝断面缩减，但其强度显著增加，因此便不再继续变形，而使变形转移到尚未拉过模孔的部分。这样，钢丝可以持续地、均匀地通过模孔而成形。又如，金属薄板在拉伸过程中，弯角处变形最严重，首先产生加工硬化，因此该处变形到一定程度后，随后的变形就转移到其他部分，这样便可得到厚薄均匀的冲压件。加工硬化还可提高零件或构件在使用过程中的安全性。即使经过最精确的设计而加工出来的零件，在使用过程中各个部位的受力也是不均匀的，往往会在某些部位出现应力集中和过载现象，使该处产生塑性变形。如果金属材料没有加工硬化，则该处的变形会越来越大，应力也会越来越高，最后导致零件的失效或断裂。但正因为金属材料具有加工硬化这一性质，故这种偶尔过载部位的变化会自行停止，应力集中也可以自行减弱，从而提高了零件的安全性。

加工硬化现象也给金属材料的生产和使用带来某些不利影响。因为金属冷塑性加工到一定程度以后，变形抗力就会增大，进一步的变形就必须加大设备功率，增加动力消耗。另外，金属经加工硬化后，金属的塑性大为降低，继续变形就会导致开裂。为了消除这种硬化现象以便继续进行冷变形加工，中间需要进行再结晶退火处理。

（2）冷塑性加工对其他性能的影响　经冷塑性加工后，金属材料的物理性能和化学性能也将发生明显变化，如使金属及合金的比电阻增加，导电性能和电阻温度系数下降，热导率也略微下降。冷塑性加工还使磁导率、磁饱和度下降，但磁滞和矫顽力增大。冷塑性加工

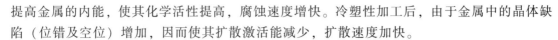

提高金属的内能，使其化学活性提高，腐蚀速度增快。冷塑性加工后，由于金属中的晶体缺陷（位错及空位）增加，因而使其扩散激活能减少，扩散速度加快。

3. 残余应力

金属在冷塑性加工过程中，外力所做的功大部分转化为热能，但尚有一小部分（约占总变形功的10%）保留在金属的内部，造成残余内应力和点阵畸变。

残余应力分为以下几种。

（1）宏观内应力（第一类内应力）　宏观内应力是由于金属工件或材料各部分的不均匀变形所引起的，它是整个物体范围内处于平衡的力，当除去它的一部分后，这种力的平衡就遭到了破坏，并立即产生变形。

（2）微观内应力（第二类内应力）　如前所述，多晶体中各晶粒在塑性变形时，将受到周围位向不同的晶粒与晶界的影响与约束。因此，各晶粒或亚晶粒间的变形也总是不均匀的，结果各晶粒或亚晶粒之间也存在残余应力。

（3）点阵畸变内应力（第三类内应力）　塑性变形使金属内部产生大量的位错和空位，使点阵中的一部分原子偏离其平衡位置，造成点阵畸变。这种点阵畸变所产生的内应力作用范围更小，只在晶界、滑移面的附近不多的原子群范围内维持平衡。它使金属的硬度、强度升高，而塑性和耐腐蚀能力下降。它是存在于变形金属内最主要的残余应力。

残余应力的存在对金属材料的性能是有害的，它导致工件的变形、开裂和产生应力腐蚀，降低工件的承载能力。例如，当工件表面存在的是拉应力时，它与外加应力叠加起来，引起工件的变形和开裂。所以，要防止和消除残余应力。常用措施是热处理和机械处理。热处理有再结晶退火和回复退火。采用再结晶退火可彻底消除残余应力。机械处理常用平整机或用机械拉伸的方法，或用锤击、喷丸等使表面形成压应力变形层。机械处理只能消除部分残余应力。值得一提的是，当工件表面残留一薄层压应力时，反而对使用寿命有利。例如，采用喷丸和化学热处理方法使工件表面产生一压应力层，可以有效地延长零件（如弹簧和齿轮等）的疲劳寿命。对于承受单相扭转载荷的零件（如某些汽车中的扭力轴），沿载荷方向进行适量的超载预扭，可以使工件表面层产生相当数量的与载荷方向相反的残余应力，从而在工作时抵消部分外加载荷，延长使用寿命。

6.2.2　冷塑性变形金属在加热时的组织和性能的变化

金属经冷塑性加工后，强度、硬度升高，塑性、韧性下降，给进一步的冷塑性加工（例如深冲）带来困难，常常需要将金属加热进行退火处理，以使其性能向塑性变形前的状态转化：塑性、韧性提高，强度、硬度下降。下面主要讨论冷塑性加工后的金属在加热时，其组织结构发生转变的过程。了解这些过程的发生和发展的规律，对于控制和改善变形材料的组织和性能，具有重要的意义。

1. 冷塑性加工金属在加热过程中的变化

常温下，原子的活动能力很小，使冷塑性加工金属的亚稳状态可维持相当长的时间而不发生明显变化。如果温度升高，原子有了足够高的活动能力，那么，冷塑性加工金属就能由亚稳状态向稳定状态转变，从而引起一系列的组织和性能变化，如图6-6所示。

冷塑性加工金属的组织和性能在加热时逐渐发生变化的过程，随保温时间的延长或温度的升高，可分为回复、再结晶和晶粒长大三个阶段。这三者又往往重叠交织在一起。

（1）显微组织的变化 将塑性变形后的金属材料加热到 $0.5T_m$ 温度附近，进行保温，随着时间的延长，金属的组织将发生一系列的变化，这种变化可以分为三个阶段：第一阶段内从显微组织上几乎看不出任何变化，晶粒仍保持伸长的纤维状，称之为回复阶段；第二阶段，在变形的晶粒内部开始出现新的小晶粒，随着时间的延长，新晶粒不断出现并长大，这个过程一直进行到塑性变形后的纤维状晶粒完全改组为新的等轴晶粒为止，称之为再结晶阶段；第三阶段，新的晶粒逐步相互吞并而长大，长大到一个较为稳定的尺寸，称之为晶粒长大阶段。若将保温时间确定不变，而使加热温度由低温逐步升高时，也可以得到相似的三个阶段。

（2）力学性能的变化 从图 6-6 可以看出，在回复阶段，强度值略有下降，但数值变化很小，而塑性有所提高。在再结晶阶段，硬度与强度均显著下降，塑性大大提高。如前所述，金属因塑性变形所引起的硬度和强度的增大与位错密度的增大有关。由此可知，在回复阶段，位错密度的减小有限，只有在再结晶阶段，位错密度才会显著下降。

（3）储存能及内应力的变化 在加热过程中，由于原子具备了足够的活动能力，偏离平衡位置大、能量较高的原子，将向能量较低的平衡位置偏移，使内应力得以松弛，储存能也将逐渐释放出来。根据材料种类的不同，储存能释放曲线有图 6-7 所示的 1、2、3 三种形式，其中 1 代表纯金属，2、3 分别代表不纯金属和合金。它们的共同特点是每一曲线都出现一个高峰，高峰出现的地方（如图中箭头所示）对应于第一批再结晶晶粒出现的温度。在此温度之前，只发生回复，不发生再结晶。在回复阶段，大部分甚至全部第一类内应力可以得以消除，第二类或第三类内应力只能消除一部分，经再结晶之后，因塑性变形而造成的内应力可以完全被消除（见图 6-6）。

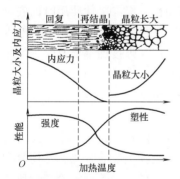

图 6-6 冷塑性加工金属在加热过程中的变化

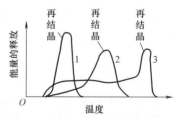

图 6-7 退火过程中能量的释放

（4）其他性能的变化 与力学性能的变化不同，电阻在回复阶段发生了较显著的变化，随着加热温度的升高，电阻不断下降。金属的电阻与晶体中的点缺陷的密度相关，点缺陷所引起的晶格畸变会使电子产生散射，提高电阻率，它的散射作用比位错所引起的更为强烈。由此可知，在回复阶段，冷塑性加工金属中的点缺陷密度将有明显的降低。此外，点缺陷密度的降低，还将使金属的密度不断增大，应力腐蚀倾向显著减小。

（5）亚晶粒尺寸 在回复阶段的前期，亚晶粒尺寸变化不大，但在后期，尤其在接近再结晶温度时，亚晶粒尺寸显著增大。

2. 回复

（1）退火温度和时间对回复过程的影响 回复是指冷塑性加工的金属在加热时，在光学显微组织发生改变前（即在再结晶晶粒形成前）所产生的某些亚结构和性能的变化过程。

通常指冷塑性加工金属在退火处理时，其组织和性能变化的早期阶段。

回复的程度是温度和时间的函数。温度越高，回复的程度越大。当温度一定时，回复的程度随时间的延长而逐渐增大。回复过程是原子的迁移扩散过程，其结果导致金属内部缺陷数量的减少和储存能下降。实验表明，纯金属和合金在回复时储存能的释放程度不同（图6-7），纯金属的储存能释放得很少，而合金的储存能释放得较多，尤其是曲线3，释放的储存能大约占整体储存能的70%，从而使以后再结晶的驱动力大大降低。这说明，杂质原子和合金元素能够显著推迟金属的再结晶过程。

（2）回复机制　一般认为，回复是空位和位错在退火过程中发生运动，从而改变了它们的数量和组态的过程。通过空位的运动和位错的滑移和攀移，使空位密度和位错密度下降。所谓攀移是指刃型位错沿垂直于滑移面的方向运动，如图6-8所示，攀移相当于额外半原

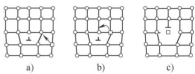

图6-8　刃型位错的攀移示意图

子平面的扩张或收缩，通常要依靠原子的扩散过程才能实现，因此比滑移要困难得多，只有在较高的温度下，原子的扩散能力足够大时，攀移才易于进行。

（3）亚结构的变化　金属材料经多滑移变形后形成胞状亚结构，胞内位错密度较低，胞壁处集中有缠结位错，位错密度很高。经回复退火后，空位密度和位错密度下降，亚晶粒通过亚晶界的迁移而逐渐长大。回复温度越低，变形程度越大，则回复后的亚晶粒尺寸越小。

（4）回复退火的应用　回复退火在工程上称为去应力退火，使冷塑性加工的金属件在基本保持加工硬化状态的条件下降低其内应力（主要是第一类内应力），减轻工件的翘曲和变形，降低电阻率，提高材料的耐蚀性并改善其塑性和韧性，提高工件使用时的安全性。例如，用冷拉钢丝卷制弹簧，在卷成之后，要在250~300℃进行去应力退火，以降低内应力并使之定形，而硬度和强度则基本保持不变。此外，对于铸件和焊接件都要及时进行去应力退火，以防其变形和开裂。对于精密零件，如机床厂制造机床丝杠时，在每次车削加工之后，都要进行去应力退火处理，以防止变形和翘曲，保持尺寸精度。

3. 再结晶

（1）再结晶过程　冷变形后的金属加热到一定温度或保温足够时间后，在原来的变形组织中产生了无畸变的新晶粒，位错密度显著降低，性能也发生显著变化，并恢复到冷变形前的水平，这个过程称为再结晶。再结晶的驱动力同回复一样，也是预先冷变形所产生的储存能的降低。随着储存能的释放，新的无畸变的等轴晶粒的形成及长大，使之在热力学上变得更为稳定。再结晶与同素异构转变（又称重结晶）相比，都经历了形核与长大两个阶段；但两者也有根本区别，再结晶前后各晶粒的晶格类型不变，成分不变，而同素异构转变则发生了晶格类型的变化。

图6-9所示为再结晶过程中新晶粒的形核和长大过程示意图，影线部分代表塑性变形基体，白色部分代表无畸变的新晶粒。从图中可以看出，再结晶并不是一个简单地恢复到变形前组织的过程，两者的晶粒大小并不一定相同，这就启示人们掌握再结晶过程的规律，以便使组织向着更有利的方向变化，从而达到改善性能的目的。

（2）再结晶温度及其影响因素　再结晶晶核的形成与长大都需要原子的扩散，因此必须将冷变形金属加热到一定温度之上，足以激活原子，使其能进行迁移时，再结晶过程才能进行。通常把再结晶温度定义为：经过严重冷变形（变形程度在70%以上）的金属，在约

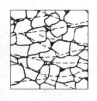

图6-9　再结晶过程示意图

1h的保温时间内能够完成再结晶（>95%转变量）的最低加热温度。但是，应当指出，再结晶温度并不是一个物理常数，这是因为再结晶前后的晶格类型不变，化学成分不变，所以再结晶不是相变，没有一个恒定的转变温度，而是随条件的不同，可以在一个较宽的范围内变化。大量试验结果统计表明，金属的最低再结晶温度与熔点之间存在以下经验关系：

$$T_{再} \approx \delta T_{m}$$

式中　$T_{再}$、T_{m}——金属的最低再结晶温度和熔点，均以热力学温度表示；

　　　　δ——系数，对于工业纯金属来说，$\delta = 0.35 \sim 0.4$，对于高纯金属，$\delta = 0.25 \sim 0.35$，甚至更低。

应当指出，为了消除冷塑性加工金属的加工硬化现象，再结晶退火温度通常要比其最低再结晶温度高出100~200℃。

影响再结晶温度的因素很多，具体如下。

1）变形量：变形量越大，金属中的储存能越多，再结晶的驱动力越大，金属的再结晶温度越低，但当变形量增加到一定数值后，再结晶温度趋于一个稳定值；当变形量小于一定程度（约30%~40%）时，再结晶温度将趋向于金属的熔点，即不会有再结晶的发生。

2）金属的纯度：金属的纯度越高，则其再结晶温度越低。这是因为杂质和合金元素溶入基体后，趋向于位错、晶界处偏聚，阻碍位错的运动和晶界的迁移，同时杂质及合金元素还阻碍原子的扩散，因此显著提高再结晶温度。

3）原始晶粒度：冷塑性加工金属的晶粒越细小，其再结晶温度越低。这是由于冷塑性加工金属的晶粒越细小，单位体积内晶界总面积越大，位错在晶界附近塞积，导致晶格强烈扭曲的区域也越多，提供了较多的再结晶形核场所。

4）加热速度和保温时间：若加热速度十分缓慢，则变形金属在加热过程中有足够的时间进行回复，使储存能减少，减少了再结晶的驱动力，导致再结晶温度升高。但太快的加热速度也会使再结晶温度升高。其原因在于再结晶的形核和长大都需要时间，若加热速度太快，将来不及进行形核及长大，所以推迟到更高的温度下才会发生再结晶。在一定温度范围内增加退火保温时间，有利于新的再结晶晶粒的形核和长大，可降低再结晶温度。

（3）再结晶晶粒大小的控制　变形金属经再结晶退火后，力学性能发生了重大变化，强度、硬度降低，塑性、韧性增大。但这并不意味着与变形前的金属完全相同，其核心问题是再结晶后的晶粒大小如何。

再结晶后的晶粒大小决定于晶粒长大线速度（G）与形核率（N）的比值，要细化晶粒，就必须使G/N比值减小。因此，控制影响N和G的各种因素即可达到细化再结晶晶粒的目的。控制再结晶晶粒大小具有重要的实际意义，下面分别讨论其影响因素。

1）变形量。变形量对金属再结晶晶粒大小的影响如图6-10所示。由图可见，当变形量很小时（曲线的ab段），金属材料的晶粒仍保持原状，这是由于变形量小，畸变能很小，不足以引起再结晶，所以晶粒大小没有变化。当变形量达到某一数值（一般金属均在2%~10%范围内，图6-10中b点）时，再结晶后的晶粒变得特别粗大。这是由于此时的变形量不大，G/N比值很大，因此得到特别粗大的晶粒。通常把对应于得到特别粗大晶粒的变形程度称为临界变形量。当变形量超过临界变形量后（曲线的bc段），则变形量越大，晶粒越细小。这是由于变形量增大，储存能增加，从而导致N和G同时增大，但是由于N的增大率大于G的增加率，所以G/N比值减小，使再结晶后的晶粒变细。当变形量达到一定程度（大于90%，曲线的cd段）后，再结晶晶粒大小基本保持不变。然而对于某些金属与合金，当变形量相当大时，再结晶晶粒又会出现重新粗化的现象，这是由于二次再结晶（见晶粒长大部分）造成的，这种现象只在特殊条件下产生，不是普遍现象。

粗大的晶粒对金属的力学性能十分不利，故在压力加工时，应当避免在临界变形量范围内进行加工，以免再结晶后产生粗晶。此外，在锻造零件时，如锻造工艺或锻模设计不当，局部区域的变形量可能在临界变形量范围内，则退火后造成局部的粗晶区，使零件工作时在这些部位破坏。有时为了某种目的，可以利用这种现象，制取粗晶粒甚至单晶。

2）退火温度和保温时间。如图6-11所示，提高再结晶退火温度，不仅可使再结晶后的晶粒长大，而且还减小临界变形程度的具体值。保温时间延长，晶粒长大，但当晶粒长大到一定极限尺寸后，即使延长保温时间，晶粒也不再长大。要想使晶粒长大，必须继续提高加热温度。

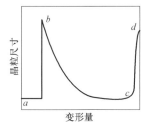

图6-10　金属冷变形程度对再结晶晶粒大小的影响

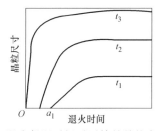

图6-11　退火保温时间对再结晶晶粒大小的影响

Oa_1—孕育期（t_1温度时），$t_3>t_2>t_1$

3）加热速度。加热速度提高。再结晶后的晶粒变细。提高加热速度细化再结晶晶粒的主要原因是消除了回复过程的影响。加热速度越慢，回复进行得就越充分。回复消除了部分的点阵畸变和加工硬化，使系统的能量降低，使再结晶形核困难。因此，加热速度提高，会使晶粒细小。此外，快速加热能减小阻止晶粒长大的一些物质（如第二相，夹杂等）的溶解过程，使晶粒长大趋势减弱。

4）原始晶粒尺寸。当变形程度一定时，材料的原始晶粒度越细，则再结晶后的晶粒也越细。这是由于细晶粒金属存在着较多的晶界，而晶界又往往是再结晶形核的有利区域，所以原始细晶粒金属经再结晶退火后仍会得到细晶粒组织。

5）合金元素及杂质。溶于基体中的合金元素及杂质，一方面增加变形金属的储存能，另一方面阻碍晶界的运动，一般都起到细化晶粒的作用。

4. 晶粒长大

再结晶阶段刚结束时，得到的是无畸变的等轴的再结晶初始晶粒。随着加热温度的升高或保温时间的延长，晶粒之间就会互相吞并而长大，这一现象称为晶粒长大或聚合再结晶。根据再结晶后晶粒长大过程的特征，可将晶粒长大分为两种情况：一种是随温度的升高或保温时间的延长晶粒均匀连续地长大，称为正常长大；另一种是晶粒不均匀不连续地长大，称为反常长大或二次再结晶。

（1）晶粒的正常长大 再结晶刚刚完成时，一般得到的是细小的等轴晶粒，当温度继续升高或进一步延长保温时间时，晶粒仍然可以继续长大，其中某些晶粒缩小甚至消失，另一些晶粒则继续长大。晶粒长大是通过晶界迁移来实现的，所有影响晶界迁移的因素都会影响晶粒长大。这些主要因素有：

1）温度。晶界迁移的过程就是原子的扩散过程，所以温度越高，晶粒长大速度就越快。通常在一定温度下，晶粒长大到一定尺寸后就不再长大，但升高温度后晶粒又会继续长大。

2）杂质及合金元素。杂质及合金元素溶入基体后都能阻碍晶界运动，特别是晶界偏聚现象显著的元素，其作用更大。一般认为被吸附在晶界的溶质原子会降低晶界的界面能，从而降低了界面移动的驱动力，使晶界不易移动。

3）第二相质点。第二相质点越细小，数量越多，则阻碍晶粒长大的能力越强，晶粒越细小。工业上利用第二相质点控制晶粒大小的实例很多。例如，电灯泡钨丝中加入适量的钍，形成弥散分布的 ThO_2 质点，可阻止钨丝晶粒在高温时不断长大，就可以显著提高灯泡的寿命；在钢中加入少量的 Al、Ti、V、Nb 等元素，形成适当体积分数和尺寸的 AlN、TiN、VC、NbC 等第二相质点，就能有效的阻碍高温下钢的晶粒长大，使钢在焊接、热处理后仍具有较细小的晶粒，以保证良好的力学性能。

（2）晶粒的反常长大 某些金属材料经过严重冷变形后，在较高温度下退火时，会出现反常的晶粒长大现象，即少数晶粒具有特别大的长大能力，逐步吞食掉周围的大量小晶粒，其尺寸超过原始晶粒的几十倍或者上百倍，比临界变形后形成的再结晶晶粒还要粗大得多，这个过程称为二次再结晶。前面所讨论的再结晶可以称为一次再结晶，用以区别。

二次再结晶并非重新形核和长大的过程，它是以一次再结晶后的某些特殊晶粒为基础而长大的，因此，严格说来它是在特殊条件下的晶粒长大过程，并非再结晶。二次再结晶的重要特点是：在一次再结晶完成之后，再继续保温或提高加热温度时，绝大多数晶粒长大速度很慢，只有少数晶粒长大得异常迅速，以致到后来造成晶粒大小越来越悬殊，从而就更加有利于大晶粒吞食周围的小晶粒，直至这些迅速长大的晶粒相互接触为止。在一般情况下，这种异常粗大的晶粒只是在金属材料的局部区域出现，这就使金属材料具有明显不均匀的晶粒尺寸，对性能产生不利的影响。图 6-12 为 $w_{si}=3\%$ 的 Fe-Si 合金箔材于 1200℃ 退火后的组织。

二次再结晶导致材料晶粒粗大，降低材料的强度、塑性和韧性，尤其是当晶粒很不均匀时，对产品的性能非常有害，在零件服役时，往往在粗大晶粒处产生裂纹，导致零件

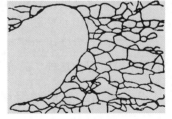

图 6-12 Fe-Si 合金箔材退火时产生的二次再结晶组织

的破坏。此外，粗大的晶粒还会提高材料冷变形后的表面粗糙度值。因此，在制定材料的再结晶退火工艺时，一般应避免发生二次再结晶。但在某些情况下，例如在硅钢片的生产中，反而可以利用二次再结晶，使其沿某些方向具有最佳的导磁性。

5. 再结晶退火后的组织

再结晶退火是将冷变形金属加热到规定温度，并保温一定时间，然后缓慢冷却到室温的

一种热处理工艺。其目的是降低硬度，提高塑性，恢复并改善材料的性能。再结晶退火对于冷塑性加工十分重要。在冷塑性加工时因塑性变形而产生加工硬化，给进一步的冷变形造成困难。因此，为了降低硬度，提高塑性，再结晶退火成为冷塑性加工工艺中间不可缺少的工序。对于没有同素异构转变的金属（如铝、铜等）来说，采用冷塑性加工和再结晶退火的方法是获得细小晶粒的一个重要手段。

（1）再结晶图 在再结晶退火过程中，有回复、再结晶和晶粒长大三个阶段，但对于金属材料整体来说，这是相互交织在一起的。因此，在控制再结晶退火后的晶粒大小时，影响再结晶温度、再结晶晶粒大小及晶粒长大的诸因素都必须全面地予以考虑。对于给定的金属材料来说，在这些影响因素中，变形程度和退火温度对再结晶退火后的晶粒大小影响最大。一般来说，变形量越大，晶粒越细；而退火温度越高，晶粒越粗大。通常将晶粒大小、变形量和退火温度之间的关系，绘制成立体图形，称为"再结晶图"，它可以用作制定生产工艺、控制冷塑性加工金属退火后的晶粒大小的依据。图 6-13 所示为工业纯铝的再结晶图，从图中可以看出，工业纯铝有两个粗大晶粒区，一个是在临界变形量下，经高温退火后出现的；另一个是经强烈冷变形后，在再结晶退火时发生二

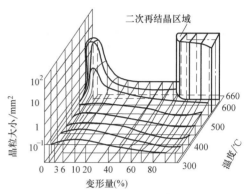

图 6-13 工业纯铝的再结晶图

次再结晶而出现的。对于一般结构材料来说，除非特殊要求，都必须避开这些粗晶区域。

（2）再结晶织构和退火孪晶 金属再结晶退火后所形成的织构称为再结晶织构。金属经大量冷变形之后会形成形变织构，具有形变织构的金属经再结晶退火后，可能将形变织构保留下来，或出现新织构，也可能将织构消除。

再结晶时形成的织构称为再结晶织构。变形量越大，退火温度越高，所产生的织构越显著。再结晶织构的形成有时是不利的。如经冲压的铜板，如果存在这种织构，则在加工过程中会出现制耳。避免形成再结晶织构的方法是往铜中加入少许杂质，或者采用适当的变形量，较低的退火温度，较短的保温时间，或者采用两次变形、两次退火处理，上述措施都能够避免再结晶织构的形成。对于一些磁性材料，则希望获得一定的织构。

某些面心立方结构的金属及合金，如铜及铜合金、奥氏体不锈钢等经再结晶退火后，经常出现孪晶组织，这种孪晶称为退火孪晶或者再结晶孪晶。

6.2.3 热加工变形对组织和性能的影响

在工业生产中，热塑性加工通常是指将金属材料加热至高温进行锻造、热轧等塑性加工过程，除了一些铸件和烧结件之外，几乎所有的金属都要进行热塑性加工，其中一部分成为成品，在热塑性加工状态下使用；另一部分为中间制品，尚需进一步加工。无论是成品还是中间制品，它们的性能都受热塑性加工过程所形成组织的影响。

从金属学的角度看，所谓热塑性加工是指在再结晶温度以上的塑性加工过程，在再结晶温度以下的塑性加工过程称为冷塑性加工。例如：铅、锡的再结晶温度低于室温，因此，在室温下对铅、锡进行塑性加工属于热塑性加工。钨的再结晶温度约为 1200℃，因此，即使

在 1000℃拉制钨丝也属于冷塑性加工。

1. 金属热塑性加工的特点

在一定的条件，金属热塑性加工与冷塑性加工相比，具有一系列的优点。

1）塑性升高，变形抗力低，产生断裂的倾向性减少，可采用较大的变形量，变形达到需要尺寸时，所消耗的能量减少。

2）不易产生织构，这是因为在高温下产生滑移的系统较多，使滑移面和滑移方向不断发生变化。因此，在热加工时，就不易在金属内产生择优取向或方向性。

3）变形量大，且不需要像冷塑性加工一样要辅以中间退火，所以生产周期短，生产率高。

4）可使室温下不能塑性加工的金属（如钛、镁、钼及镍基合金等）进行塑性加工。

5）作为开坯，可以改善粗大的铸造组织，使疏松和微小裂纹愈合。

6）组织与性能可以通过不同热塑性加工温度、变形程度、变形速度、冷却速度和道次间隙时间等加以控制。

虽然热塑性加工具有上述的优点，使之在生产实践中得到广泛的应用，但它仍然存在许多不足之处。

1）需要加热，不如冷塑性加工简单易行。

2）热塑性加工制品的组织和性能不如冷塑性加工均匀和易于控制。

3）热塑性加工制品不如冷塑性加工制品尺寸精确，表面光洁。

4）对细或薄的加工制品，由于温降快，尺寸精度差，因此不宜采用热塑性加工，一般仍然采用冷塑性加工（如冷轧、冷拔等）的方法。

5）强度不高，热塑性加工时，由于温度高的原因，对金属起到软化的作用。

6）金属的消耗较大，加热时由于表面的氧化而有约 1%~3% 的金属烧损，在加工过程中也有氧化皮的脱落以及由于缺陷造成切损增多等，使金属的收得率降低。

7）对含有低熔点元素的合金不宜加工，例如一般的碳素钢（其中含有较多的 FeS）或有 Bi 的铜进行热塑性加工时，由于在晶界上有这些杂质所组成的低熔点共晶体发生熔化，使晶间的结合遭到破坏而引起金属的断裂。

2. 热塑性加工后的组织与性能

（1）改善铸锭组织 金属材料在高温下的变形抗力低、塑性好，因此热塑性加工时容易变形，变形量大，可使一些在室温下不能进行压力加工的金属材料（如钛、镁、钨、钼等）在高温下可以进行加工。通过热塑性加工，使铸锭中的组织缺陷得到明显的改善，如气泡焊合、缩松压实，使金属材料的致密度提高。铸态时粗大的柱状晶通过热塑性加工后一般都能变细，某些合金钢中的大块碳化物初晶可被打碎，并均匀分布。由于在温度和压力作用下扩散速度加快，扩散距离减小，因而偏析可部分地消除，使成分比较均匀。这些变化都使金属材料的力学性能有明显提高。

（2）纤维组织 在热塑性加工过程中，铸锭中的粗大枝晶和各种夹杂物都要沿变形方向伸长，这样就使枝晶间富集的杂质和非金属夹杂物的走向逐步与变形方向一致，一些脆性杂质如氧化物、碳化物、氮化物等破碎成链状，塑性的夹杂物如 MnS 等则变成带状、线状或片层状，在宏观式样上沿着变形方向变成一条条细线，这就是热塑性加工钢中的流线。由一条条流线勾画出来的组织，叫作纤维组织。纤维组织的出现，将使钢的力学性能呈现各向异性。沿着流线的方向具有较高的力学性能，垂直于流线方向的性能则较低，特别是塑性和韧性表现更为明显。疲劳性能、耐腐蚀性能、机械加工性能和线膨胀系数等，均有显著的差别。为此，在制定工件的热塑性加工工艺时，必须合理控制流线的分布状态，尽量使流线与应力方向一致。对所受应力状态比较简单的零件，如曲轴，吊钩、扭力轴、齿轮、叶片等，尽量使流线分布形态与零件的几何外形一致。对于在腐蚀介质中工作的零件，不应使流线在零件表面露头。如果零件的尺寸精度要求很高，在配合表面有流线露头时，将影响机械加工时的表面粗糙度和尺寸精度。近年来，我国广泛采用"全纤维锻造工艺"生产高速曲轴，流线与曲轴外形完全一致，其疲劳性能比机械加工的高30%以上。

（3）带状组织　复相合金中的各个相，在热塑性加工时沿着变形方向交替地呈带状分布，这种组织称为带状组织。在经过压延的金属材料中经常出现这种组织，但不同材料中产生带状组织的原因不完全一样。一个原因是在铸锭中存在着偏析和夹杂物，压延时偏析区和夹杂物沿变形区伸长成条带状分布，冷却时即形成带状组织。例如在含磷偏高的亚共析钢内，铸态时树枝晶间富磷贫碳，即使经过热塑性加工也难以消除，它们沿着金属变形方向被延伸拉长，当奥氏体冷却到析出先共析铁素体的温度时，先共析铁素体就在这种富磷贫碳的区域形核并长大，形成铁素体带，而铁素体两侧的富碳区则随后转变成珠光体带。若夹杂物被加工拉成带状，先共析铁素体通常依附于它们之上而析出，也会形成带状组织。形成带状组织的另一个原因，是材料在压延时呈现两种组织，例如碳的质量分数偏下限的12Cr13钢，在热塑性加工时由奥氏体和碳化物组成，压延后奥氏体和碳化物都延长成带，奥氏体经共析转变后形成珠光体。又如Cr12钢，在热塑性加工时由奥氏体和碳化物组成，压延后碳化物呈带状分布。

带状组织使金属材料的力学性能产生方向性，特别是横向塑性和韧性明显降低，并使材料的切削性能恶化。对于在高温下能获得单相组织的材料，带状组织有时可用正火来消除，但严重的磷偏析引起的带状组织很难消除，需用高温均匀化退火及随后的正火来改善。

（4）魏氏组织　$w_C < 0.6\%$的亚共析钢和$w_C > 1.2\%$的过共析钢在热轧、锻造后的空冷，或者当加热温度过高并以较快速度冷却时，先共析铁素体或先共析渗碳体从奥氏体晶界沿奥氏体一定晶面向晶内生长并呈针片状析出。在金相显微镜下可以观察到从奥氏体晶界生长出来的近于平行的或其他规则排列的针状铁素体或渗碳体加珠光体组织。这种组织称为魏氏组织（图6-14）。图6-14a称为铁素体魏氏组织，图6-14b称为渗碳体魏氏组织。

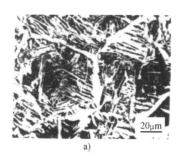
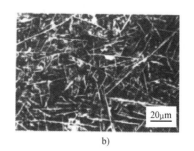

a)　　　　　　　　　　　　　b)

图6-14　魏氏组织

a) 铁素体魏氏组织　b) 渗碳体魏氏组织

魏氏组织是钢的一种过热缺陷组织，使钢的力学性能，特别是冲击韧度和塑性有显著降低，并提高钢的脆性转折温度，使钢容易发生脆性断裂。当钢或铸钢中出现魏氏组织降低其力学性能时，首先应当考虑是否由于加热温度过高，使奥氏体晶粒粗化造成的。对易于出现魏氏组织的钢材，可以通过控制轧制、降低终锻温度、控制锻（轧）后的冷却速度或者改变热处理工艺，例如通过细化晶粒的调质、正火、退火、等温淬火等工艺来防止或消除魏氏组织。

（5）出现网状碳化物　过共析钢经热加工后，在冷变形过程中，沿奥氏体晶粒边界析出呈连续或断续分布的先共析碳化物呈网状分布，会大大削弱晶粒间的结合力，使钢脆性增大，强度和塑性下降。为防止出现网状碳化物，加工终了温度控制在 $A_{cm} \sim A_1$ 之间，改变碳化析出情况，同时获得细小的奥氏体晶粒，或热塑性加工后用正火来减少或消除之。

（6）晶粒大小的控制　正常的热塑性加工可使晶粒细化，但是晶粒能否细化取决于变形量、加工温度尤其是终锻（轧）温度及锻（轧）后冷却等因素。一般认为，增大变形量，有利于获得细晶粒，当铸锭的晶粒十分粗大时，只有足够大的变形量才能使晶粒细化。应特别注意，不要在临界变形范围内加工。变形量不均匀，则热塑性加工后晶粒大小往往也不均匀。当变形量很大（大于90%），且变形温度很高时，易于引起二次再结晶，得到异常粗大的晶粒组织。终锻（轧）温度如果超过再结晶温度过多，且锻（轧）后冷却速度过慢，会造成晶粒粗大。终锻（轧）温度如果过低，又会造成加工硬化及残余应力。因此，对于无相变的合金或者加工后不再进行热处理的钢件，应对热塑性加工过程，特别是终锻（轧）温度、变形量及加工后的冷却等因素严格进行控制，以获得细小均匀的晶粒，提高材料的性能。

（7）热塑性加工的工艺塑性和变形抗力　一般情况，工艺塑性随变形温度的升高和变形速度的降低而提高，变形抗力则与此相反。动态回复能力较强的金属变形抗力低，晶间变形协调性好，具有较好的工艺塑性；相反，动态回复能力较弱的金属变形抗力高，晶间变形协调性差，易产生裂纹，则要通过动态软化过程来阻止裂纹扩展，甚至使裂纹愈合，使工艺塑性得到极大的改善，使变形抗力降低。

【知识拓展】　热塑性加工软化过程

只要有塑性变形，就会产生加工硬化现象，而只要有加工硬化，在退火时就会发生回复和再结晶。由于热塑性加工是在再结晶温度以上的塑性变形过程，所以因塑性变形引起的硬化过程和回复、再结晶过程引起的软化过程几乎同时存在。因此，热塑性加工与冷塑性加工的主要区别在于：金属在热塑性加工时，硬化（加工硬化）和软化（回复和再结晶）两种对抗过程同时出现，由于软化作用可以抵消甚至超过硬化作用，故一般无加工硬化效应。而冷塑性加工则与此相反，有明显的加工硬化效应。

热塑性加工中的软化过程比较复杂，按其性质分为以下两种：一是边加工边发生的回复和再结晶，称为动态回复和动态再结晶；二是变形中断或终止后的保温过程中，或者是在随后的冷却过程中所发生的亚动态再结晶、静态回复与静态再结晶。

图6-15示出金属材料在热轧和热挤压过程中发生的软化过程。图6-15a表示高层错能金属（如铝、α-Fe、低碳钢，这些金属扩散位错窄，位错易发生交滑移、攀移，所以易实现

回复）在热轧时，由于变形程度小（50%，没有达到动态再结晶的临界变形量），轧制时只发生动态回复，轧制后发生静态回复；图6-15b表示低层错能金属（如铜、奥氏体不锈钢）在热轧时，由于变形量小（50%），轧制时只发生动态回复，轧制后发生静态回复和静态再结晶；图6-15c表示高层错能金属在热挤压时，由于变形程度大（99%），挤压中发生动态回复，出模孔后发生静态回复和静态再结晶；图6-15d表示低层错能金属在热挤压时，由于变形量大（99%），挤压中发生动态回复和动态再结晶，出模孔后发生静态回复、静态再结晶和亚动态再结晶。

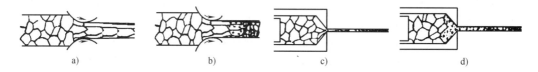

图6-15　金属材料在热轧和热挤压时的软化过程

a）热轧：动态回复+静态回复　b）热轧：动态回复+静态回复、再结晶　c）热挤压：动态回复+静态回复、再结晶　d）热挤压：动态回复、再结晶+静态回复、再结晶和亚动态再结晶

1. 热塑性加工中的软化过程——动态回复与动态再结晶

金属材料热塑性加工后的组织与性能受热塑性加工适当硬化过程和软化过程的影响，而这个过程又受变形温度、应变速率、变形程度以及金属本身的性质的影响。例如，当变形温度大而加热温度低时，由变形引起的硬化过程占优势，随着加工过程的进行，金属的强度和硬度上升而塑性逐渐下降，金属内部的晶格畸变得不到完全恢复，变形阻力越来越大，甚至会使金属断裂。反之，当金属变形程度较小而变形温度较高时，由于再结晶和晶粒长大占优势，金属的晶粒会越来越粗大，这时虽然不会引起金属断裂，也会使金属的性能恶化。可见，了解动态回复和动态再结晶的规律，对于控制热塑性加工时的组织与性能具有重要意义。

（1）动态回复　热塑性加工的真应力-真应变曲线有两类，其中的一种如图6-16所示，高层错能金属中铝及铝合金、工业纯铁、铁素体钢、镁、锌等材料均属于这一类。从图中可以看出，它与冷塑性加工时的真应力-真应变曲线显著不同，变形开始时，应力先随应变增大，但增加率越来越小，继而材料开始均匀塑性变形，并产生加工硬化，最后曲线转为水平，加工硬化率为零，达到稳定态，在应力 σ_1 的作用下，可以实现持续变形。相应地，金属内部的显微组织也在发生变化。变形开始时，位错密度由退火状态的

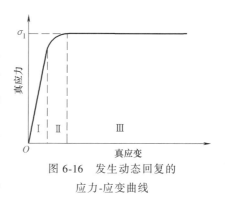

图6-16　发生动态回复的应力-应变曲线

$10^{10} \sim 10^{11} \mathrm{m}^{-2}$ 增加到 $10^{11} \sim 10^{12} \mathrm{m}^{-2}$；均匀流变时，位错密度继续增大，此时出现位错缠结，形成胞状亚结构。由于位错密度的增大，导致了回复过程的发生，位错消失率也在不断增大，达到稳定状态时，位错的增值率与消失率相等。此时的位错主要集中在胞壁上，形成亚晶，尽管晶粒的形状随材料的外形的改变而改变，但亚晶始终保持着等轴状，即使形变量很大也是如此。这类材料在加热过程中只发生动态回复，没有发生动态再结晶。热塑性加工过

程中发生的回复是通过位错的攀移、交滑移和位错从结点脱钉来实现的。由于这类金属层错能高，扩展位错窄，位错容易发生攀移、交滑移和从位错网中解脱出来，从而使异号位错相互抵消，使亚晶组织的位错密度降低，使储存能下降，不足以发生动态再结晶，所以只能发生动态回复。而溶质原子通常降低层错能，因而会阻碍动态回复，增加动态再结晶的可能性。

亚晶尺寸的大小与变形温度和应变速率有关，变形温度越低，应变速率越大，则形成的亚晶尺寸越小，材料的强度越高，这种强化方式称为亚晶强化。因此，通过调整变形温度和应变速率，可以控制亚晶的大小。动态回复的组织的强度要比再结晶组织的强度高得多。在热塑性加工终止后，迅速冷却，将动态回复组织保存下来已成功用于提高建筑用铝镁合金挤压型材的强度。但是，如果加工停止，在保温或随后的缓慢冷却过程中则会发生静态再结晶。

（2）动态再结晶 热塑性加工的另一类真应力-真应变曲线如图6-17所示，表明材料在热塑性加工过程中发生了动态再结晶，低层错能金属如铜及铜合金、镍基镍合金、γ-Fe、奥氏体钢、金、银等材料属于这一类。从图可以看出，在高应变速率的情况下，应力随应变不断增大，直至达到峰值后又随应变下降，最后达到稳定态。由此可知，在峰值之前，加工硬化占主导地位，在金属中只发生部分动态再结晶，硬化作用大于软化作用。当应力达到极大值之后，随着动态再结晶的加快，软化作用开始大于硬化作用，于是曲线下降。当由变形造成的硬化与再结晶造成的

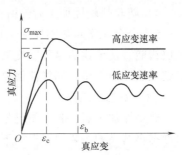

图6-17 发生动态再结晶的
应力-应变曲线

软化达到动态平衡时，曲线进入稳定状态阶段。在低应变速率下，与其对应的稳定态阶段的曲线呈波浪形变化，这是由于反复出现动态再结晶-变形-动态再结晶，即交替进行软化-硬化-软化而造成的。

与再结晶过程相似，动态再结晶也是形核和长大的过程，但是由于在形核和长大的同时还进行着变形，因而使动态再结晶的组织具有一些新的特点：首先，在稳定态的动态再结晶晶粒呈等轴状，但在晶粒内部包含着被位错缠结所分割的亚晶粒，显然这比静态再结晶后晶粒中的位错密度高；其次，动态再结晶时的晶界迁移速度较慢，这是由于边变形、边发生再结晶造成的，因此动态再结晶的晶粒比静态再结晶的晶粒要细些。如果能将动态再结晶的组织迅速冷却下来，就可以获得比冷变形加再结晶退火要高的强度和硬度。

动态再结晶的晶粒越小，变形抗力越高。变形温度越高，应变速度越低，动态再结晶后的晶粒就越大。因此，控制变形温度、变形速度及变形程度就是为了调整热塑性加工材料的晶粒大小和强度。

动态再结晶容易发生在层错能低的金属及合金中，由于它们的扩展位错宽，位错难以发生攀移、交滑移和从位错网中解脱出来而相互抵消，变形开始时形成的亚组织回复得很慢，此时位错密度很高，且亚晶尺寸很小，胞壁有较多的位错缠结，在一定的应力和变形温度条件下，当材料在变形中储存以积累到足够高时，就会导致动态再结晶的发生。动态再结晶的能力除与层错能有关外，还取决于晶界迁移的难易。金属越纯，发生动态再结晶的能力越强。溶质原子虽然减小了回复的可能性，增加了动态再结晶的能力，但溶质原子阻碍晶界迁移，减慢动态再结晶的速度，弥散的第二相粒子也阻止晶界的迁移，阻碍动态再结晶的发生。

2. 热塑性加工后的软化过程

在热塑性加工间断期间，或者热塑性加工完成以后，如果金属仍处于较高的温度，此时金属将会发生以下三种软化过程：静态回复、静态再结晶和亚动态再结晶。

（1）静态回复

金属经热塑性加工以后，形成位错胞状结构，使内能增高，处于热力学不稳定状态。在变形停止以后，若变形程度不超过临界变形量，将会发生静态回复。影响热塑性加工后静态回复的因素有以下几点：

1）变形温度升高，驱动回复的储存能减少，回复速度减慢。

2）变形量增大，储存能增加，回复速度加快。

3）变形速度加快，储存能增加，回复速度加快。

4）随着热塑性加工后停留温度的升高，回复速度加快。

5）合金元素对热塑性加工后的静态回复速度也有很大的影响。固溶合金元素通常能降低层错能，使位错的攀移、交滑移和脱钉困难，阻止了回复的进行。析出物的存在可以起到稳定亚晶界的作用，同样使回复滞后。

（2）静态再结晶

热塑性加工后，若金属仍处于再结晶温度以上，则将发生静态再结晶。影响热塑性加工后静态再结晶的主要因素有以下几点：

1）变形温度升高，开始再结晶的温度升高。

2）变形量增大，开始再结晶的温度降低。

3）变形速度加快，会缩短再结晶的孕育期，并加快其后的再结晶速度。

4）合金元素和杂质原子对晶界迁移具有阻碍作用，能延迟再结晶的时间，细化晶粒。

静态再结晶后的新晶粒，释放了旧晶粒全部储存能，使金属强度大幅度下降。回复能力强的高层错能金属，静态再结晶进行得较慢，容易被热塑性加工后的冷却所控制。回复能力较弱的低层错能金属，则会很快地发生静态再结晶。

（3）亚动态再结晶

在热塑性加工过程中，已经形成但尚未长大的动态再结晶晶核，以及长大到中途的再结晶晶粒被遗留下来。变形停止后，当变形温度足够高时，这些晶核和晶粒还会继续长大，引起软化，这种过程称为亚动态再结晶或次动态再结晶。因为这类再结晶不需要一段形核时间，没有孕育期，所以在变形停止后进行得非常迅速，比传统的静态再结晶要快一个数量级。这一点在实际生产中很有用，如果在停止变形以前的材料中已发生了动态再结晶，则必须考虑与亚动态再结晶有关的组织和性能变化。

以上三种软化过程均随热塑性加工的变形程度和变形速度的增大而加快，但变形后的冷却速度却会全部或部分地抑制静态软化过程。

复习思考题

一、名词解释

滑移、孪生、固溶强化、加工硬化、回复、再结晶、晶粒长大、再结晶温度。

二、简答题

1. 什么是滑移与孪生？一般条件下进行塑性变形时，为什么在锌、镁中易出现孪晶？

而在纯铜中易产生滑移带？

2. 试根据纯金属及合金塑性变形的特点，说明有哪些强化金属性能的方式。

3. 用手来回弯折一根铁丝时，开始感觉省劲，后来逐渐感到有些费劲，最后铁丝被弯断。试解释过程演变的原因。

4. 什么是变形金属的回复、再结晶？再结晶晶粒度受哪些因素的影响？

5. 当金属继续冷拔有困难时，可以通过什么热处理解决？为什么？

6. 能否通过再结晶退火来消除粗大的铸造晶粒及组织？为什么？

7. 金属热加工与冷加工的区别？对金属组织和性能有何影响？

模块三

钢的热处理

项目7

钢的热处理原理

知识目标

1) 了解钢在加热时的转变过程。

2) 了解钢在冷却时的转变过程。

3) 掌握钢的热处理工艺（退火、回火、淬火、正火）的特点及应用。

能力目标

根据所学知识可以正确选择常规热处理方法，制度热处理工艺。

引言

钢的热处理是将钢在固态下加热到预定的温度，并在该温度下保持一段时间，然后以一定的速度冷却到室温，改变钢的内部组织结构，并获得所需性能的一种热加工工艺（见图7-1）。通过适当的热处理可以显著提高钢的力学性能，延长机器零件的寿命。恰当的热处理工艺可以消除铸、锻、焊等热加工工艺造成的各种缺陷，

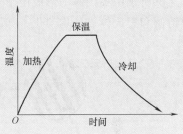

图7-1　热处理工艺曲线示意图

细化晶粒，消除偏析，降低内应力，使钢的组织和性能更加均匀。热处理也是机器零件加工工艺过程中的重要工序。此外，通过热处理还可以使工件表面具有抗磨损、耐腐蚀等特殊物理化学性能。

任务7.1　认识钢在加热时的转变

钢经热处理后性能之所以发生重大的变化，是由于经过不同的加热和冷却过程，钢的组织结构发生了变化。因此，要制订正确的热处理工艺规范，保证热处理质量，必须了解钢在不同加热和冷却条件下的组织变化规律，这就是热处理的原理。

钢为什么可以进行热处理，是不是所有的金属材料都能进行热处理呢？这个问题与合金相图有关。原则上只有在加热或冷却时发生固溶度显著变化或者发生类似纯铁的同素异构转变，即有固态相变发生的合金才能进行热处理。纯金属、某些单相合金等不能用热处理强化，只能采用加工硬化的方法。因为钢具有共析转变这一重要特性，像纯铁具有同素异构转变一样，所以能进行热处理。但是铁碳相图反映的是热力学上近于平衡时铁碳合金的组织状

态与温度及合金成分之间的关系。A_1 线、A_3 线和 A_{cm} 线是钢在缓慢加热和冷却过程中组织转变的临界点。实际上，钢进行热处理时，其组织转变并不按照铁碳相图上所示的平衡温度进行，通常都有不同程度的滞后现象。加热或冷却速度越快，则滞后现象越严重。图 7-2 所示为钢的加热和冷却速度对碳素钢临界温度的影响。通常把加热时的实际临界温度标以字母"c"，如 Ac_1、Ac_3、Ac_{cm}；而把冷却时的实际临界温度标以字母"r"，如 Ar_1、Ar_3、Ar_{cm} 等。

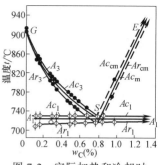

图 7-2　实际加热和冷却时
Fe-Fe$_3$C 相图的临界温度

　　大多数热处理过程，首先必须把钢加热到奥氏体状态，然后以适当的方式冷却以获得所期望的组织和性能。通常把钢加热获得奥氏体的转变过程称为"奥氏体化"。加热时形成奥氏体的化学成分、均匀化程度及晶粒大小以及加热后溶入奥氏体中的碳化物等过剩相的数量和分布状况，直接影响钢在冷却后的组织和性能。因此，研究钢在加热时的组织转变规律，控制加热规范以改变钢在高温下的组织状态，对于充分挖掘钢材性能潜力、保证热处理产品质量具有重要意义。

7.1.1　共析钢奥氏体形成过程

　　共析钢中奥氏体的形成由下列四个基本过程组成：奥氏体形核、奥氏体长大、剩余渗碳体溶解和奥氏体成分均匀化，如图 7-3 所示。

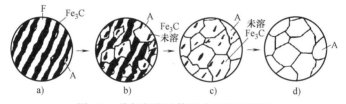

图 7-3　共析钢奥氏体形成过程示意图

1. 奥氏体的形核

　　将钢加热到 Ac_1 以上某一温度保温时，珠光体处于不稳定状态，通常首先在铁素体和渗碳体相界面上形成奥氏体晶核，这是由于铁素体和渗碳体相界面上碳含量分布不均匀，原子排列不规则，易于产生浓度和结构起伏区，为奥氏体形核创造了有利条件。珠光体群边界也可能成为奥氏体的形核部位。

2. 奥氏体的长大

　　奥氏体晶核形成以后即开始长大。奥氏体晶粒长大是通过渗碳体的溶解、碳在奥氏体和铁素体中的扩散和铁素体继续向奥氏体转变而进行的。奥氏体形核后的长大，是新相奥氏体的相界面向着铁素体和渗碳体这两个方向同时推移的过程。通过原子扩散，铁素体晶格先逐渐改组为奥氏体晶格，然后通过渗碳体的连续不断分解和铁原子扩散而使奥氏体晶核不断长大。碳在奥氏体中扩散的同时，碳在铁素体中也进行着扩散。

　　由于铁素体与奥氏体相界面上的浓度差远小于渗碳体与奥氏体相界的浓度差，因而铁素体向奥氏体的转变速度比渗碳体溶解的速度快得多。因此，珠光体中的铁素体总是首先消失。当铁素体全部转变为奥氏体时，可以认为珠光体向奥氏体的转变基本完成，但是仍有部分剩余渗碳体未溶解，此时奥氏体的平均成分低于共析成分，说明奥氏体化过程仍在继续。

3. 剩余渗碳体的溶解

铁素体消失后，在继续保温或继续加热时，随着碳在奥氏体中继续扩散，剩余渗碳体不断向奥氏体中溶解。

4. 奥氏体成分均匀化

当渗碳体刚刚全部溶入奥氏体后，奥氏体内碳含量仍是不均匀的，原来是渗碳体的地方碳含量较高，而原来是铁素体的地方碳含量较低，只有经过长时间的保温或继续加热，让碳原子进行充分的扩散，才能获得成分均匀的奥氏体。

亚共析钢和过共析钢的奥氏体化过程同共析钢基本相同。但是加热温度仅超过 Ac_1 时，只能使原始组织中的珠光体转变为奥氏体，仍保留一部分先共析铁素体或先共析渗碳体。只有当加热温度超过 Ac_3 或 Ac_{cm} 并保温足够时间后，才能获得均匀的单相奥氏体。

7.1.2 影响奥氏体形成速度的因素

奥氏体的形成是通过形核与长大过程进行的，整个过程被原子扩散所控制。因此，凡是影响扩散的一切因素，都会影响奥氏体的形成速度。

1. 加热温度、保温时间和加热速度的影响

图 7-4 所示为共析钢奥氏体的等温形成图，由图可见，在 Ac_1 以上某一温度保温时，奥氏体并不立即出现，而是保温一段时间后才开始形成。这段时间称为孕育期，这是由于形成奥氏体晶核需要原子的扩散，而扩散需要一定的时间。随着温度的升高，原子扩散速率急剧加快，相变驱动力迅速增加，同时奥氏体中碳的浓度梯度显著增大，因此奥氏体的形核率和长大速度大大增高，故转变的孕育期和转变完成所需时间也显著缩短，即奥氏体的形成速度加快。在影响奥氏体形成速度的诸多因素中，温度的作用最为显著。因此，控制奥氏体的形成，温

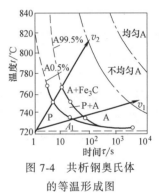

图 7-4 共析钢奥氏体
的等温形成图

度至关重要。但是，从图 7-4 也可以看到，在较低温度下长时间加热和较高温度下短时间加热都可以得到相同的奥氏体状态。因此，在制订加热工艺时，应当全面考虑加热温度和保温时间的影响。

在实际生产中采用连续加热的过程中，奥氏体等温转变的基本规律仍是不变的。图 7-4 所示的不同速度的加热曲线，可以定性地说明钢在连续加热条件下奥氏体形成的基本规律。加热速度越快（如 v_2），孕育期越短，奥氏体开始转变的温度和转变终了的温度越高，转变终了所需要的时间越短。加热速度较低（如 v_1），转变将在较低温度下进行。当加热速度非常缓慢时，珠光体向奥氏体的转变在接近于 A_1 点温度下进行，这更符合 Fe-Fe$_3$C 相图所示平衡转变的情况。但是，与等温转变不同，钢在连续加热时的转变是在一个温度范围内进行的。

2. 原始组织的影响

钢的原始组织为片状珠光体时，铁素体和渗碳体组织越细，它们的相界面越多，则形成奥氏体的晶核越多，晶核长大速度越快，因此可加速奥氏体的形成过程。若预先经球化处理，使原始组织中渗碳体为球状，因铁素体和渗碳体的相界面减少，则将减慢奥氏体的形成

速度。如共析钢的原始组织为淬火马氏体、正火索氏体等非平衡组织时，则等温奥氏体化曲线如图7-5所示。每组曲线的左边一条是转变开始线，右边一条是转变终了线。由图可见，奥氏体化最快的是淬火状态的钢，其次是正火状态的钢，最慢的是球化退火状态的钢。这是因为淬火状态的钢在 A_1 点以上升温过程中已经分解为微细粒状珠光体，组织最弥散，相界面最多，所以转变最快。正火态的细片状珠光体，其相界面也很多，所以转变也快。球化退火态的粒状珠光体，其相界面最少，因此奥氏体化最慢。

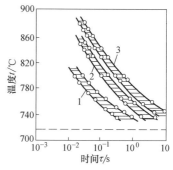

图7-5   不同原始组织共析钢等温奥氏体化曲线
1—淬火态   2—正火态   3—球化退火态

3. 化学成分的影响

（1）碳　钢中的含碳量越高，奥氏体形成速度越快。这是因为钢中的含碳量越高，原始组织中渗碳体数量越多，从而增加了铁素体和渗碳体的相界面，使奥氏体的形核率增大；此外，含碳量增加，又使碳在奥氏体中的扩散速度增大，从而加快了奥氏体长大速度。

（2）合金元素　合金元素主要从以下几个方面影响奥氏体的形成速度。首先是合金元素影响碳在奥氏体中的扩散速度。Co和Ni能提高碳在奥氏体中的扩散速度，加快了奥氏体的形成速度。Si、Al、Mn等元素对碳在奥氏体中扩散能力影响不大。Cr、Mo、W、V等碳化物形成元素显著降低碳在奥氏体中的扩散速度，大大减慢奥氏体的形成速度。其次是合金元素改变了钢的临界点和碳在奥氏体中的固溶度，于是就改变了钢的过热度和碳在奥氏体中的扩散速度，从而影响奥氏体的形成过程。此外，钢中合金元素在铁素体和碳化物中的分布是不均匀的，在平衡组织中，碳化物形成元素集中在碳化物中，而非碳化物形成元素集中在铁素体中。因此，奥氏体形成后，碳和合金元素在奥氏体中的分布都是极不均匀的，所以在合金钢中除了碳的均匀化之外，还有一个合金元素的均匀化过程。在相同条件下，合金元素在奥氏体中的扩散速度远比碳小，因此合金钢的奥氏体均匀化时间要比碳素钢长得多。在制定合金钢的加热工艺时，和碳素钢相比，加热温度要高，保温时间要长。

7.1.3   奥氏体晶粒大小及其影响

钢在加热后形成的奥氏体组织，特别是奥氏体晶粒大小对冷却转变后钢的组织和性能有着重要的影响。一般说来，奥氏体晶粒越细小，钢热处理后的强度越高，塑性越好，冲击韧度越高。但是奥氏体化温度过高或在高温下保持时间过长，将使钢的奥氏体晶粒长大，显著降低钢的冲击韧度，减少裂纹扩展功和提高脆性转变温度。此外，晶粒粗大的钢件，淬火变形和开裂倾向增大。尤其当晶粒大小不均时，还会显著降低钢的结构强度，引起应力集中，易于产生脆性断裂。因此，在热处理过程中应当十分注意防止奥氏体晶粒粗化。为了获得所期望的合适的奥氏体晶粒尺寸，必须弄清奥氏体晶粒度的概念，了解影响奥氏体晶粒大小的各种因素以及控制方法。

1. 奥氏体晶粒度的概念

奥氏体晶粒度是衡量奥氏体晶粒大小的尺度。奥氏体晶粒大小通常以单位面积内晶粒的数目或以每个晶粒的平均面积与平均直径来描述，这样可以建立实际晶粒大小的清晰概念。

要测定这样的数据是很麻烦的，所以实际生产中通常使用晶粒度级别数 G 来表示金属材料的平均晶粒度（GB/T 6394—2017）。晶粒度级别数 G 常通过与标准系列评级图（图7-6）进行比较的方法确定。它与晶粒尺寸有如下关系：

$$N_{100} = 2^{G-1}$$

式中　N——表示放大 100 倍时 645.16mm^2（1in^2）面积内观察到的平均晶粒数。

晶粒度级别数 G 越大，单位面积内晶粒数越多，则晶粒尺寸越小。通常 $G<5$ 级为粗晶粒，$G \geqslant 5$ 级为细晶粒（其中 $G \geqslant 9$ 级为超细晶粒）。晶粒度级别也可以定为半级，例如 2.5 级。

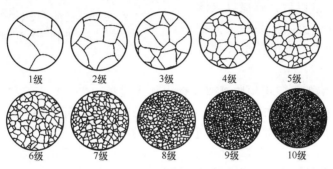

图 7-6　标准晶粒度等级示意图

（此图与标准图的比例为 1∶7）

2. 影响奥氏体晶粒大小的因素

奥氏体晶粒长大基本上是一个奥氏体晶界迁移的过程，其实质是原子在晶界附近的扩散过程。所以一切影响原子扩散迁移的因素都会影响奥氏体晶粒的长大。

（1）加热温度、保温时间和加热速度的影响　加热温度越高，保温时间越长，则奥氏体晶粒越粗大。图 7-7 所示为加热温度和保温时间对奥氏体晶粒长大过程的影响。由图可见，加热温度越高，晶粒长大速度越快，最终晶粒尺寸越大。而在每一加热温度下，都有一个加速长大期，当奥氏体晶粒长大到一定尺寸后再延长时间，晶粒将不再长大而趋于一个稳定尺寸。比较而言，加热温度对奥氏体晶粒长大起主要作用，因此生产上必须严加控制，防止加热温度过高，以避免奥氏体晶粒粗化。

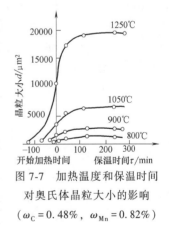

图 7-7　加热温度和保温时间对奥氏体晶粒大小的影响

（$\omega_C = 0.48\%$，$\omega_{Mn} = 0.82\%$）

加热速度越快，过热度越大，奥氏体的实际形成温度越高，形核率越大并大于长大速度，则奥氏体的晶粒越细小（见图7-8）。生产上采用快速加热、短时保温工艺而获得超细晶粒。

（2）原始组织的影响　一般来说，钢的原始组织越细，碳化物弥散度越大，则奥氏体的起始晶粒越细小。和粗珠光体相比，细珠光体总是易于获得细小而均匀的奥氏体晶粒度。在相同的加热条件下，与球状珠光体相比，片状珠光体在加热时奥氏体晶粒易于粗化，因为片状碳化物表面积大，溶解快，奥氏体形成速度也快，奥氏体形成后较早地进入晶粒长大阶段。对于原始组织为非平衡组织的钢，如果采用快速加热、短时保温的工艺方法，或者多次快速加热-冷却的方法，便可获得非常细小的实际奥氏体晶粒。

（3）化学成分的影响　在一定的含碳量范围内，随着奥氏体中碳含量的增加，碳在奥氏体中的扩散速度及铁的自扩散速度增大，晶粒长大倾向增大。但当含碳量超过一定量以后，碳能以未溶碳化物的形式存在，奥氏体晶粒长大受到第二相的阻碍作用，反而使奥氏体晶粒长大倾向减小。

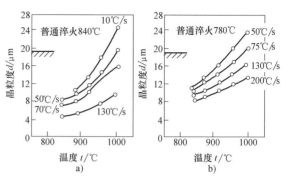

图 7-8　加热速度对奥氏体晶粒大小的影响
a）40 钢　b）T10 钢

合金元素的影响如下：用铝脱氧或在钢中加入适量的 Ti、V、Zr、Nb 等强碳化物形成元素时，可以减小奥氏体晶粒长大倾向。而 Mn、P、C、N 等元素溶入奥氏体后削弱了铁原子结合力，加速铁原子的扩散，因而促进奥氏体晶粒的长大。

任务 7.2　认识钢在冷却时的转变

钢的加热转变是为了获得均匀、细小的奥氏体晶粒，然而得到奥氏体组织不是最终目的，因为大多数零件、构件都在室温下工作，所以高温奥氏体状态最终总是要冷却下来。钢从奥氏体状态的冷却过程是热处理的关键工序，因为钢的性能最终取决于奥氏体冷却转变后的组织。因此，研究不同冷却条件下钢中奥氏体组织的转变规律，对于正确制定钢的热处理冷却工艺，获得预期的性能，具有重要的实际意义。钢在铸造、轧制、锻造、焊接以后，也要经历由高温到室温的冷却过程，这虽然不作为一个热处理工序，但实质上也是一个冷却转变过程。正确控制这些过程，有利于减小或防止热加工缺陷，改善组织和性能。

在热处理生产中，钢的奥氏体化通常有等温冷却和连续冷却两种冷却方式：等温冷却方式如图 7-9 中曲线 1 所示，将奥氏体状态的钢迅速冷却到临界点以下某一温度保温，让其发生恒温转变过程，然后再冷却下来；连续冷却方式如图 7-9 中曲线 2 所示，钢从高温奥氏体状态一直连续冷却到室温。

奥氏体在临界转变温度以上是稳定的，不会发生转变。奥氏体冷却至临界温度以下，在热力学上处于不稳定状态，冷却时要发生分解转变。这种在临界点

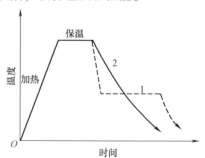

图 7-9　奥氏体不同冷却方式示意图

以下存在且不稳定的、将要发生转变的奥氏体，叫作过冷奥氏体。过冷奥氏体在连续冷却时的转变是在一个温度范围内发生的，其过冷度是不断变化的，因而可以获得粗细不同或类型不同的混合组织。虽然这种冷却方式在生产上广泛采用，但分析起来却比较困难。钢在等温冷却的情况下，可以控制温度和时间这两个因素，分别研究温度和时间对过冷奥氏体转变的影响，从而有助于弄清过冷奥氏体的转变过程及转变产物的组织和性能，并能方便地测定过

冷奥氏体等温转变图。

7.2.1　钢的冷却转变分析——共析钢奥氏体等温转变图

过冷奥氏体的等温转变过程和转变速度，可用等温转变动力学曲线，即转变量和转变时间的关系曲线来描述。如果把各个等温温度转变开始和转变终了时间画在温度-时间坐标上，并

将所有开始转变点（如 a、a_1、a_2、a_3 等）和转变终了点（如 b、b_1、b_2、b_3 等）分别连接起来，形成开始转变线和转变终了线，即得到共析钢奥氏体等温转变（Temperature time transformation）图（见图 7-10）。

奥氏体等温转变图上部的水平线 A_1 是奥氏体和珠光体的平衡温度。奥氏体等温转变图下面还有两条水平线分别表示奥氏体向马氏体开始转变温度 Ms 点和转变终了温度 Mf 点。在 A_1 线以上钢处于奥氏体状态，A_1 线以下、Ms 线以上和开始转变线之间区域为过冷奥氏体区，开始转变线和转变终了线之间为过冷

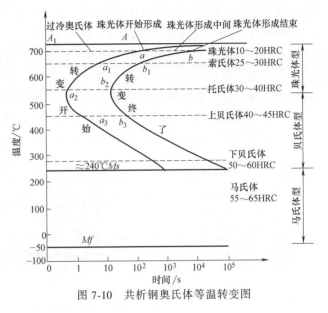

图 7-10　共析钢奥氏体等温转变图

奥氏体正在转变区，转变终了线以右为转变终了区。根据转变温度和转变产物不同，共析钢奥氏体等温转变图由上至下可分为三个区：$A_1 \sim 550℃$ 之间为珠光体转变区，$550℃ \sim Ms$ 之间为贝氏体转变区，$Ms \sim Mf$ 之间为马氏体转变区。从纵坐标至开始转变线之间的线条长度表示不同过冷度下奥氏体稳定存在的时间，即孕育期。孕育期的长短表示过冷奥氏体稳定性的高低，反映过冷奥氏体的转变速度。由奥氏体等温转变图可知，共析钢约在 550℃ 左右孕育期最短，过冷奥氏体最不稳定，转变速度最快，称为奥氏体等温转变图的"鼻子"。

7.2.2　钢的冷却转变产物的组织和性能

1. 珠光体转变

共析钢过冷奥氏体在奥氏体等温转变图鼻温至 A_1 线之间较高温度范围内等温停留时，将发生珠光体转变，形成含碳量和晶体结构相差悬殊并和母相奥氏体截然不同的两个固态新相：铁素体和渗碳体。因此，奥氏体到珠光体的转变必然发生碳的重新分布和铁晶格的改组。由于相变在较高温度下发生，铁、碳原子都能进行扩散，所以珠光体转变是典型的扩散型相变，又称高温转变。根据奥氏体化温度和奥氏体化程度不同，过冷奥氏体可以形成片状珠光体和粒状珠光体两种组织形态。前者渗碳体呈片状，后者呈粒状。

（1）片状珠光体的形成、组织和性能　由 $Fe\text{-}Fe_3C$ 相图可知，$w_C = 0.77\%$ 的奥氏体在近于平衡的缓慢冷却条件下形成的珠光体是由渗碳体和铁素体组成的片层相间的组织。在较高奥氏体化温度下形成的均匀奥氏体于 $A_1 \sim 550℃$ 之间温度等温时也能形成片状珠光体。

珠光体中相邻的两片渗碳体（或铁素体）之间的距离（s_0）称为珠光体的片间距，它是

用来衡量珠光体组织粗细程度的一个主要指标。珠光体片间距与奥氏体晶粒度和均匀性关系不大，主要取决于珠光体的形成温度。过冷度越大，珠光体的形成温度越低，片间距越小。

根据片间距的大小，可将珠光体分为三类。在 $A_1 \sim 650℃$ 较高温度范围内形成的珠光体比较粗，其片间距为 $0.6 \sim 1.0 \mu m$，称为珠光体，通常在光学显微镜下极易分辨出铁素体和渗碳体层片状组织形态（见图 7-11a）。在 $650 \sim 600℃$ 温度范围内形成的珠光体，其片间距较细，约为 $0.25 \sim 0.3 \mu m$，只有在高倍光学显微镜下才能分辨出铁素体和渗碳体的片层形态，这种细片状珠光体又称为索氏体（见图 7-11b）。在更低温度（$600 \sim 550℃$）下形成的珠光体，其片间距极细，只有 $0.1 \sim 0.15 \mu m$，在光学显微镜下无法分辨其层片状特征而呈黑色，只有在电子显微镜下才能区分出来。这种极细的珠光体又称为托氏体（见图 7-11c）。由此可见，珠光体、索氏体和托氏体都属于珠光体类型的组织，都是铁素体和渗碳体组成的片层相间的机械混合物，它们之间的界限是相对的，其差别仅仅是片间距粗细不同而已。但是，与珠光体不同，索氏体和托氏体属于奥氏体在较快速度冷却时得到的不平衡组织。

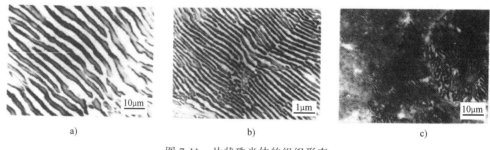

a)   b)   c)

图 7-11   片状珠光体的组织形态
a）珠光体（700℃等温） b）索氏体（650℃等温） c）托氏体（600℃等温）

片状珠光体的力学性能主要取决于珠光体的片间距。由图 7-12 可见，共析钢珠光体的硬度和断裂强度均随片间距的缩小而增大。这是由于珠光体在受外力拉伸时，塑性变形基本上在铁素体片内发生，渗碳体层则有阻止滑移的作用，滑移的最大距离就等于片间距。片间距越小，铁素体和渗碳体的相界面越多，对位错运动的阻碍越大，即塑性变形抗力越大，因而硬度和强度都增高。片状珠光体的塑性也随片间距的减小而增大（见图 7-13），这是由于片间距越小，铁素体和渗碳体片越薄，从而使塑性变形能力增大。

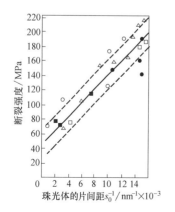

图 7-12   共析钢珠光体片间距对断裂强度

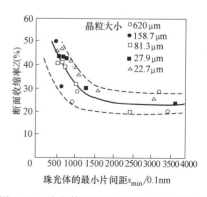

图 7-13   珠光体断面收缩率与最小片间距

片状珠光体组织在工业上的主要应用之一是铅浴淬火获得高强度的绳用钢丝、琴钢丝和某些弹簧钢丝。铅浴淬火使高碳钢获得细珠光体（即索氏体）组织，索氏体具有良好的冷拔性能，经深度冷拔，可获得高强度钢丝。

（2）粒状珠光体的形成、组织和性能　粒状珠光体组织是渗碳体呈颗粒状分布在连续的铁素体基体中形成的，如图7-14所示。粒状珠光体组织既可以由过冷奥氏体直接分解而成，也可以由片状珠光体球化而成，还可以由淬火组织回火形成。

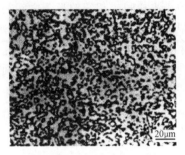

图7-14　粒状珠光体组织

要由过冷奥氏体直接形成粒状珠光体，必须使奥氏体晶粒内形成大量均匀弥散的渗碳体晶核，这只有通过非均匀形核才能实现。控制钢加热时的奥氏体化程度，可使奥氏体中残留大量未溶的渗碳体颗粒，同时，使奥氏体的碳含量不均匀，存在许多高碳区和低碳区。此时，渗碳体已不是完整的片状，而变得凹凸不平、厚薄不均，有的地方已经溶解断开。保温时，未溶渗碳体逐渐球化。然后缓冷至 A_1 以下，在较小的过冷度时，加热时已经形成的颗粒状渗碳体质点将成为非自发晶核，促进渗碳体的析出和长大，每个渗碳体晶核在独立长大的同时，必然使其周围母相奥氏体贫碳转变为铁素体，同时，奥氏体中的富碳微区也可以成为渗碳体析出的核心，最终直接得到粒状珠光体组织。

在生产上，片状珠光体或片状珠光体+网状二次渗碳体可通过球化退火工艺得到粒状珠光体。球化退火工艺分两类：一类是利用上述原理，将钢奥氏体化，通过控制奥氏体化温度和时间，使奥氏体的碳含量分布不均匀或保留大量未溶渗碳体质点，并在 A_1 以下较高温度范围内缓冷，获得粒状珠光体；另一类是将钢加热至略低于 A_1 温度长时间保温，得到粒状珠光体。此时，片状珠光体球化的驱动力是铁素体和渗碳体之间相界面（或界面能）的减少。

与片状珠光体相比，粒状珠光体的硬度和强度较低，塑性和韧性较好，如图7-15所示。因此，许多重要的机器零件都要通过热处理，使之变成碳化物呈颗粒状的回火索氏体组织，其强度和韧性都较高，具有优良的综合力学性能。此外，粒状珠光体的冷变形性能、可再加工性能以及淬火工艺性能都比片状珠光体好，而且钢中含碳量越高，片状珠光体工艺性能越差。所以，高碳钢具有粒状珠光体组织，才利于切削加工和淬火，进行冷挤压成形加工的中碳钢和低碳钢也要求具有粒状珠光体的原始组织。

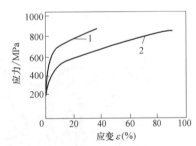

图7-15　共析钢的应力-应变曲线
1—片状珠光体　2—粒状珠光体

2. 马氏体转变

钢从奥氏体状态快速冷却，抑制其扩散型转变，在较低温度下（低于 Ms 点）发生的非扩散型相变叫作马氏体转变，又称切变型相变或低温转变。马氏体转变通过类似塑性变形过程中的滑移和孪生那样，产生切变和转动而进行的，新相马氏体和母相奥氏体保持一定的位向关系。由于马氏体转变温度低，又没有扩散，所以转变很快。马氏体转变是在一个温度范围内进行的，必须是在不断降温的连续过程中，等温转变不能使马氏体转变进行到底，而且马氏体转变一般不彻底，会保留一部分残留奥氏体。马氏体转变是强化金属的重要手段之一，各种钢件、机器零件及工、模具都要经过淬火和回火以获得最终的使用性能。

（1）马氏体的组织形态　钢中马氏体有两种基本形态：板条马氏体和片状马氏体。

板条马氏体是低、中碳钢及马氏体时效钢、不锈钢等铁基合金中形成的一种典型马氏体组织。图 7-16 所示为低碳钢中的板条马氏体组织，它是由许多成群的、相互平行排列的板条所组成。板条马氏体的空间形态是扁条状的，每个板条为一个单晶体，它们之间一般以小角晶界相间。相邻的板条之间往往存在薄壳状的残留奥氏体，残留奥氏体的含碳量较高，也很稳定，它们的存在对钢的力学性能产生有益的影响。许多相互平行的板条组成一个板条束，一个奥氏体晶粒内可以有几个板条束（通常 3~5 个）。采用选择性浸蚀时（如用溶液）在一个板条束内有时可以观察到若干个黑白相间的板条块，块间呈大角晶界，每个板条块由若干板条组成。图 7-17 所示为板条马氏体显微组织构成的示意图。透射电镜观察表明，板条马氏体内有大量的位错，位错密度高达 $(0.3 \sim 0.9) \times 10^{12} \mathrm{cm}^{-2}$。因此板条马氏体又称为位错马氏体。

图 7-16　$w_C = 0.2\%$ 钢的马氏体组织

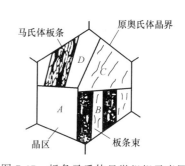

图 7-17　板条马氏体显微组织示意图

图 7-18　高碳钢片状马氏体组织

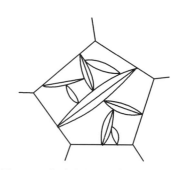

图 7-19　高碳片状马氏体组织示意图

片状马氏体是在高碳钢（$w_C > 0.6\%$）、$w_{Ni} = 30\%$ 的不锈钢及一些有色金属和合金中淬火形成的一种典型马氏体组织。高碳钢中典型的片状马氏体组织见图 7-18。片状马氏体的空间形态呈双凸透镜状，由于与试样磨面相截，在光学显微镜下则呈针状或竹叶状，故又称为针状马氏体。片状马氏体的显微组织特征是马氏体片互相不平行，在原奥氏体晶粒中首先形成的马氏体片贯穿整个晶粒，但一般不穿过晶界将奥氏体晶粒分割。以后陆续形成的马氏体片由于受到限制而越来越小，如图 7-19 所示。马氏体片的周围往往存在着残留奥氏体。片状马氏体的最大尺寸取决于原始奥氏体晶粒大小，奥氏体晶粒越粗大，则马氏体片越大。当最大尺寸的马氏体片小到光学显微镜无法分辨时，便称为隐晶马氏体。在生产中正常淬火得到的马氏体，一般都是隐晶马氏体。透射电镜观察表明，片状马氏体内部的亚结构主要是孪晶，因此片状马氏体又称为孪晶马氏体。

钢的马氏体形态主要取决于马氏体的形成温度，而马氏体的形成温度又主要取决于奥氏体的化学成分，即碳和合金元素的含量，其中碳的影响最大。对碳素钢来说，随着含碳量的增加，板条马氏体数量相对减少，片状马氏体的数量相对增加。奥氏体的含碳量对马氏体形态的影响如图 7-20 示。由图可见，$w_C < 0.2\%$ 的奥氏体几乎全部形成板条马氏体，而 $w_C > 1.0\%$ 的奥氏体几乎只形成片状马氏体。$w_C = 0.2\% \sim 1.0\%$ 的奥氏体则形成板条马

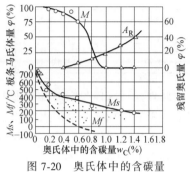

图 7-20　奥氏体中的含碳量
对马氏体形态的影响

氏体和片状马氏体的混合组织。一般认为板条马氏体大多在 200℃ 以上形成，而片状马氏体主要在 200℃ 以下形成。$w_C = 0.2\% \sim 1.0\%$ 的奥氏体在较高温度先形成板条马氏体，然后在较低温度形成片状马氏体。碳含量越高，则板条马氏体的数量越少，而片状马氏体的数量越多。溶入奥氏体中的合金元素，大多使 Ms 点下降，因此都促进片状马氏体的形成，其中 Cr，Mo 等影响较大，Ni 影响较小。Co 虽然提高 Ms 点，但也促进片状马氏体的形成。

（2）马氏体的性能　钢中马氏体力学性能的显著特点是具有高硬度和高强度。马氏体的硬度主要取决于马氏体的含碳量。由图 7-21 所示，马氏体的硬度随含碳量的增加而升高，当碳的质量分数达到 0.6% 时，淬火钢硬度接近最大值，含碳量进一步增加，虽然马氏体的硬度会有所提高，但由于残留奥氏体量增加，反而使钢的硬度有所下降。合金元素对马氏体的硬度影响不大，但可以提高其强度。

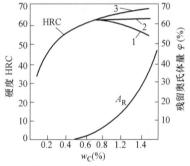

图 7-21　淬火钢的最大硬
度与含碳量的关系
1—高于 Ac_3 淬火　2—高于 Ac_1 淬火
3—马氏体的硬度

马氏体高强度、高硬度的原因是多方面的，其中主要包括碳原子的固溶强化、相变强化、时效强化以及细晶强化。固溶强化是由过饱和的间隙原子碳在 α 相晶格中造成晶格的正方畸变，形成一个强烈的应力场，与位错发生强烈的交互作用，阻碍位错的运动，从而提高马氏体的硬度和强度。相变强化是由于马氏体转变时，在晶体内造成晶格缺陷密度很高的亚结构，如板条马氏体中高密度的位错、片状马氏体中的孪晶等，这些缺陷都将阻碍位错的运动，使得马氏体强化。时效强化是马氏体形成以后，碳及合金元素的原子向位错或其他晶体缺陷处扩散偏聚或析出，钉扎位错，使位错难以运动，从而造成马氏体强化。细晶强化是通过得到细小的马氏体组织，利用马氏体相界而阻碍位错运动而造成的。

马氏体的塑性和韧性主要取决于它的亚结构。大量试验结果证明，在相同屈服强度条件下，位错马氏体比孪晶马氏体的韧性好得多。片状马氏体的亚结构是孪晶，具有高的强度，

但韧性很差，其性能特点是硬而脆。板条马氏体的亚结构是位错，具有很高的强度和良好的韧性，同时还具有脆性转折温度低、缺口敏感性和过载敏感性小等优点。目前，力图得到尽量多的位错马氏体是提高结构钢以及高碳钢强韧性的重要途径。板条马氏体和片状马氏体力学性能的比较见表7-1。

表7-1 板条马氏体和片状马氏体力学性能的比较

$w_C(\%)$	马氏体形态	R_m/MPA	$R_{r0.2}/\text{MPA}$	HRC	$A(\%)$
0.10~0.25	板条状	1020~1330	820~1330	30~50	9~17
0.77	片状	2350	2040	65	≈1

此外，马氏体与钢的各种组织尤其与奥氏体相比，具有最大的比体积。因此，形成马氏体造成钢的体积膨胀是淬火时产生较大内应力、引起工件变形甚至开裂的主要原因之一。淬火时钢的体积增加与马氏体的含碳量有关，当碳的质量分数从0.4%增加到0.8%时，钢的体积增加1.13%~1.2%。

3. 贝氏体转变

钢在珠光体转变温度以下、马氏体转变温度以上的温度范围内，过冷奥氏体将发生贝氏体转变，又称中温转变。贝氏体转变具有珠光体转变和马氏体转变某些共同的特点，又有某些区别于它们的独特之处。同珠光体转变相似，贝氏体也是由铁素体和碳化物组成的机械混合物，在转变过程中发生碳在铁素体中的扩散。和马氏体转变一样，奥氏体向铁素体的晶格改组是通过切变方式进行的，新相铁素体和母相奥氏体保持一定的位向关系。但贝氏体是两相组织，通过碳原子扩散，可以发生碳化物沉淀。

（1）贝氏体的组织形态 由于奥氏体中含碳量、合金元素以及转变温度不同，钢中贝氏体组织形态有很大差异。通常在$w_C>$ 0.4%的碳素钢中，在贝氏体区较高温度范围内（600~350℃）形成的贝氏体叫上贝氏体，较低温度范围内（350℃~ M_s）形成的贝氏体叫下贝氏体，其分界温度约为350℃。

中、高碳钢上贝氏体在光学显微镜下的典型特征呈羽毛状（图7-22a）。在电子显微镜下，上贝氏体由许多从奥氏体晶界向晶内平行生长的条状铁素体和在相邻铁素体条间存在的不连续的、短杆状的渗碳体所组成（图7-22b）。

a)   b)

图7-22 上贝氏体的显微组织

a）光学显微镜组织（羽毛状） b）透射电镜组织

与片状珠光体不同，贝氏体中铁素体含过饱和的碳，存在位错缠结。铁素体的形态与亚结构和板条马氏体相似，但其位错密度比马氏体要低。

下贝氏体组织也是由铁素体和碳化物组成的。在光学显微镜下观察，下贝氏体呈黑色针状（见图7-23a）。在电子显微镜下，下贝氏体由含碳过饱和的片状铁素体和其内部析出的微细ε-碳化物组成。其中铁素体的含碳量高于上贝氏体中的铁素体；其立体形态，同片状马氏体一样，呈双凸透镜状。亚结构为高密度位错，没有孪晶亚结构存在，其位错密度比上

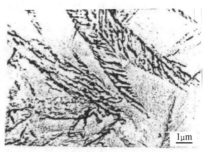

a)　　　　　　　　　　b)

图7-23　下贝氏体的显微组织

a) 光学显微镜组织（黑色针状）　b) 电子显微镜组织

贝氏体中铁素体的高。ε-碳化物具有六方点阵，成分不固定，以 Fe_xC 表示，它们之间平行排列并与铁素体长轴呈 55°~66°取向（见图7-23b）。

（2）贝氏体的性能　贝氏体的力学性能主要取决于其组织形态。贝氏体是铁素体和碳化物组成的双相组织，其各相的形态、大小和分布都影响贝氏体的性能。

上贝氏体形成温度较高，铁素体晶粒和碳化物颗粒较粗大，碳化物呈短杆状平行分布在铁素体板条之间，铁素体和碳化物分布有明显的方向性。这种组织状态使铁素体条间易产生脆断，铁素体条本身也可能成为裂纹扩展的路径。在 400~550℃ 温度区间形成的上贝氏体不但硬度低，而且冲击韧度也显著降低。所以，在工程材料中，一般应避免上贝氏体组织的形成。

下贝氏体中铁素体针细小而均匀分布，位错密度高，在铁素体内又沉淀析出细小、多量而弥散的 ε-碳化物，因此下贝氏体不但强度高，而且韧性也好，即具有良好的综合力学性能。生产上广泛采用等温淬火工艺就是为了得到这种强、韧结合的下贝氏体组织。一些研究结果表明，下贝氏体比回火高碳马氏体具有更高的韧性、更低的缺口敏感性和裂纹敏感性。这可能是由于高碳马氏体有大量孪晶之缘故。在相同强度水平下，下贝氏体的断裂韧性不如板条型回火马氏体，但要高于孪晶型回火马氏体。显然，对于高碳孪晶型马氏体的钢种以及其他中碳结构零件，采用等温淬火工艺是适宜的。

7.2.3　影响过冷奥氏体转变产物的组织和性能的因素

过冷奥氏体等温转变的速度反映过冷奥氏体的稳定性，而过冷奥氏体的稳定性可在奥氏体等温转变图上反映出来。过冷奥氏体越稳定，孕育期越长，则转变速度越慢，奥氏体等温转变图越往右移；反之则往左移。因此，影响奥氏体等温转变图位置和形状的一切因素都影响过冷奥氏体等温转变。

1. 奥氏体成分的影响

过冷奥氏体等温转变速度在很大程度上取决于奥氏体的成分。

（1）含碳量的影响　与共析钢奥氏体等温转变图不同，亚、过共析钢奥氏体等温转变图的上部各多出一条先共析相析出线（见图7-24），说明过冷奥氏体在发生珠光体转变之前，在亚共析钢中要先析出铁素体，在过共析钢中要先析出渗碳体。

亚共析钢随奥氏体含碳量增加，奥氏体等温转变图逐渐右移，说明过冷奥氏体稳定性提高，孕育期变长，转变速度减慢。这是由于在相同转变条件下，随着亚共析钢中碳含量的增加，铁素体形核的几率减小，铁素体长大需要扩散离开的碳含量增加，故减慢铁素体的析出速度。一般认为，先共析铁素体的析出可以促进珠光体的形成。因此，由于亚共析钢先共析铁素体孕育期析出速度减慢，珠光体的转变速度也随之减慢。过共析钢中含碳量越高，奥氏体等温转变图反而左移，说明过冷奥氏体稳定性减小，孕育期缩短，转变速度加快。这是由于过共析钢热处理加热温度一般在 $Ac_1 \sim Ac_{cm}$ 之间，将过共析钢加热到 Ac_1 以上一定温度后进行冷却转变，随着钢中含碳量的增加，奥氏体中的含碳量并不增加，反而增加了未溶渗碳体的量，从而降低了过冷奥氏体的稳定性，使奥氏体等温转变图左移。只有当加热温度超过 Ac_{cm} 使渗碳体完全溶解的情况下，奥氏体的含碳量才与钢的含碳量相同，随着钢中含碳量的增加，奥氏体等温转变图才向右移。所以，共析钢奥氏体等温转变图"鼻子"最靠右，其过冷奥氏体最稳定。

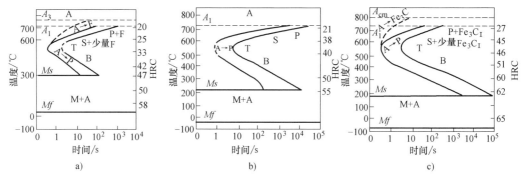

图 7-24　含碳量对碳素钢奥氏体等温转变图的影响

奥氏体的含碳量越高，贝氏体转变孕育期越长，贝氏体转变速度越慢。故碳素钢奥氏体等温转变图下半部的贝氏体转变开始线和终了线均随含碳量的增大一直向右移。奥氏体中含碳量越高，则马氏体开始转变的温度 Ms 点和马氏体转变终了温度 Mf 点越低。

（2）合金元素的影响　总的来说，除 Co 和 Al（$w_{Al} > 2.5\%$）以外的所有合金元素，当其溶解到奥氏体中后，都增大过冷奥氏体的稳定性，使奥氏体等温转变图右移，并使 Ms 点降低。其中 Mo 的影响最为强烈，W、Mn 和 Ni 的影响也明显，Si、Al 的影响较小。钢中加入微量的 B，可以显著提高过冷奥氏体的稳定性，但随着含碳量的增加，B 的作用逐渐减小。

Ni、Si、Cu 等非碳化物形成元素以及弱碳化物形成元素 Mn，只使奥氏体等温转变图的位置右移，不改变奥氏体等温转变图的形状。Cr、Mo、W、V、Ti 等碳化物形成元素不但使奥氏体等温转变图右移，而且改变奥氏体等温转变图的形状。例如，图 7-25 表示 Cr 对 $w_C = 0.5\%$ 的钢奥氏体等温转变图的影响。由图可见，奥氏体等温转变图分离成上下两个部分，形成了两个"鼻子"，中间出现一个过冷奥氏体较为稳定的区域。奥氏体等温转变图上面部分相当于珠光体转变

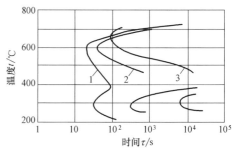

图 7-25　铬对 $w_C = 0.5\%$ 的钢奥氏体
等温转变图的影响

1—$w_{Cr} = 2.2\%$　2—$w_{Cr} = 4.2\%$　3—$w_{Cr} = 8.2\%$

区，下面部分相当于贝氏体转变区。应当指出，V、Ti、Nb、Zr等强碳化物形成元素，只有溶入奥氏体才会使奥氏体等温转变图右移，但当其含量较多时，能在钢中形成稳定的碳化物，在一般加热温度下不能溶入奥氏体中而以碳化物形式存在，则反而降低过冷奥氏体的稳定性，使奥氏体等温转变图左移。

2. 奥氏体状态的影响

奥氏体晶粒越细小，单位体积内晶界面积越大，奥氏体分解时形核率越高，降低了奥氏体的稳定性，奥氏体等温转变图左移。铸态原始组织不均匀，存在成分偏析，而经轧制后，组织和成分变得均匀，因此在同样的加热条件下，铸锭形成奥氏体很不均匀，而轧材形成的奥氏体则比较均匀，不均匀的奥氏体分解，使奥氏体等温转变图左移。奥氏体化温度越低，保温时间越短，奥氏体晶粒越细，未溶第二相越多，奥氏体碳含量和合金元素浓度越不均匀，会促进奥氏体在冷却过程中分解，使奥氏体等温转变图左移。

3. 应力和塑性变形的影响

在奥氏体状态承受拉应力将加速奥氏体的等温转变，而加等向压应力则会阻碍这种转变。这是因为奥氏体比体积最小，发生转变时总是伴随体积的增大，马氏体转变时表现尤为明显，所以施加拉应力促进奥氏体转变，而在等向压应力作用下则减慢奥氏体的转变。对奥氏体进行塑性变形亦有加速奥氏体转变的作用。这是由于塑性变形使点阵畸变加剧并使位错密度增高，有利于C原子和Fe原子的扩散和晶格改组。同时形变还有利于碳化物弥散质点的析出，使奥氏体中碳和合金元素贫化，因而促进奥氏体的转变。

7.2.4 过冷奥氏体连续冷却转变图及应用

奥氏体等温转变图反映过冷奥氏体在等温条件下的转变规律，可以用来指导等温热处理工艺。但是，钢的正火、退火、淬火等热处理以及钢在铸、锻、焊后的冷却都是从高温连续冷却到室温。所谓钢的连续冷却转变指的是在一定冷却速度下，过冷奥氏体在一个温度范围内所发生的转变。这种转变可变的外部因素就是过冷奥氏体的冷却速度，研究连续冷却转变实质上就是研究冷却速度对过冷奥氏体分解及分解产物的影响，而这种影响又是通过温度起作用的。连续冷却过程实际上是过冷奥氏体通过了由高温到低温的整个区间。连续冷却速度不同，到达各个温度区间的时间以及在各个温度区间停留的时间也不同，由于过冷奥氏体在不同温度区间分解产物是不同的，因此连续冷却转变得到的往往是不均匀的混合组织。

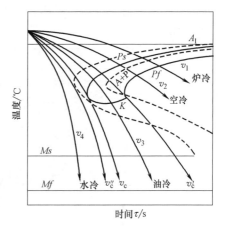

图 7-26 共析钢的奥氏体
连续冷却转变图
（虚线为奥氏体等温转变图）

1. 过冷奥氏体连续冷却转变图的分析

图 7-26 所示为用膨胀法测得的共析钢的奥氏体连续冷却转变（Continuous Cooling Transformation）图。共析钢的奥氏体连续冷却转变图最为简单，只有珠光体转变区和马氏体转变区，说明共析钢连续冷却时没有贝氏体形成，如图 7-26 中实线部分所示。图中珠光体转变区左边一条线叫过冷奥氏体转变开始线，右边一条线叫过冷奥氏体转变终了线，下面

一条线叫过冷奥氏体转变中止线。Ms 和冷速 v_c 线以下为马氏体转变区。由图还可看出，过冷奥氏体连续冷却速度不同，发生的转变及室温组织亦不同。当以很慢速度冷却时（如 v_1），发生转变的温度较高，转变开始和转变终了的时间很长。冷却速度加快，发生转变的温度降低，转变开始和终了的时间缩短，而转变经历的温度区间增大。但是，只要冷却速度小于冷却曲线 v_c'，冷却至室温将得到全部珠光体组织，只是组织弥散程度不同而已。如果冷却速度在 v_c 和 v_c' 之间，当冷至珠光体转变开始线时，开始发生珠光体转变，但冷至过冷奥氏体转变中止线，则中止珠光体转变。继续冷却至 Ms 点以下，未转变的奥氏体转变为马氏体。室温组织为珠光体加马氏体。如果冷却速度大于 v_c，奥氏体过冷至 Ms 点以下发生马氏体转变，冷至 Mf 点转变终止，最终得到马氏体加残留奥氏体组织。由此可见，冷却速度 v_c 和 v_c' 是获得不同转变产物的分界线。v_c 表示过冷奥氏体在连续冷却过程中不发生分解而全部过冷至 Ms 点以下发生马氏体转变的最小冷却速度，称为上临界冷却速度，又称临界淬火速度。v_c' 表示过冷奥氏体在连续冷却过程中全部转变为珠光体的最大冷却速度，又称下临界冷却速度。

图 7-27 和图 7-28 所示分别为亚、过共析钢的奥氏体连续冷却转变图。与共析钢不同，亚共析钢的奥氏体连续冷却转变图出现了先共析铁素体析出区域和贝氏体转变区域。此外，亚共析钢 Ms 线右端下降，这是由先共析铁素体的析出和贝氏体的转变使周围奥氏体富碳所致。过共析钢的奥氏体连续冷却转变图与共析钢较为相似，在连续冷却过程中也无贝氏体区。所不同的是有先共析渗碳体析出区域，此外 Ms 线右端升高，这是由于先共析渗碳体的析出使周围奥氏体贫碳造成的。

现以图 7-27 为例分析冷却速度对亚共析钢转变产物、组织和性能的影响。每一条冷却曲线代表一定的冷却速度，每条曲线下端的数字为室温组织的平均硬度（HV）值，各条冷却曲线与各转变终了线相交的数字表示已转变组织组成物所占体积分数。当以速度 v_2 冷却时，与珠光体转变开始线相交处的数字 4 表示过冷奥氏体有 4% 转变为先共析铁素体，与过冷奥氏体转变中止线相交处的数字 18 表示珠光体转变量占全部组织的 18%，与 Ms 相交处的数字 7 表示全部组织的 7% 为贝氏体，剩余 71% 的奥氏体大部分转变为马氏体并保留少量的残留奥氏体。最终得到铁素体、珠光体、贝氏体、马氏体和残留奥氏体的混合组织，其硬度为 430HV。

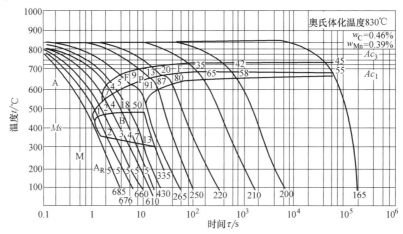

图 7-27　亚共析钢的奥氏体连续冷却转变图

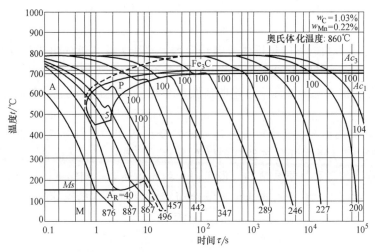

图 7-28　过共析钢的奥氏体连续冷却转变图

合金钢连续冷却转变时可以有珠光体转变而无贝氏体转变，也可以有贝氏体转变而无珠光体转变，或者两者兼而有之。具体的奥氏体连续冷却转变图则由加入钢中合金元素的种类和含量而定，但是合金元素对奥氏体连续冷却转变图的影响规律和对奥氏体等温转变图的影响基本上相同。图 7-29 是 30CrMnMo 合金钢（P110 级石油管用钢，美国石油协会标准 API5CT 第八版中的牌号，可比照 20CrMnMo、40CrMnMo）的奥氏体连续冷却转变图。

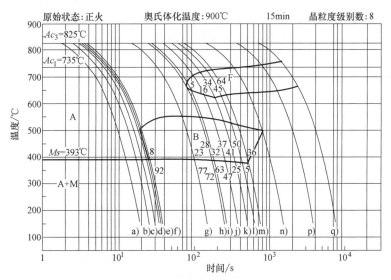

图 7-29　30CrMnMo 的奥氏体连续冷却转变图

2. 奥氏体连续冷却转变图和奥氏体等温转变图比较

奥氏体连续冷却转变过程可以看成是无数个温度相差很小的奥氏体等温转变过程。由于连续冷却时过冷奥氏体转变是在一个温度范围内发生的，故其转变产物是不同温度下等温转变组织的混合，但是由于冷却速度对连续冷却转变的影响，使某一温度范围内的转变得不到充分地发展。因此，奥氏体连续冷却转变又有不同于奥氏体等温转变的特点。

如前所述，在共析钢和过共析钢中连续冷却时不出现贝氏体转变，这是由于奥氏体碳含量高,使贝氏体孕育期大大延长,在连续冷却时贝氏体转变来不及进行便冷却至低温。同样,在某些合金钢中,连续冷却时不出现珠光体转变也是这个原因。

图7-26中虚线为共析钢的奥氏体等温转变图,实线为共析钢的奥氏体连续冷却转变图。二者相比,奥氏体连续冷却转变图中珠光体开始转变线和珠光体转变终了线均在等温转变图的右下方,在合金钢中也是如此。这说明连续冷却转变和等温转变相比,转变温度要低,孕育期要长。

图7-26中与奥氏体等温转变图珠光体开始转变线相切的冷却速度 v''_c 也可视为钢的临界冷却速度。显然, v''_c 大于奥氏体连续冷却转变图的 v_c 。因此,用 v''_c 代替 v_c ,用奥氏体等温转变图来估计连续冷却过程是不合适的。但是由于奥氏体连续冷却转变图比较复杂而且难以测定,所以在实际生产中,在没有奥氏体连续冷却转变图而只有奥氏体等温转变图的情况下,可用 v''_c 定性地分析钢淬火时得到马氏体的难易程度,而且可以利用奥氏体等温转变图估算连续冷却临界淬火速度 v''_c , v''_c 可大致等于实际测定的 v_c 的1.5倍,也可以用奥氏体等温转变图来间接分析连续冷却条件下的组织转变情况,如图7-30所示。钢在连续冷却过程中,只要过冷度与等温转变的相对应,则所得到的组织与性能也是相对应的。结合图7-10,图7-30中曲线①是共析钢加热后在炉内冷却(相当于退火),冷却缓慢,过冷度很小,转变开始和终了的温度都比较高。当冷却曲线与转变终了曲线相交时,珠光体的形成即宣告结束,最终组织为珠光体,硬度最低

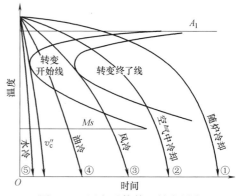

图7-30 用奥氏体等温转变图来间接分析连续冷却转变

(约为10~20HRC),塑性最好。曲线②为在空气中冷却(相当于正火),冷却速度比在炉中快,过冷度增大,在索氏体形成温度范围与奥氏体等温转变图相交,奥氏体最终转变产物为索氏体,硬度比珠光体高(约为25~30HRC),塑性较好。曲线③是在强制流动的空气中冷却(相当于风冷),比在一般的空气中冷却快,过冷度比曲线②大,所以冷却曲线相交于托氏体形成温度范围,最终组织是托氏体,硬度较索氏体高(约为30~40HRC),而塑性较差。曲线④表示在油中冷却,比风冷更快,以致只有一部分奥氏体转变为托氏体,而剩下的奥氏体冷却到 Ms~Mf 范围内,转变为马氏体,所以最终组织是托氏体+马氏体,其硬度比托氏体高(约为45~55HRC),但塑性比其低。曲线⑤是在水中冷却,因为冷却速度很快,冷却曲线不与转变开始线相交,不形成珠光体型组织,直接过冷到 Ms~Mf 范围,转变为马氏体,其硬度最高(约为55~65HRC),而塑性最低。

3. 奥氏体连续冷却转变图的应用

钢的热处理多数是在连续冷却条件下进行的,因此奥氏体连续冷却转变图对热处理生产具有直接指导作用。

(1)从奥氏体连续冷却转变图上可以获得真实的钢的临界淬火速度 钢的临界淬火速度与奥氏体连续冷却转变图的形状和位置有关。若某钢奥氏体连续冷却转变图中珠光体转变孕育期较短,而贝氏体转变孕育期较长,那么该钢的临界淬火速度可用与珠光体开始转变线相切的冷却曲线对应的冷却速度表示。反之,对于珠光体转变孕育期比贝氏体长的钢件,其

临界淬火速度可用与贝氏体开始转变线相切的冷却曲线表示。对于亚共析钢、低合金钢及过共析钢，临界淬火速度则取决于抑制先共析铁素体或抑制先共析碳化物的临界冷却速度。

临界淬火速度 v_c 表示钢接受淬火的能力，也表示钢淬火获得马氏体的难易程度。它是研究钢的淬透性、合理选择钢材和制定正确的热处理工艺的重要依据。例如钢淬火时的冷却速度必须大于钢的临界淬火速度 v_c，而铸、锻、焊后的冷却希望得到珠光体型组织，则其冷却速度必须小于与奥氏体连续冷却转变图珠光体转变终了线相切的冷却曲线所表示的冷却速度 v_c'。

（2）奥氏体连续冷却转变图是制定钢的正确的冷却规范的依据　由于钢的连续冷却转变图给出了不同冷却速度下所得到的组织和性能以及钢的临界淬火速度。那么根据钢件的材质、尺寸、形状及组织性能要求，查出相应钢的奥氏体连续冷却转变图，即可选择适当的冷却速度和淬火介质来满足组织性能的要求。通常选择以最小冷却速度而淬火成马氏体为原则。例如某钢的奥氏体连续冷却转变图中，过冷奥氏体的最短孕育期为 $1 \sim 2s$，那么相应尺寸的钢在油中冷却不能淬硬。若最短孕育期为 $5 \sim 10s$，则可进行油淬。若最短孕育期为 $100s$，则空冷也可以淬硬。

（3）根据奥氏体连续冷却转变图可以估计淬火后钢件的组织和性能　由于奥氏体连续冷却转变图精确反映了钢在不同冷却速度下所经历的各种转变、转变温度、时间以及转变产物的组织和性能，因此，根据奥氏体连续冷却转变图可以预计钢件表面或内部某点在某一具体热处理条件下的组织和硬度。只要知道钢件截面上各点的冷却曲线和该钢件的奥氏体连续冷却转变图，就可以判断钢件沿截面的组织和硬度分布。而不同直径碳素钢及低合金钢棒料在水、油、空气等介质中冷却时截面上各点的冷却曲线可用实验方法测定出来。

复习思考题

1. 已知金属钨、铁、铅、锡的熔点分别为 $3380℃$，$1528℃$，$327℃$ 和 $232℃$，试分析钨和铁在 $1100℃$ 下的加工，锡和铅在室温（$20℃$）下的加工各为何种加工？

2. 热加工对金属的组织和性能有何影响？钢材在热变形加工（如锻造）时，为什么不出现硬化现象？

3. 用一根冷拉钢丝绳吊装一大型工件入炉，并随工件一起加热至 $1000℃$，当出炉后再次吊装工件时，钢丝绳发生断裂，试分析其原因。

4. 说明下列符号 Ac_1、Ar_1、Ar_3、Ac_3、Ac_{cm}、Ar_{cm} 的物理意义及加热速度。

项目8

钢的热处理工艺

知识目标

1）了解钢的退火和正火。

2）了解钢的淬火与回火。

能力目标

根据所学知识可以正确选择常规热处理方法，制定热处理工艺。

引言

钢的热处理工艺就是通过加热、保温和冷却的方法，改变钢的组织结构，以获得工件所要求性能的一种热加工技术。钢在加热和冷却过程中的组织转变规律为制定正确的热处理工艺提供了理论依据，为使钢获得限定的性能要求，其热处理工艺参数的确定必须使具体工件满足钢的组织转变规律性。

根据加热、冷却方式及获得的组织和性能的不同，热处理工艺可分为普通热处理（退火、正火、淬火和回火）、表面热处理（表面淬火和化学热处理）及形变热处理等。按照热处理在零件整个生产工艺过程中位置和作用的不同，热处理工艺又分为预备热处理和最终热处理。

任务8.1　钢的退火与正火操作

退火和正火是生产上应用很广泛的预备热处理工艺。在机器零件加工工艺过程中，退火和正火是一种先行工艺，具有承上启下的作用。大部分机器零件及工、模具的毛坯经退火或正火后，不仅可以消除铸件、锻件及焊接件的内应力及成分和组织的不均匀性，而且也能改善和调整钢的力学性能和工艺性能，为下道工序作好组织性能准备。对于一些受力不大、性能要求不高的机器零件，退火和正火也可作为最终热处理。对于铸件，退火和正火通常就是最终热处理。

8.1.1　钢的退火

退火是将钢加热至临界点 Ac_1 以上或以下温度，保温后随炉缓慢冷却以获得近于平衡状态组织的热处理工艺。其主要目的是均匀钢的化学成分及组织，细化晶粒，调整硬度，消除内应力和加工硬化，改善钢的成形及可加工性，并为淬火作好组织准备。

退火工艺种类很多，按加热温度可分为在临界温度（Ac_1 或 Ac_3）以上或以下的退火。前者又称相变重结晶退火，包括完全退火、等温退火、均匀化退火、不完全退火和球化退火。后者包括再结晶退火及去应力退火。各种退火方法的加热温度范围如图 8-1 所示。按照冷却方式，退火可分为等温退火和连续冷却退火。

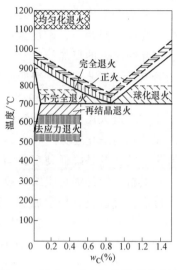

图 8-1　退火、正火加热温度示意图

1. 完全退火

完全退火是将钢件或钢材加热至 Ac_3 以上，保温足够长时间，使组织完全奥氏体化后进行缓慢冷却，以获得近于平衡组织的热处理工艺。它主要用于亚共析钢（$w_C = 0.3\% \sim 0.6\%$），其目的是细化晶粒、均匀组织、消除内应力、降低硬度和改善钢的可加工性。低碳钢和过共析钢不宜采用完全退火。低碳钢完全退火后硬度偏低，不利于切削加工。过共析钢加热至 Ac_{cm} 以上奥氏体状态缓冷退火时，有网状二次渗碳体析出，使钢的强度、塑性和冲击韧度显著降低。

完全退火采用随炉缓冷，可以保证先共析铁素体的析出和过冷奥氏体在 Ar_1 以下较高温度范围内转变为珠光体，从而达到消除内应力、降低硬度和改善可加工性的目的。

完全退火工艺参数的确定：

（1）加热温度　完全退火温度必须适当地高于 Ac_3 点，原则上是碳素钢为 $Ac_3 + （30 \sim 50）$℃，合金钢为 $Ac_3 + （50 \sim 70）$℃。

（2）保温时间　工件在退火温度下的保温时间不仅要使工件"烧透"，即工件心部达到要求的加热温度，而且要保证全部得到均匀化的奥氏体。完全退火保温时间与钢材成分、工件厚度、装炉量和装炉方式等因素有关。

（3）冷却速度　冷却速度根据钢种和性能要求而定，总的原则是使其组织在珠光体区域进行转变。若冷却太快，会使生成的珠光体片层太薄，硬度过高，不利于切削加工；若冷速太慢，则会降低生产率，并出现粗大的块状铁素体。冷却速度大致可控制为：碳素钢 $100 \sim 200$℃/h，合金钢 $50 \sim 100$℃/h。

2. 等温退火

完全退火需要的时间很长，尤其是过冷奥氏体比较稳定的合金钢更是如此。如果将奥氏体化后的钢以较快的冷速冷却至稍低于 Ar_1 的温度等温，使奥氏体变为珠光体，再空冷至室温，则可大大缩短退火时间，这种退火方法叫作等温退火。等温退火适用于高碳钢、合金工具钢和高合金钢，它不但可以达到和完全退火相同的目的，而且有利于钢件获得均匀的组织和性能。但是对于大截面钢件和装炉量大时，却难以保证工件达到等温温度，故不宜采用等温退火。

3. 不完全退火

不完全退火是将钢加热至 $Ac_1 \sim Ac_3$（亚共析钢）或 $Ac_1 \sim Ac_{cm}$（过共析钢）之间，经保温后缓慢冷却以获得相近于平衡组织的热处理工艺。由于加热至两相区温度，因此基本上不改变先共析铁素体或渗碳体的形态及分布。如果亚共析钢原始组织中的铁素体已均匀细小，只是珠光体片间距小，硬度偏高，内应力较大，那么只要进行不完全退火即可达到降低硬度、消除内应力的目的。由于不完全退火的加热温度低、时间短，因此对于亚共析钢锻件来说，若其锻造工艺正常，钢的原始组织分布合适，则可采用不完全退火代替完全退火。

4. 球化退火

不完全退火用于过共析钢时主要是为了使钢中的碳化物球化，获得粒状珠光体，这种热处理工艺称为球化退火，它实际上是不完全退火的一种，主要用于共析钢、过共析钢和合金工具钢。其目的是降低硬度、均匀组织、改善可加工性，并为淬火作组织准备。

过共析钢锻件锻后组织一般为片状珠光体，如果锻后冷却不当，还存在网状渗碳体，不仅硬度高，难以进行切削加工，而且增大了钢的脆性，容易产生淬火变形及开裂。因此，锻后必须进行球化退火，以获得粒状珠光体。

图 8-2 是碳素工具钢的几种球化退火工艺。图 8-2a 是将钢在 Ac_1 以上 20～30℃ 保温后以极缓慢速度冷却，以保证碳化物充分球化，冷至 600℃ 时出炉空冷。这种一次加热球化退火工艺要求退火前的原始组织为细片状珠光体，不允许有渗碳体网存在，因此在退火前要进行正火，以消除网状渗碳体。目前生产上应用较

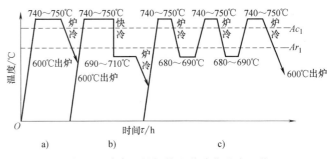

图 8-2 碳素工具钢的几种球化退火工艺

a) 一次加热球化退火　b) 等温球化退火　c) 往复球化退火

多的是等温球化退火工艺（见图 8-2b），即将钢加热到 Ac_1 以上 20～30℃ 保温 4h 后，再快冷至 Ar_1 以下 20℃ 左右保温 3~6h，以使碳化物达到充分球化的效果。为了加速球化过程，提高球化质量，可采用往复球化退火工艺（见图 8-2c），即将钢加热至略高于 Ac_1 点的温度，然后冷却至略低于 Ar_1 温度保温，并反复加热和冷却多次，最后空冷至室温，以获得更好的球化效果。但其工艺比较复杂，一般不建议采用。

5. 均匀化退火

它是将钢锭、铸件或锻坯加热至略低于固相线的温度下长时间保温，然后缓慢冷却以消除化学成分不均匀现象的热处理工艺，曾称为扩散退火。其目的是消除铸锭或铸件在凝固过程中产生的枝晶偏析及区域偏析，使成分和组织均匀化。为使各元素在奥氏体中充分扩散，均匀化退火加热温度很高，通常为 Ac_3 或 Ac_{cm} 以上 150～300℃，具体加热温度视偏析程度和钢种而定。碳素钢一般为 1100～1200℃，合金钢多采用 1200～1300℃。保温时间也与偏析程度和钢种有关，通常可按最大有效截面或装炉量大小而定，一般均匀化退火时间为 10～15h。

由于均匀化退火需要在高温下长时间加热，因此奥氏体晶粒十分粗大，需要再进行一次完全退火或正火，以细化晶粒。均匀化退火生产周期长，消耗能量大，工件氧化、脱碳严重，成本很高，所以只是一些优质合金钢及偏析较严重的合金钢铸件及钢锭才使用这种工艺。

6. 去应力退火

为了消除铸件、锻件、焊接件及机械加工工件中的残余内应力，以提高尺寸稳定性，防

止工件变形和开裂，在精加工或淬火之前将工件加热到 Ac_1 以下某一温度，保温一定时间，然后缓慢冷却的热处理工艺称为去应力退火。由于去应力退火温度较低，所以又称低温退火。

去应力退火加热温度较宽，但不超过 Ac_1 点，钢件去应力退火温度一般在 500~650℃；铸铁件去应力退火温度一般为 500~550℃，超过 550℃ 容易造成珠光体的石墨化；焊接工件的退火温度一般为 500~600℃。一些大的焊接构件，难以在加热炉内进行去应力退火，常常采用火焰或工频感应加热局部退火，其退火加热温度一般略高于炉内加热。去应力退火保温时间也要根据工件的截面尺寸和装炉量决定。钢的保温时间为 3min/mm，铸铁的保温时间为 6min/mm。去应力退火后的冷却应尽量缓慢，以免产生新的应力。

7. 再结晶退火

再结晶退火是将冷变形后的金属加热到再结晶温度以上，保温适当时间后，使变形晶粒重新转变为新的均匀等轴晶粒，同时消除加工硬化和残余内应力的热处理工艺。经过再结晶退火，钢的组织和性能恢复到冷变形前的形态。

再结晶退火既可作为钢材或其他合金多道冷变形之间的中间退火，又可作为冷变形钢材或其他合金成品的最终热处理。再结晶退火温度与金属的化学成分和冷变形量有关。当钢处于临界变形程度（2%~10%）时，应采用正火或完全退火来代替再结晶退火。一般钢材再结晶退火温度为 650~700℃，保温时间为 1~3h，通常在空气中冷却。

8.1.2　钢的正火

正火是将钢加热到 Ac_3（或 Ac_{cm}）以上适当温度，保温以后在空气中冷却得到珠光体类组织（一般为索氏体）的热处理工艺。与完全退火相比，二者的加热温度相同，但正火冷却速度较快，转变温度较低。因此，相同钢材正火后，铁素体数量较少，珠光体组织较细，钢的强度、硬度也较高，塑性、韧性较好，综合力学性能较高（见图8-3和表8-1）。

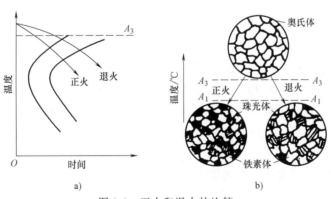

图 8-3　正火和退火的比较

a）冷却速度的比较　b）组织的比较

表 8-1　45 钢退火和正火后力学性能的比较

热处理状态	R_m/MPa	$R_{r0.2}$/MPa	$Z(\%)$	$A(\%)$	α_K/(J·cm^{-2})	HBW
退火	≥550	≥320	≥13	≥40	—	≤207
正火	≥620	≥360	≥17	≥40	≥80	≤229

正火过程的实质是完全奥氏体化加伪共析转变。当钢中 $w_C = 0.6\% \sim 1.4\%$ 时，正火组织中不出现先共析相，只有伪共析珠光体或索氏体。$w_C < 0.6\%$ 的钢，正火后除了伪共析体外，还有少量铁素体。

正火可以作为预备热处理，为机械加工提供适宜的硬度，又能细化晶粒、消除应力、消除魏氏组织和带状组织，为最终热处理提供合适的组织状态。正火还可作为最终热处理，为某些受力较小、性能要求不高的碳素钢结构零件提供合适的力学性能。正火还能消除过共析钢的网状碳化物，为球化退火作好组织准备。对于大型工件及形状复杂或截面变化剧烈的工件，用正火代替淬火和回火可以防止变形和开裂。

正火处理的加热温度通常在 Ac_3 或 Ac_{cm} 以上 $30 \sim 50$℃，高于一般退火的温度。对于含有 V、Ti、Nb 等碳化物形成元素的合金钢，可采用更高的加热温度，即为 $Ac_3 + (100 \sim 150)$℃。为了消除过共析钢的网状碳化物，也可适当提高加热温度，让碳化物充分溶解。正火保温时间和完全退火相同，应以工件"烧透"，即心部达到要求的加热温度为准，还应考虑钢材成分、原始组织、装炉量和加热设备等因素。通常根据具体工件尺寸和经验数据加以确定。正火冷却方式最常用的是将钢件从加热炉中取出，在空气中自然冷却。对于大件也可采用吹风、喷雾和调节钢件堆放距离等方法，控制钢件的冷却速度，达到要求的组织和性能。

正火工艺是较简单、经济的热处理方法，主要应用于以下几方面。

1）改善低碳钢和低合金钢的切削加工性能。
2）消除热加工缺陷。
3）消除过共析钢的网状碳化物，便于球化退火。
4）提高普通结构零件的力学性能。
5）代替调质处理，作为零件的最终热处理。

8.1.3 退火和正火的选用

生产上退火和正火工艺的选择应当根据钢种，冷、热加工工艺、零件的使用性能及经济性综合考虑。

$w_C < 0.25\%$ 的低碳钢，通常采用正火代替退火。因为较快的冷却速度反而可以防止低碳钢沿晶界析出游离的三次渗碳体，从而提高冲压件的冷变形性能，用正火可以提高钢的硬度，改善低碳钢的切削加工性能。$w_C = 0.25\% \sim 0.5\%$ 的中碳钢也可用正火代替退火，虽然接近上限碳量的中碳钢正火后硬度偏高，但尚能进行切削加工，而且正火成本低、生产率高。$w_C = 0.5\% \sim 0.75\%$ 的钢，因含碳量较高，正火后的硬度显著高于退火的情况，难以进行切削加工，故一般采用完全退火，降低硬度，改善可加工性。$w_C = 0.75\%$ 以上的高碳钢或工具钢一般均采用球化退火作为预备热处理。如有网状二次渗碳体存在，则应先进行正火消除。随着钢中碳和合金元素的增多，过冷奥氏体稳定性提高，奥氏体等温转变图右移。因此，一些中碳钢及中碳合金钢正火后硬度偏高，不利于切削加工，应当采用完全退火。尤其是含较多合金元素的钢，过冷奥氏体特别稳定，甚至在缓慢冷却下也能得到马氏体和贝氏体组织，因此应当采用高温回火来消除应力，降低硬度，改善可加工性能。

从经济原则考虑，由于正火比退火生产周期短、操作简便、工艺成本低，因此，在钢的使用性能和工艺性能能满足的条件下，应尽可能用正火代替退火。

任务8.2　钢的淬火与回火

钢的淬火与回火是热处理工艺中最重要、也是应用最广泛的工序。淬火可以显著提高钢的强度和硬度。为了消除淬火钢的残余内应力,得到不同强度、硬度和韧性配合的性能,需要配以不同温度的回火。所以淬火和回火又是不可分割的、紧密衔接在一起的两种热处理工艺。淬火、回火作为各种机器零件及工、模具的最终热处理是赋予钢件最终性能的关键性工序,也是钢件热处理强化的重要手段之一。

8.2.1　钢的淬火工艺

将钢加热至临界点 Ac_3 或 Ac_1 以上一定温度,保温以后以大于临界冷却速度的速度冷却得到马氏体(等温淬火时是下贝氏体)的热处理工艺叫作淬火。淬火的主要目的是使奥氏体化后的工件获得尽量多的马氏体,如再配以不同温度的回火,则能获得各种需要的性能。例如淬火加低温回火,可以提高工具、轴承、渗碳零件或其他高强度耐磨件的硬度和耐磨性;结构钢通过淬火加高温回火,可以得到强韧结合的优良综合力学性能;弹簧钢、热锻模具通过淬火加中温回火,可以显著提高钢的弹性极限和高温强度。

1. 钢的淬透性

对钢进行淬火希望获得马氏体组织,但一定尺寸和化学成分的钢件在某种介质中淬火能否得到全部马氏体则取决于钢的淬透性。淬透性是钢的重要工艺性能,也是选材和制定热处理工艺的重要依据之一。

(1) 淬透性的概念　钢的淬透性是指奥氏体化后的钢在淬火时获得马氏体的能力,其大小用钢在一定条件下淬火获得淬透层的深度表示,它是钢的固有属性。一定尺寸的工件在某介质中淬火,其淬透层的深度与工件截面各点的冷却速度有关。如果工件截面中心的冷却速度高于钢的临界淬火速度,工件就会淬透。然而工件淬火时表面冷却速度最大,心部冷却速度最小,由表面至心部冷却速度逐渐降低。只有冷却速度大于临界淬火速度的工件外层部分才能得到马氏体(图8-4中阴影部分),这就是工件的淬透层。而冷却速度小于临界淬火速度的心部只能获得非马氏体组织,这就是工件的未淬透区。因此,当工件尺寸与淬火规范一定时,不同钢材淬火后得到的淬透层深度将不同,如图8-4所示。

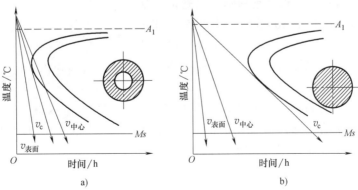

图 8-4　不同钢材的临界冷却速度和淬透层深度示意图

在研究淬透性时，应当注意以下两对概念的本质区别：一是钢的淬透性和淬硬性的区别；二是淬透性和实际条件下淬透层深度的区别。

淬透性表示钢淬火时获得马氏体的能力，它反映钢的过冷奥氏体稳定性，即与钢的临界冷却速度有关。过冷奥氏体越稳定，临界淬火速度越小，钢在一定条件下淬透层深度越深，则钢的淬透性越好。

淬硬性表示钢淬火时的硬化能力，用淬成马氏体可能得到的最高硬度表示。它主要取决于马氏体中的含碳量。马氏体中含碳量越高，钢的淬硬性越高。显然，淬透性和淬硬性并无必然联系，例如高碳工具钢的淬硬性高，但淬透性很低；而低碳合金钢的淬硬性不高，但淬透性却很好。实际工件在具体淬火条件下的淬透层深度与淬透性也不是一回事。淬透性是钢的一种属性，相同奥氏体化温度下的同一钢种，其淬透性是确定不变的。其大小用规定条件下的淬透层深度表示。而实际工件的淬透层深度是指具体条件下测定的淬透层深度（一般取半马氏体区深度），它与钢的淬透性、工件尺寸及淬火介质的冷却能力等许多因素有关。淬透性是不随工件形状、尺寸和介质冷却能力而变化的。

（2）淬透性的实际意义　钢的淬透性是钢的热处理工艺性能，在生产中有重要的实际意义。工件在整体淬火条件下，从表面至中心是否淬透，对其力学性能有重要影响。在拉压、弯曲或剪切载荷下工作的零件，例如各类齿轮、轴类零件，希望整个截面都能被淬透，从而保证这些零件在整个截面上得到均匀的力学性能。选择淬透性较高的钢，即能满足这一性能要求。而淬透性较低的钢，零件截面不能全部淬透，表面到心部力学性能不同，尤其心部的冲击韧度很低。钢的淬透性越高，能淬透的工件截面尺寸越大。对于大截面的重要工件，为了增加淬透层的深度，必须选用过冷奥氏体很稳定的合金钢，工件越大，要求的淬透层越深，合金化程度越高。所以，淬透性是机器零件选材的重要参考数据。从热处理工艺性能考虑，对于形状复杂、要求变形很小的工件，如果钢的淬透性较高，如合金钢工件，可以在较缓慢的冷却介质中淬火。如果钢的淬透性很高，甚至可以在空气中冷却淬火，因此淬火变形更小。

2. 淬火加热

（1）加热温度的确定　淬火加热温度的选择应以得到细小均匀的奥氏体晶粒为原则，以便淬火后获得细小的马氏体组织。碳素钢的淬火加热温度范围如图8-5所示。淬火温度主要根据钢的临界点确定，亚共析钢通常加热至 Ac_3 以上 $30\sim50℃$；共析钢、过共析钢加热至 Ac_1 以上 $30\sim50℃$。亚共析钢淬火加热温度若在 $Ac_1\sim Ac_3$ 之间，则淬火组织中除马氏体外，还保留一部分铁素体，使钢的硬度和强度降低。但淬火温度也不能超过 Ac_3 点过高，以防奥氏体晶粒粗化。对于低碳钢、低碳低合金钢，如果采用加热温度略低于 Ac_3 点的亚温淬火，获得铁素体加马氏体（$5\%\sim20\%$）双相组织，即可保证钢的一定强度，又可保证

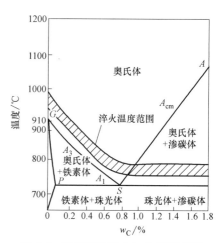

图8-5　碳素钢的淬火加热温度范围

钢具备良好的塑性、韧性和冲压成形性。过共析钢的加热温度限定在 Ac_1 以上 $30\sim50℃$ 是为了得到细小的奥氏体晶粒和保留少量渗碳体质点，淬火后得到隐晶马氏体和其上均匀分布的

粒状碳化物，不但使钢具有更高的强度、硬度和耐磨性，而且也具有较好的韧性。

除了化学成分以外，淬火加热温度还与其他因素有关。首先是工件的尺寸和形状的影响，一般来说大尺寸的工件宜用较高的淬火温度，小尺寸工件则采用较低的淬火温度。从工件的形状来看，形状简单的，淬火温度高一些也无妨；而形状复杂的，则应尽可能采用较低的淬火温度。还有就是冷却介质的影响，对于冷却能力较强的冷却介质（水及水基溶液），应采用较低的淬火温度；而采用冷却能力较小的油及熔盐作为冷却介质，则宜采用较高的淬火温度。最后是原始组织的影响，在一般情况下，原始组织的弥散度较大（如细片状珠光体）时，淬火加热温度应低一些；若工件原始组织中有带状组织或断续网状碳化物者，则淬火加热温度宜稍高一些。

（2）淬火加热速度和保温时间的确定　淬火时加热速度应尽量快，因为快速加热可以提高热处理车间的生产效率和降低成本，并能降低和消除氧化及脱碳。但是对于导热性差的合金钢或大型钢材，一定要经过预热，不能加热太快，否则将造成受热不均匀，会导致钢件变形或开裂。

所谓保温时间是指工件装炉后，从炉温上升到淬火温度算起到工件出炉为止所需要的时间。它包括工件的加热时间和内部组织充分转变所需要的时间。工件的加热时间与钢的化学成分、工件形状、尺寸或重量、加热介质、炉温等许多因素有关。

（3）淬火冷却介质　钢从奥氏体状态冷至 Ms 点以下所用的冷却介质叫作淬火介质。介质冷却能力越大，钢的冷却速度越快，越容易超过钢的临界淬火速度，则工件越容易淬透，淬透层的深度越深。但是，冷却速度过大将产生巨大的淬火应力，易使工件产生变形或开裂。因此，理想淬火介质的冷却能力应当如图 8-6 曲线所示。650℃ 以上应当缓慢冷却，以尽量降低淬火热应力，650～400℃ 之间应当快速冷却，以通过过冷奥氏体最不稳定的区域，避免发生珠光体或贝氏体转变。但是在 400℃ 以下 Ms 点附近的温度区域，应当缓慢冷却，以尽量减小马氏体转变时产生的组织应力。

常用淬火介质有水、盐水或碱水溶液及各种矿物油等。

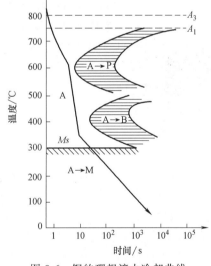

图 8-6　钢的理想淬火冷却曲线

水的冷却特性很不理想，在需要快冷的 650～400℃ 区间，其冷却速度较小，不超过 200℃/s，而在需要慢冷的马氏体转变温度区，其冷却速度又太大，在 340℃ 最大冷却速度高达 775℃/s，很容易造成淬火工件的变形或开裂。此外，水温对水的冷却特性影响很大，水温升高，高温区的冷却速度显著下降，而低温区的冷却速度仍然很高。因此淬火时水温不应超过 30℃，加强水循环和工件的搅动可以加速工件在高温区的冷却速度。水虽然不是理想淬火介质，但其成本低，适用于尺寸不大、形状简单的碳素钢工件淬火。

$w_{NaCl} = 10\%$ 或 $w_{NaOH} = 10\%$ 的水溶液可使高温区（500～650℃）的冷却能力显著提高，前者使纯水的冷却能力提高 10 倍以上，而后者的冷却能力更高。但这两种水基淬火介质在低温区（200~300℃）的冷却速度也很快。

油也是一种常用的淬火介质。目前工业上主要采用矿物油，如锭子油、全损耗系统用油、柴油等。油的主要优点是低温区的冷却速度比水小得多，从而大大降低淬火工件的组织应力，减小变形和开裂倾向。油在高温区间冷却能力低是其主要缺点。但对于过冷奥氏体比较稳定的合金钢，油是合适的淬火介质。与水相反，提高油温可以降低黏度，增大流动性，故可提高高温区间的冷却能力。但是油温过高，容易着火，故一般应控制在60~80℃。

上述几种淬火介质各有优缺点，均不属于理想的冷却介质。水的冷却能力很大，但冷却特性不好；油冷却特性较好，但其冷却能力又低。因此，寻找冷却能力介于油、水之间，冷却特性近于理想淬火介质的新型淬火介质是人们努力的目标。由于水是价廉、容易获得、性能稳定的淬火介质，因此目前世界各国都在发展有机水溶液作为淬火介质。

8.2.2　淬火方法

选择适当的淬火方法同选用淬火介质一样，可以保证在获得所要求的淬火组织和性能条件下，尽量减小淬火应力，减少工件变形和开裂倾向。常用淬火方法有：

1. 单液淬火法

单液淬火法是将加热至奥氏体状态的工件放入一种淬火介质中一直冷却到室温的淬火方法（图8-7曲线1）。这种淬火方法适用于形状简单的碳素钢和合金钢工件。一般来说，碳素钢临界淬火速度高，尤其是尺寸较大的碳素钢工件多采用水淬，而小尺寸碳素钢件及过冷奥氏体较稳定的合金钢件则可采用油淬。

单液淬火的优点是操作简便，但只适用于小尺寸且形状简单的工件。对尺寸较大的工件，实行单液淬火容易产生较大的变形或开裂。

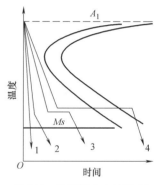

图8-7　各种淬火方法冷却曲线示意

2. 双液淬火法

双液淬火法是将加热至奥氏体状态的工件在冷却能力强的淬火介质中冷却至接近Ms点温度时，再立即转入冷却能力较弱的淬火介质中冷却，直至完成马氏体转变（图8-7曲线2）。一般用水作为快冷淬火介质，用油作为慢冷淬火介质。有时也可以采用水淬、空冷的方法。这种淬火方法充分利用了水在高温区冷却速度快和油在低温区冷却速度慢的优点，既可以保证工件得到马氏体组织，又可以降低工件变形或开裂。尺寸较大的碳素钢工件适宜采用这种淬火方法。

3. 分级淬火法

分级淬火法是将奥氏体状态的工件首先淬入略高于钢的Ms点的盐浴或碱浴炉中保温，当工件内外温度均匀后，再从浴炉中取出空冷至室温，完成马氏体转变（见图8-7曲线3）。这种淬火方法由于工件内外温度均匀并在缓慢冷却条件下完成马氏体转变，不仅减小了热应力（比双液淬火小），而且能显著降低组织应力，因而有效地减小或防止了工件淬火变形和开裂，同时还克服了双液淬火出水入油时间难以控制的缺点。但由于这种淬火方法冷却介质温度较高，工件在浴炉冷却速度较慢，而等温时间又有限制，大截面零件难以达到其临界淬火速度，因此，只适用于尺寸较小的工件，如刀具、量具和要求变形很小的精密工件。

4. 等温淬火

等温淬火是将奥氏体化后的工件淬入 Ms 点以上某温度（一般在 $Ms \sim Mf+30℃$ 之间）的盐浴中等温保持足够长的时间，使之转变为下贝氏体组织，然后于空气中冷却的淬火方法（见图8-7曲线4）。等温淬火实际上是分级淬火的进一步发展，所不同的是等温淬火获得下贝氏体组织。等温淬火可以显著减小工件变形和开裂倾向，适宜处理形状复杂、尺寸要求精密的工具和重要的机器零件，如模具、刀具、齿轮等。同分级淬火一样，等温淬火一般也只能适用于尺寸较小的工件。

5. 冷处理

高碳钢及一些合金钢，Mf 点位于零度以下，淬火后组织中有大量残留奥氏体。把淬冷到室温的钢继续冷却到$-70 \sim -80℃$，保温一段时间，使残留过冷奥氏体在继续冷却过程中转变为马氏体，提高硬度和耐磨性，稳定尺寸，这种操作称为冷处理。冷处理主要应用于重要的精密零件、量具，如游标卡尺、螺旋尺、钢尺、砝码等。冷处理温度的确定主要是根据钢的 Mf 点确定，同时还需要考虑对工件的性能要求和设备条件等因素。冷处理以后务必进行回火或时效，以获得更稳定的回火马氏体组织，并使残留奥氏体进一步转变和稳定化，同时使淬火应力充分消除。

8.2.3 钢的回火

回火是将淬火钢在 A_1 以下温度加热，使其转变为稳定的回火组织，并以适当方式冷却到室温的工艺过程。回火的主要目的是减少或消除淬火应力，保证相应的组织转变，提高钢的韧性和塑性，获得硬度、强度、塑性和韧性的适当配合，以满足各种用途工件的性能要求。决定工件回火后的组织和性能的最重要因素是回火温度。根据工件的组织和性能要求，回火可分为低温回火、中温回火和高温回火等几种。

1. 低温回火

低温回火温度约为 $150 \sim 250℃$，回火组织主要为回火马氏体。和淬火马氏体相比，回火马氏体既保持了钢的高硬度、高强度和良好耐磨性，又适当提高了韧性。因此，低温回火特别适用于刀具、量具、滚动轴承、渗碳件及高频感应淬火工件。低温回火钢大部分是淬火高碳钢和高碳合金钢，经淬火并低温回火后得到隐晶回火马氏体和细粒状碳化物组织，具有很高的硬度（回火后硬度可达 $58 \sim 64HRC$）和耐磨性，同时显著降低了钢的淬火应力和脆性。对于淬火获得低碳马氏体的钢，经低温回火后可以减少内应力，并进一步提高钢的强度和塑性，保持优良的综合力学性能。

2. 中温回火

中温回火温度一般在 $350 \sim 500℃$，回火组织为回火托氏体。中温回火后，淬火应力基本消失，因此钢具有高的弹性极限，较高的强度（包括高温强度）和硬度，良好的塑性和韧性。中温回火主要用于各种弹簧零件及热锻模具，回火后硬度可达 $35 \sim 50HRC$。为避免发生第一类回火脆性，一般中温回火温度不宜低于 $350℃$。

3. 高温回火

高温回火温度约为 $500 \sim 650℃$，回火组织为回火索氏体。淬火和随后的高温回火叫作调质处理。经调质处理后，钢具有优良的综合力学性能。因此，高温回火主要适用于中碳结构钢或低合金结构钢，如发动机曲轴、连杆、连杆螺栓、汽车半轴、机床主轴及齿轮等。这些机器零件在使用中要求较高的强度并能承受冲击和交变负荷的作用。

必须指出，一些高碳合金钢（如高速工具钢、高铬钢）的回火处理温度一般高达500~600℃，在此温度范围内回火，将促使残留奥氏体转变，并使马氏体回火，这样就可以在硬度不下降或反而稍有上升的情况下，得到回火马氏体，改善力学性能。这与结构钢的调质处理在本质上是不同的，不能称为调质处理。

回火保温时间应保证工件各部分温度均匀，同时保证组织转变充分进行，并尽可能降低或消除内应力。生产上常以硬度来衡量淬火钢的回火转变程度。图8-8所示为回火温度和回火时间对 $w_C = 0.98\%$ 的钢硬度的影响。由图可见，在各个回火温度下，一般在最初的半小时内硬度变化最快，回火时间超过2h后，硬度变化很小。因此，生产上一般工件的回火时间均为1~2h。

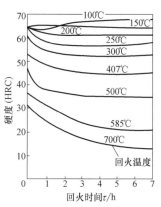

图8-8 回火温度和时间对淬火钢（ $w_C = 0.98\%$ ）回火后硬度的影响

8.2.4 淬火钢的回火转变

淬火钢的组织主要是马氏体或马氏体加残留奥氏体，而且有较大的淬火应力。马氏体和残留奥氏体在室温下都处于亚稳定状态，马氏体处于含碳过饱和状态，残留奥氏体处于过冷状态，它们都趋于向铁素体加渗碳体（碳化物）的稳定状态转化。但在室温下，原子扩散能力很低，这种转化很难进行，回火则促进这种组织转化。因此淬火钢件必须立即回火，以消除或减少内应力，防止变形或开裂，并获得稳定的组织和需要的性能。为了保证淬火钢回火获得需要的组织和性能，必须研究淬火钢在回火过程中的组织转变规律，探讨回火钢性能和组织形态的关系，并为正确制定回火工艺提供理论依据。

1. 淬火钢的回火转变及其组织

淬火碳素钢回火时，随着回火温度升高和回火时间的延长，相应地要发生如下几种转变。

（1）马氏体中碳的偏聚 在80℃以下很低的温度回火时，铁原子和合金元素难以进行扩散迁移，碳原子也只能作短距离的迁移。板条马氏体内存在着大量位错，碳原子倾向于偏聚在位错线附近的间隙位置，降低马氏体的弹性畸变能。片状马氏体的亚结构主要是孪晶。

（2）马氏体分解 当回火温度超过80℃时，马氏体开始发生分解，碳化物从过饱和的 α 固溶体中析出。马氏体分解持续到350℃以上，在高合金钢中甚至可持续到600℃。回火温度对马氏体分解起决定作用。马氏体的含碳量随回火温度的变化规律如图8-9所示。马氏体的含碳量随回火温度升高不断降低，高碳钢的马氏体含碳量降低较快。回火时间对马氏体中含碳量影响较小（见图8-10）。当回火温度高于150℃后，在一定温度下，随回火时间延长，在开始1~2h内，过饱和碳从马氏体中析出很快，然后逐渐

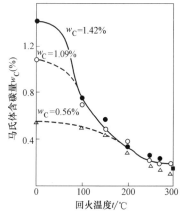

图8-9 马氏体的含碳量与回火温度的关系

减慢，随后再延长时间，马氏体中含碳量变化不大。因此，钢的回火保温时间常在 2h 左右。回火温度越高，回火初期碳含量下降越多，最终马氏体碳含量越低。

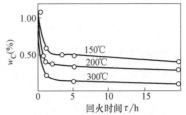

图 8-10　$w_C = 1.09\%$ 的钢在不同温度回火时马氏体中含碳量与回火时间的关系

高碳钢在 350℃ 以下回火时，马氏体分解后形成的低碳 α 相和弥散 ε-碳化物组成的双相组织称为回火马氏体。这种组织较淬火马氏体容易腐蚀，故在光学显微镜下呈黑色针状组织（见图 8-11）。回火马氏体中 α 相碳的质量分数为 $w_C = 0.2\% \sim 0.3\%$，ε-碳化物具有密排六方晶格。

（3）残留奥氏体的转变　钢淬火后总是多少存在一些残留奥氏体。$w_C > 0.5\%$ 的碳素钢或低合金钢淬火后，有可观数量的残留奥氏体。高碳钢淬火后于 250~300℃ 之间回火时，将发生残留奥氏体分解。淬火高碳钢在 200~300℃ 回火时，残留奥氏体分解为 α 相和 ε-Fe$_x$C 组成的机械混合物，也称为回火马氏体或下贝氏体。

（4）碳化物的转变　马氏体分解及残留奥氏体转变形成的 ε-碳化物是亚稳定的过渡相。当回火温度升高至 250~400℃ 时，ε-碳化物则向更稳定的碳化物转变。碳素钢中比 ε-碳化物稳定的碳化物有两种：一种是 χ-碳化物，化学式是 Fe$_3$C$_2$，具有单斜晶格；另一种是更稳定的 θ-碳化物，即为渗碳体（Fe$_3$C）。碳化物的转变主要取决于回火温度，也与回火时间有关。随着回火时间的延长，发生碳化物转变的温度降低。

当回火温度升高到 400℃ 以后，淬火马氏体完全分解，但 α 相仍保持针状外形，先前形成的 ε-碳化物和 χ-碳化物此时已经消失，全部转变为细粒状 θ-碳化物，即渗碳体。这种由针状 α 相和细粒状渗碳体组成的机械混合物叫作回火托氏体。图 8-12 所示为淬火高碳钢 400℃ 回火时得到的回火托氏体的金相显微组织，其渗碳体颗粒已难以分辨。在电子显微镜下可以清楚地看出回火托氏体中 α 相和细粒状渗碳体。

图 8-11　$w_C = 1.3\%$ 的钢经 1150℃ 水淬、200℃ 回火 1h 后金相显微组织

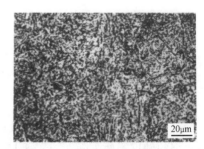

图 8-12　$w_C = 0.8\%$ 的钢在 850℃ 淬火并经 400℃ 回火 1h 后的金相显微组织

（5）渗碳体的聚集长大和 α 相再结晶　当回火温度升高到 400℃ 以上时，渗碳体开始明显地聚集长大。当回火温度高于 600℃ 时，细粒状碳化物将迅速聚集并粗化。在碳化物聚集长大的同时，α 相的状态也在不断发生变化。马氏体晶粒不呈等轴状，而是通过切变方式形成，因此和冷塑性变形金属相似，在回火过程中 α 相也会发生回复和再结晶。淬火钢在 500~650℃ 得到的回复或再结晶的铁素体和粗粒状渗碳体的机械混合物叫作回火索氏体。在光学显微镜下能分辨出颗粒状渗碳体（见图 8-13），在电子显微镜下可看到渗碳体颗粒明显

粗化。

2. 淬火钢在回火时性能的变化

淬火钢回火时，随回火温度的变化，力学性能将发生一定的变化，这种变化与显微组织的变化有密切的关系。

碳素钢随着回火温度的升高，其抗拉强度及屈服强度不断下降，而断后伸长率 A 和断面收缩率 Z 不断升高（见图 8-14）。但在 200～300℃ 较低温度回火时，由于内应力的消除，钢的强度和硬度都得到提高。对于一些工具材料，可采用低温回火以保证较高的强度和耐磨性

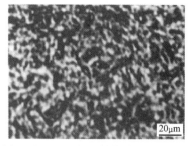

图 8-13　$w_C = 0.8\%$ 的钢在 990℃ 淬火
并经 600℃ 回火 1h 后的组织

（见图 8-14c）。但高碳钢低温回火后塑性较差，而低碳钢低温回火后具有良好的综合力学性能（见图 8-14a）。在 300～400℃ 回火时，钢的弹性极限 σ_e 最高，因此一些弹簧钢件均采用中温回火。当回火温度进一步提高时，钢的强度迅速下降，但钢的塑性和韧性却随回火温度升高而提高。在 500～600℃ 回火时，塑性达到较高的数值，并且保留相当高的强度。因此，中碳钢采用淬火加高温回火（调质），可以获得良好的综合力学性能（见图 8-14b）。

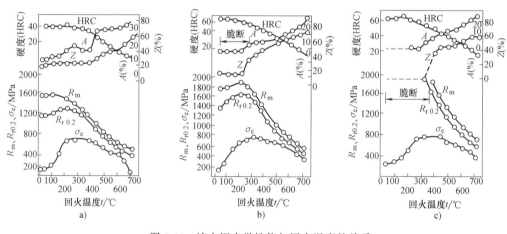

图 8-14　淬火钢力学性能与回火温度的关系
a) $w_C = 0.2\%$　b) $w_C = 0.41\%$　c) $w_C = 0.82\%$

淬火钢在回火时硬度变化的总趋势是：随着回火温度的升高，钢的硬度不断下降，如图 8-15 所示。$w_C > 0.8\%$ 的高碳钢在 100℃ 左右回火时，硬度反而略有升高，这是由于马氏体中碳原子的偏聚及大量弥散的 ε-碳化物析出造成的。在 200～300℃ 之间回火，高碳钢硬度下降的趋势变得平缓。显然，这是由于残留奥氏体分解为回火马氏体使钢的硬度升高及马氏体大量分解使钢的硬度下降综合作用的结果。回火温度在 300℃ 以上时，由于 ε-碳化物转变为渗碳体，以及渗碳体的聚集长大，而使钢的硬度呈直线下降。

合金元素可使钢的各种回火转变温度范围向高温推移，

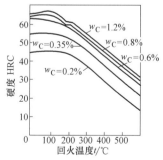

图 8-15　回火温度对淬火钢
回火后硬度的影响

可以减少钢在回火过程中硬度下降的趋势，说明合金钢回火稳定性高，比碳素钢具有更高的耐回火性，即回火抗力高。与相同含碳量的碳素钢相比，在高于 300℃ 回火时，在相同回火温度和回火时间情况下，合金钢具有较高的强度和硬度。反过来，为得到相同的强度和硬度，合金钢可以在更高温度下回火，这又有利于钢的韧性和塑性的提高。

3. 回火脆性

淬火钢回火时的冲击韧度并不总是随回火温度的升高单调地增大，有些钢在一定的温度范围内回火时，其冲击韧度会显著下降，这种脆化现象叫作钢的回火脆性（见图 8-16）。钢在 250~400℃ 温度范围内出现的回火脆性叫作第一类回火脆性，也叫低温回火脆性，在 450~650℃ 温度范围内出现的回火脆性叫做第二类回火脆性，也叫高温回火脆性。

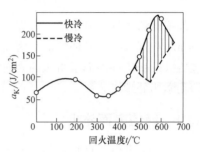

图 8-16 $w_C = 0.3\%$、$w_{Cr} = 1.74\%$、$w_{Ni} = 3.4\%$ 钢的冲击韧度与回火温度的关系

（1）第一类回火脆性 第一类回火脆性几乎在所有的工业用钢中都会出现。钢中含有的合金元素一般不能抑制第一类回火脆性，但 Si、Cr、Mn 等元素可使脆化温度推向更高温度。到目前为止，还没有一种有效地消除第一类回火脆性的热处理或合金化方法。这类回火脆性一旦出现，便无法挽回，所以又称为不可逆回火脆性。为了防止第一类回火脆性，通常的办法是避免在脆化温度范围内回火。

（2）第二类回火脆性 第二类回火脆性主要在合金结构钢中出现，碳素钢一般不出现这类回火脆性。第二类回火脆性通常在 550℃ 左右回火保温后缓冷的情况下出现，若快速冷却，脆化现象将消失或受到抑制。因此，这种回火脆性可以通过再次高温回火并快冷的办法消除。但是，若将已消除脆性的钢件重新高温回火并随后缓冷，脆化现象又将再次出现。为此，第二类回火脆性又称可逆回火脆性。钢中含有 Cr、Mn、P、As、Sb 等元素时，会使第二类回火脆性倾向增大。如果钢中除 Cr 以外，还含有 Ni 或相当量的 Mn 时，则第二类回火脆性更为显著。W、Mo 等元素能减弱第二类回火脆性产生的倾向。

防止或减轻第二类回火脆性的方法很多。采用高温回火后快冷的方法可抑制回火脆性，但这种方法不适用于对回火脆性敏感的较大工件。在钢中加入 Mo、W 等合金元素阻碍杂质元素在晶界上偏聚，也可以有效地抑制第二类回火脆性。此外，对亚共析钢可采用在 $A_1 \sim A_3$ 临界区亚温淬火的方法，使 P 等有害杂质元素溶入残留的铁素体中，从而减小这些杂质在原始奥氏体晶界上的偏聚，也可以显著减弱第二类回火脆性。还有，选择含杂质元素极少的优质钢材以及采用形变热处理等方法，都可以减弱第二类回火脆性。

4. 淬火后的回火产物与奥氏体直接分解产物的性能比较

同一钢件经淬火加回火处理后，可以得到回火托氏体和回火索氏体组织，由过冷奥氏体直接分解也能得到托氏体和索氏体组织。它们都是铁素体加碳化物的珠光体类型组织，但是回火托氏体和回火索氏体中的碳化物是呈颗粒状的，而托氏体和索氏体中的碳化物是片状的。碳化物呈颗粒状的组织使钢的许多性能得到改善。因此，工程上凡是承受冲击并要求优良综合力学性能的工件都要进行淬火加高温回火处理，即调质处理，以得到具有优良综合力学性能的回火索氏体组织。

对于具有回火脆性的钢种，进行等温淬火获得的下贝氏体比淬火加低温回火获得回火马氏体的性能优越得多。所以当回火温度处于第一类回火脆性温度区域时，生产上在条件可能的情况下尽量采用等温淬火方法，取代淬火加低温回火，以获得优良的综合力学性能。

任务8.3 钢的表面热处理工艺操作

某些机器零件在复杂应力条件下工作时，表面和心部承受不同的应力状态，往往要求零件表面和心部具有不同的性能。为此，除上述整体热处理外，还发展了表面热处理技术，其中包括只改变工件表面层组织的表面淬火工艺和既改变工件表面层组织，又改变表面化学成分的化学热处理工艺。

8.3.1 钢的表面淬火

表面淬火是将工件快速加热到淬火温度，然后迅速冷却，仅使表面层获得淬火组织的热处理方法。齿轮、凸轮、曲轴及各种轴类等零件在扭转、弯曲等交变载荷下工作，并承受摩擦和冲击，其表面要比心部承受更高的应力。因此，要求零件表面具有高的强度、硬度和耐磨性，要求心部具有一定的强度、足够的塑性和韧性。采用表面淬火工艺可以达到这种"表硬心韧"的性能要求。根据工件表面加热热源的不同，钢的表面淬火有很多种，例如感应加热、火焰加热、电接触加热、电子束加热、电解液加热以及激光加热等表面淬火工艺。这里仅介绍常用的火焰淬火和感应淬火。

1. 火焰淬火

火焰淬火法是用乙炔-氧或煤气-氧的混合气体燃烧的火焰，喷射在零件表面上，快速加热，当达到淬火温度后，立即喷水或用乳化液进行冷却的一种方法，如图 8-17 所示。火焰淬火适用于 $w_C = 0.3\% \sim 0.7\%$ 的钢，常用的有 35 钢、45 钢，以及合金结构钢，如 40Cr、65Mn 等。如果含碳量太低，则淬火后硬度低；若碳和合金元素含量过高，则容易淬裂。火焰淬火的淬透层深度一般为 $2 \sim 6mm$。火焰淬火的设备简单，淬火速度快，变形小，适用于局部磨损的工件，如轴、齿轮、轨道、行车走轮等，用于特大件，更为经济有利。但火焰淬火容易过热，淬火效果不稳定，因而在使用上有一定的局限性。

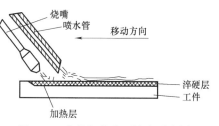

图 8-17 火焰加热表面淬火示意图

2. 感应淬火

感应淬火是利用电磁感应原理，在工件表面产生密度很高的感应电流，产生表面效应或趋肤效应，并使之迅速加热至奥氏体状态，随后快速冷却（通常采用喷射冷却法）获得马氏体组织的淬火方法，如图 8-18 所示。感应圈用纯铜管制做，内通冷却水。当工件表面在感应圈内加热到相变温度时，立即喷水或浸水冷却，实现表面淬火工艺。感应淬火和普通加热淬火相比具

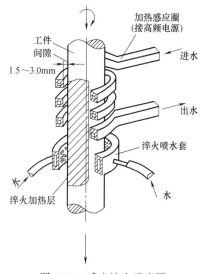

图 8-18 感应淬火示意图

有加热速度快、加热效率高、淬火变形小、工件质量好、经济环保等优点，因此得到广泛应用。

根据电流频率，可将感应淬火分为三类：高频感应淬火，常用电流频率为 $80 \sim 1000kHz$，可获得的表面硬化层深度为 $0.5 \sim 2mm$，主要用于中小模数齿轮和小轴的表面淬火；中频感应淬火，常用电流频率为 $2500 \sim 8000Hz$，可获得 $3 \sim 6mm$ 深的硬化层，主要用于要求淬硬层较深的零件，如发动机曲轴、凸轮轴、大模数齿轮、较大尺寸的轴和钢轨的表面淬火；工频感应淬火，电流频率为 $50Hz$，可获得 $10 \sim 15mm$ 以上的硬化层，适用于大直径钢材的穿透加热及要求淬硬层深的大工件的表面淬火。

8.3.2　钢的化学热处理

将金属工件放入含有某种活性原子的化学介质中，通过加热使介质中的原子扩散渗入工件一定深度的表层，改变其化学成分和组织并获得与心部不同性能的热处理工艺叫作化学热处理。和表面淬火不同，化学热处理后的工件表面不仅有组织的变化，而且也有化学成分的变化。可以说，钢的化学热处理就是改变钢的表层化学成分和性能的一种热处理工艺。化学热处理后的钢件表面可以获得比表面淬火更高的硬度、耐磨性和疲劳强度，心部在具有良好的塑性和韧性的同时，还可获得较高的强度。通过适当的化学热处理，还可使钢件表层具有减摩、耐腐蚀等特殊性能。因此，化学热处理工艺已获得越来越广泛的应用。化学热处理种类很多，根据渗入元素的不同，可分为渗碳、渗氮（氮化）、碳氮共渗（氰化）、多元共渗、渗硼、渗金属等。

1. 钢的渗碳

将低碳钢件放入渗碳介质中，在 $900 \sim 950℃$ 加热保温，使活性碳原子渗入钢件表面并获得高碳渗层的工艺方法叫作渗碳。齿轮、凸轮、活塞、轴类等许多重要的机器零件经过渗碳及随后的淬火并低温回火后，可以获得很高的表面硬度、耐磨性以及高的接触疲劳强度和弯曲疲劳强度。而心部仍保持

气体渗碳工艺

低碳，具有良好的塑性和韧性。因此，渗碳可使同一材料制作的机器零件兼有高碳钢和低碳钢的性能，从而使这些零件既能承受磨损和较高的表面接触应力，同时又能承受弯曲应力及冲击负荷的作用。根据渗碳剂的不同，渗碳方法有固体渗碳、气体渗碳和液体渗碳。常用的是前两种，尤其是气体渗碳应用最为广泛。

为了充分发挥渗碳层的作用，使零件表面获得高硬度和高耐磨性，心部保持足够的强度和韧性，零件在渗碳后必须进行热处理。对于本质细晶粒钢，通常渗碳后可预冷至淬火温度直接淬火，然后进行 $180 \sim 220℃$ 低温回火。预冷的主要目的是减少零件与淬火介质之温差，减小淬火应力和变形。对于固体渗碳零件、本质粗晶粒钢渗碳后不能直接淬火的零件，也可从渗碳温度立即空冷后再次加热淬火，然后进行低温回火。

2. 钢的渗氮

向钢件表面渗入氮元素，形成富氮硬化层的化学热处理称为渗氮，通常也称为氮化。和渗碳相比，钢件渗氮后具有更高的表面硬度和耐磨性。渗氮后钢件的表面硬度高达 $950 \sim 1200HV$，相当于 $65 \sim 72HRC$。这种高硬度和高耐磨性可保持到 $560 \sim 600℃$ 而不降低，故氮化钢件具有很好的热稳定性。由于氮化层体积胀大，在表层形成较大的残余压应力，因此可以获得比渗碳更高的疲劳强度、抗咬合性能和低的缺口敏感性。渗氮后由于钢件表面形成致

密的氮化物薄膜，因而具有良好的耐腐蚀性能。此外，渗氮温度低（500~600℃），渗氮后钢件不需热处理，因此渗氮件变形很小。由于上述性能特点，渗氮在机械工业中获得了广泛应用，特别适宜许多精密零件的最终热处理，如磨床主轴、镗床镗杆、精密机床丝杠、内燃机曲轴以及各种精密齿轮和量具等。

目前常用的是气体渗氮，即将氨气通入加热到渗氮温度的密封渗氮罐中，使其分解出活性氮原子并被钢件表面吸收、扩散形成一定深度的渗氮层。氮和许多合金元素都能形成氮化物，如 CrN、Mo_2N、AlN 等，这些弥散的合金氮化物具有高的硬度和耐磨性，同时具有高的耐蚀性。因此 Cr-Mo-Al 钢得到了广泛应用，其中最常用的渗氮钢是 38CrMoAl。钢件渗氮后一般不进行热处理。为了提高钢件心部的强韧性，渗氮前必须进行调质处理。

由于氨气分解温度较低，故通常的渗氮温度在 500~580℃ 之间。在这种较低的处理温度下，氮原子在钢中扩散速度很慢，渗氮所需时间很长，渗氮层也较薄。例如 38CrMoAl 钢制压缩机活塞杆为获得 0.4~0.6mm 的渗氮层深度，渗氮保温时间需 60h 以上。

为了缩短渗氮周期，目前广泛采用等离子渗氮工艺。等离子渗氮工艺适用于所有钢种和铸铁，渗氮速度快，渗氮层及渗氮组织可控，变形极小，而且降低了渗氮层的脆性，显著提高了钢的韧性、表面硬度和疲劳强度。

3. 钢的碳氮共渗

向钢件表层同时渗入碳和氮的过程称为碳氮共渗，俗称氰化。碳氮共渗方法有液体和气体两种。液体碳氮共渗使用的介质氰盐是剧毒物质，污染环境，故逐渐为气体碳氮共渗所替代。根据共渗温度不同，碳氮共渗可分为高温（900~950℃）、中温（700~880℃）及低温（500~570℃）三种。目前工业上广泛应用的是中温和低温气体碳氮共渗。其中低温气体碳氮共渗主要是提高耐磨性及疲劳强度，而硬度提高不多，故又称为软氮化，多用于工模具。中温气体碳氮共渗多用于结构零件。

4. 钢的渗硼

用活性硼原子渗入钢件表层并形成铁的硼化物的化学热处理工艺称为渗硼。渗硼能显著提高钢件的表面硬度（1300~2000HV）和耐磨性，同时具有良好的耐热性和耐蚀性，因此近年来渗硼工艺得到了迅速发展。

任务8.4　钢的形变热处理

为进一步提高零件的使用性能和加工零件的质量，降低制造成本，有时还把两种或几种加工工艺混合在一起，构成复合加工工艺。形变热处理是将塑性变形和热处理有机结合在一起的一种复合工艺。该工艺既能提高钢的强度，又能改善钢的塑性和韧性，同时还能简化工艺，节省能源。因此，形变热处理是提高钢的强韧性的重要手段之一。形变热处理虽有很大优点，但增加了变形工序，设备和工艺条件受到限制，对于形状复杂的工件、大工件、变形后需要进行切削加工或焊接的工件不宜采用形变热处理。因此，此工艺的应用具有很大的局限性。

根据形变的温度以及形变所处的组织状态，形变热处理分很多种，这里仅介绍高温形变热处理和低温形变热处理。

1. 高温形变热处理

高温形变热处理是将钢加热至 Ac_3 以上，在稳定的奥氏体温度范围内进行变形，然后立即淬火，使之发生马氏体转变并回火，得到所需要的性能（见图 8-19）。由于形变温度远高于钢的再结晶温度，形变强化效果易于被高温再结晶所削弱，故应严格控制变形后至淬火前的停留时间，形变后要立即淬火冷却。高温形变热处理和一般热处理相比，在提高钢的抗拉强度和屈服强度的同时，还能改善钢的塑性和韧性。

高温形变热处理适用于一般碳素钢、低合金钢结构零件以及机械加工量不大的锻件或轧材，如连杆、曲轴、弹簧、叶片及各种农机具零件。锻轧余热淬火是用得较成功的高温形变热处理工艺，我国的柴油机连杆等调质件已在生产上采用此种工艺。

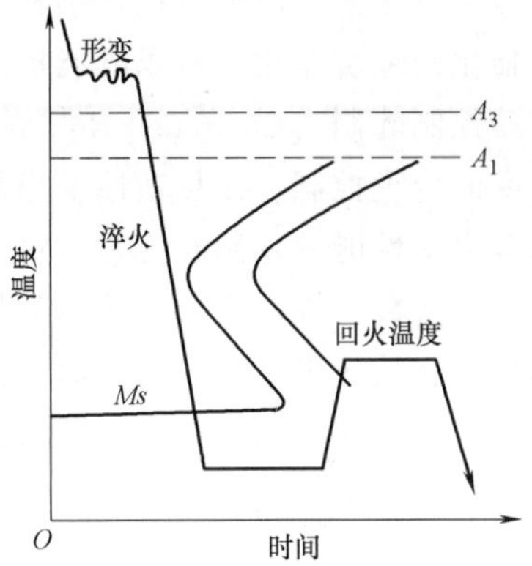

形变温度和形变量显著影响高温形变热处理的强化效果。形变温度高，形变至淬火停留时间长，容易发生再结晶软化过程，减弱变形强化效果，故一般终轧温度以900℃左右为宜。形变量增加，强度增加，塑性下降。但当形变量超过40%以后，反而强度降低，塑性增加。这是由于明显的变形热效应使钢温度升高，加快再结晶软化过程，故高温形变热处理的形变量控制在 20%～40% 之间具有最佳的拉伸、冲击、疲劳性能及断裂韧性。

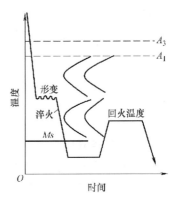

图 8-19 高温形变热处理工艺过程示意图

2. 低温形变热处理

低温形变热处理是将钢加热至奥氏体状态，迅速冷却至 Ac_1 点以下、Ms 点以上过冷奥氏体亚稳温度范围进行大量塑性变形，然后立即淬火并回火至所需要的性能（见图 8-20）。塑性变形可采用锻造、轧制或拉拔等加工方法。该工艺仅适用于珠光体转变区和贝氏体转变区之间（400～550℃）有很长孕育期的某些合金钢。在该温度区间进行变形，可防止珠光体或贝氏体相变。低温形变热处理在钢的塑性和韧性不降低或降低不多的情况下，可以显著提高钢的强度和疲劳极限，提高钢抗磨损和抗回火的能力，故低温形变热处理比高温形变热处理具有更高的强化效果，而塑性并不降低。

图 8-20 低温形变热处理工艺过程示意图

低温形变热处理使钢显著强化的原因主要是钢经低温形变后，亚晶细化，位错密度大大提高，从而强化了马氏体。形变使奥氏体晶粒细化，进而又细化了马氏体片，对强度也有贡献；对于含有强碳化物形成元素的钢，奥氏体在亚稳区形变时，促使碳化物弥散析出，使钢的强度进一步提高。由于奥氏体内合金碳化物析出使其碳及合金元素量减少，提高了钢的 Ms 点，大大减少了孪晶马氏体的量，因此低温形变热处理钢又具有良好的塑性和韧性。

低温形变热处理可用于结构钢、弹簧钢、轴承钢及工具钢。经低温形变热处理后，结构钢强度和韧性显著提高，弹簧钢疲劳强度、轴承钢强度和塑性、高速工具钢切削性能和模具钢耐回火性均得到提高。

【知识拓展1】 钢的控制轧制与控制冷却

目前在轧钢生产中广泛采用的控制轧制与控制冷却技术从本质上讲也属于形变热处理，即轧制和热处理相结合的复合加工工艺。

控制轧制和控制冷却工艺是一项节约合金、简化工序、节约能源消耗的先进轧钢技术。它能通过工艺手段充分挖掘钢材潜力，大幅度提高钢材综合性能。由于它具有形变强化和相变强化的综合作用，所以既能提高钢材强度，又能改善钢材的韧性和塑性。

控制轧制（Controlled Rolling）是在热轧过程中通过对金属加热制度、变形制度和温度制度的合理控制，使热塑性变形与固态相变结合，以获得细小晶粒组织，使钢材具有优良的综合力学性能的轧制新工艺。对于低碳钢、低合金钢来说，采用控制轧制工艺主要是通过控制工艺参数，细化变形奥氏体晶粒，经过奥氏体向铁素体和珠光体的相变，形成细化的铁素体晶粒和较为细小的珠光体球团，从而达到提高钢的强度、韧性和焊接性能的目的。

控制冷却（Controlled Cooling）是控制轧后钢材的冷却速度，达到改善钢材组织和性能的新工艺。由于热轧变形的作用，促使变形奥氏体向铁素体转变温度 Ar_3 提高，相变后的铁素体晶粒容易长大，造成力学性能降低。为细化铁素体晶粒，减小珠光体片层间距，阻止碳化物在高温下析出，以提高析出强化效果，因而采用控制冷却工艺。控制轧制与控制冷却相结合，能将热轧钢材的两种强化效果（细晶强化和析出强化）相结合，进一步提高钢材的强韧性和获得合理的综合力学性能。

1. 控制轧制

钢组织的再结晶对钢的控制轧制起决定性作用，尤其是控制轧制时变形温度更为重要。因此，根据钢在控制轧制时所处的温度范围，将控制轧制分为以下三个阶段。

（1）奥氏体再结晶区控制轧制（又称Ⅰ型控制轧制） 如图 8-21a 所示，奥氏体再结晶区控制轧制是将钢加热到奥氏体再结晶温度以上进行轧制，使变形与再结晶（动态再结晶）同时进行，经过变形和再结晶不断交替发生，使奥氏体晶粒逐步细化，变形后急冷至室温，以固定变形时形成的组织，然后进行回火或时效。为了不使再结晶后的奥氏体晶粒长大，要严格控制临近终轧的几个道次压下量、轧制温度和道次间隙时间，终轧温度应临近相变点。一般终轧温度控制在 900℃ 以下，终轧压下达到 20%～30%。

（2）奥氏体未再结晶区控制轧制（又称Ⅱ型控制轧制） 奥氏体未再结晶区控制轧制是

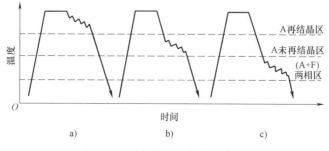

图 8-21 控制轧制三阶段示意图

a）奥氏体再结晶区控制轧制 b）奥氏体未再结晶区控制轧制 c）两相区控制轧制

将钢加热到奥氏体再结晶温度和 Ar_3 之间进行轧制，随着变形量的增加，奥氏体晶粒被破碎或拉长，并在晶内形成变形带，在奥氏体向铁素体相变时，增加了铁素体的形核率，使铁素体晶粒细化，变形后进行急冷，然后回火，如图8-21b所示。一般要求钢具有一定的化学成分，以阻止或延迟奥氏体再结晶，并提高再结晶温度。

（3）两相区控制轧制（又称Ⅲ型控制轧制） 两相区控制轧制是将钢加热到奥氏体加铁素体的两相区（Ar_3 以下）进行轧制（图8-21c），不但奥氏体晶粒发生了变形而后转变成细小的铁素体晶粒，而且相变后的铁素体晶粒也发生了变形而形成亚晶，进一步细化了晶粒，伴随着加工硬化和珠光体析出的硬化而提高了钢的强度，降低脆性转变温度。但是由于产生了织构，板厚方向上的强度和冲击韧性有所下降。

实际控制轧制工艺是这三个阶段的合理组合，常选择以下几种工艺方案：一是完全再结晶型控制轧制工艺；二是完全再结晶型与未再结晶型配合的控制工艺，完全再结晶进行一定的变形，部分再结晶区进行待温或快速冷却，而在奥氏体的未再结晶区继续变形，并在未再结晶区结束轧制；三是完全再结晶型、未再结晶型和奥氏体与铁素体两相区轧制的三阶段控制轧制，在奥氏体再结晶区轧制一些道次，接近部分再结晶区时进行待温或快冷，进入未再结晶区温度后继续轧制，在奥氏体和铁素体两相区轧制一定道次，达到一定变形量后终止轧制。

控制轧制的核心是对轧制过程工艺参数进行严格而适宜的控制，以获得钢材的良好强韧性能，其基本内容包括坯料加热制度、轧制温度制度、变形制度、各道次间停留时间等几个方面的控制。

2. 控制冷却

一般可把轧后控制冷却过程分为三个阶段，称为一次冷却、二次冷却和三次冷却（空冷）。

（1）一次冷却 是指从终轧温度开始到变形奥氏体向铁素体开始转变温度 Ar_3，或二次碳化物开始析出温度 Ar_{cm} 这个温度范围内的冷却控制。一次冷却控制包括控制开始快冷温度、冷却速度和快冷终止温度。冷却的目的是控制变形奥氏体的组织状态，阻止奥氏体晶粒的长大，阻止碳化物析出，固定因变形而引起的位错，降低相变温度，为相变做组织准备。开始快冷温度越接近终轧温度，细化变形奥氏体和增大有效晶界面积的效果越明显。

（2）二次冷却 是指相变开始温度到相变结束温度范围内的冷却控制。目的是控制钢材相变时的冷却速度和停止控冷的温度，保证钢材快冷后得到所要求的金相组织和力学性能。

（3）三次冷却（空冷） 是指相变后至室温范围内的冷却控制。低碳钢相变全部结束后，冷却速度对组织没有影响。含 Nb 钢在空冷过程中会发生碳氮化物析出，对生成的贝氏体产生轻微的回火效果。高碳钢或高碳合金钢相变后空冷时将使快冷时来不及析出的过饱和碳化物继续弥散析出，如相变完成后仍采用快速冷却工艺，可以阻止碳化物析出，保持其碳化物固溶状态，达到固溶强化的目的。

常用的控制冷却的方式有喷水冷却、喷射冷却、雾化冷却、层流冷却、浸水冷却、管内流水冷却和强制风冷等。

【知识拓展2】 淬火缺陷及防止措施

1. 氧化和脱碳及其防止措施

淬火加热时，钢件与周围加热介质相互作用往往会产生氧化和脱碳等缺陷。氧化使工件尺寸减小，表面粗糙度增大，并严重影响淬火冷却速度，进而使淬火工件出现软点或硬度不足等新的缺陷。工件表面脱碳会降低淬火后钢的表面硬度、耐磨性，并显著降低其疲劳强度。因此，淬火加热时，在获得均匀化奥氏体的同时，必须注意防止氧化和脱碳现象。在空气介质炉中加热时，防止氧化和脱碳最简单的方法是在炉子升温加热时向炉内加入无水分的木炭，以改变炉内气氛，减少氧化和脱碳。此外，采用盐浴炉加热、用铸铁屑覆盖工件表面，或是在工件表面热涂硼酸等方法都可有效地防止或减少工件的氧化和脱碳。采用真空加热或可控气氛加热，是防止氧化和脱碳的根本办法。

2. 过热和过烧及其防止措施

工件在淬火加热时，由于温度过高或者时间过长造成奥氏体晶粒粗大的缺陷叫做过热。由于过热不仅在淬火后得到粗大马氏体组织，而且易于引起淬火裂纹。因此，淬火过热的工件强度和韧性降低，易于产生脆性断裂。轻微的过热可用延长回火时间来补救，严重的过热则需进行一次细化晶粒退火，然后再重新淬火。淬火加热温度太高，使奥氏体晶界出现局部熔化或者发生氧化的现象叫做过烧。过烧是严重的加热缺陷，工件一旦过烧就无法补救，只能报废。为了防止过热和过烧，淬火加热温度不宜过高。

3. 淬火应力的控制和淬火变形、开裂的防止措施

工件在淬火过程中会发生形状和尺寸的变化，有时甚至要产生淬火裂纹。工件变形或开裂的原因是由于淬火过程中在工件内产生的内应力造成的。淬火内应力主要有热应力和组织应力两种。工件最终变形或开裂是这两种应力综合作用的结果。

工件加热或冷却时由于内外温差导致热胀冷缩不一致而产生的内应力叫作热应力。工件淬火冷至室温时，由热应力引起的残留应力为表面受压应力，心部受拉应力，一般的变形趋势呈腰鼓形，如图 8-22b 所示。立方体各面凸起，棱角变圆；长圆柱体长度缩短，直径变粗；扁平圆板高度增大，直径缩小。热应力是由于快速冷却时工件截面温差造成的。因此，冷却速度越大，截面温差越大，则热应力越大。在相同冷却介质条件下，工件加热温度越高、截面尺寸越大、钢材导热系数和线膨胀系数越大，工件内外温差越大，则热应力越大。

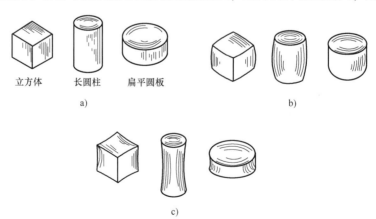

立方体   长圆柱   扁平圆板

a)   b)

c)

图 8-22 简单形状工件在热应力和组织应力作用下的变形趋势

a）原始形状   b）热应力作用   c）组织应力作用

工件在冷却过程中，由于内外温差造成组织转变不同时，引起内外比体积的不同变化而产生的内应力叫作组织应力。钢淬火时，由奥氏体转变为马氏体，将造成显著的体积膨胀。

组织应力引起的残余应力与热应力正好相反，表面为拉应力，心部为压应力，组织应力引起的变形情况恰好也与热应力相反，表现为工件沿最大尺寸方向伸长，力图使平面内凹，棱角突出，如图 8-22c 所示。组织应力大小与钢的化学成分、冶金质量、钢件结构尺寸、钢的导热性及在马氏体温度范围的冷却速度和钢的淬透性等因素有关。

为了减少淬火应力，防止淬火变形和开裂，首先要提出合理的要求，设计工件时要注意结构形状的对称性，并要制定出合理的热处理工艺；其次要严格执行热处理工艺规范，并在容易变形的工艺环节采取必要的预防措施。在热处理方面必须注意下述问题。

1）控制加热速度，尽可能做到加热均匀，减少加热时的热应力。对于大截面、高合金钢、形状复杂、变形要求高的工件，一般都应经过预热，或限制加热速度。

2）合理选择加热温度。在保证淬透的前提下，一般应尽量选择低一些的淬火温度，以减少冷却时的热应力。但也存在适当提高淬火温度防止变形开裂的情况，特别是对于高碳合金钢工件，可以通过对加热温度的调整来改变钢的 Ms 点，从而达到使工件变形最小的目的。

3）正确选择淬火介质和淬火方法。尽可能选用冷却能力较小的淬火介质，并采用分级淬火、等温淬火、预冷淬火和双液淬火等淬火方法。

4. 淬火软点及其防止措施

工件淬火后表面硬度不均，个别地方出现低于技术要求的硬度值，称为淬火软点。产生淬火软点的主要原因大致如下。

1）原始组织过于粗大及不均匀，如有严重的组织偏析、大块碳化物或自由铁素体。

2）淬火介质被污染，如水中有油珠悬浮。

3）局部冷却速度太低。当工件表面附有气泡、渣子，工件之间互相接触或在淬火液中没有适当运动时，可使工件在淬火冷却时局部区域未达到临界冷却速度，从而发生珠光体型组织转变。

4）局部脱碳或氧化。局部脱碳或氧化后，易使该部位含碳量降低，淬火后得到硬度不高的低碳马氏体或非马氏体组织。

5）淬火加热工艺不当。例如亚共析碳素钢加热温度偏低，保温时间过短，势必造成先共析铁素体溶解不充分或奥氏体成分没有均匀化，就使得淬火组织不可能得到均匀一致的马氏体。

要防止淬火软点的出现，必须针对产生原因采取相应措施，如加大冷却速度，将工件表面清洗干净，防止工件氧化和脱碳，严格执行加热、保温和冷却等工艺规范。对已产生软点的工件，在一般情况下，除因局部脱碳形成外，一般均可返修，方法是通过正火及重新加热淬火，这时采用的淬火加热温度比正常淬火加热温度要高些，并要加大淬火剂的冷却能力。

复习思考题

一、简答题

1. 何谓钢的淬透性？影响淬透性的因素有哪些？

2. 试分析下列说法是否正确：

（1）钢中合金元素的含量越多，则淬火后硬度越高。

（2）同一钢材在相同加热条件下，水淬比油淬的淬透性好，小件比大件的淬透性好。

3. 退火与正火的目的是什么？

4. 过共析钢淬火加热温度为什么不超过 Ac_{cm}？

5. 亚共析钢正火与退火相比哪个硬度高？为什么？

6. 用 T12 钢（锻后缓冷）做一切削工具，工艺过程为：正火→球化退火→机加工成形→淬火→低温回火。各热处理工艺的目的是什么？得到什么组织？各种组织具有什么性能？

7. 什么是淬火？目的是什么？具体工艺有哪些？简述淬火加热温度的确定原则。

8. 正火、退火工艺选用的原则是什么？

9. 为什么马氏体的塑性和韧性与其碳含量（或形态）密切相关？

10. 比较下贝氏体与高碳马氏体的主要不同点。

11. 珠光体、贝氏体、马氏体的特征、性能特点是什么？

二、论述题

1. 论述钢材在热处理过程中出现脆化现象的主要原因及解决方法。

2. 20CrMnTi、40CrNiMoA、60Si2Mn、T12 各属于哪类钢？含碳量为多少？钢中合金元素的主要作用是什么？淬火加热温度范围是多少？常采用的热处理工艺是什么？最终的组织是什么？性能如何？

模块四

材料分类及应用

项目9

工业用钢

知识目标

1）了解钢中常存杂质元素对钢铁性能的影响。

2）掌握碳素钢材料的分类、牌号、性能及用途。

3）掌握各类合金钢的分类、牌号、性能及用途。

能力目标

1）根据钢的牌号，分析成分，判断类别。

2）根据钢的性能，可以正确添加合金元素。

3）根据工件的性能要求，可以正确选用钢的牌号及对应的热处理方法。

引言

工业使用的钢铁材料中非合金钢占有重要地位。碳的质量分数在 0.021% ~ 2.11% 范围内的铁碳合金为非合金钢。碳素钢除以铁、碳为主要元素外，还含有少量的锰、硅、硫、磷等常存杂质。由于碳素钢容易冶炼、价格低廉、工艺性好，具有较好的使用性能，能满足许多场合的需要，因此在机械工程领域得到广泛应用。

任务 9.1　常存杂质元素对钢铁性能的影响

钢是通过铁矿石、生铁或废铁冶炼而来的，由于原料和冶炼工艺的原因，碳素钢中除铁与碳两种元素外，不可避免地还存有杂质元素。对钢的性能影响较大的杂质元素有锰、硅、硫、磷、氢、氧六种，称为常存杂质。它们对钢的性能有一定影响，尤其是后两种，是生产中需要严格控制、经常检查的杂质。

1. 锰的影响

非合金钢中的锰主要是炼钢时用锰铁给钢液脱氧而残余在钢中的元素。锰有较强的脱氧能力，可以清除 FeO，降低钢的脆性。锰还可以与钢中有害杂质硫形成 MnS，从而降低 S 对钢的危害，提高热加工的工艺性。大部分锰溶入铁素体，形成置换固溶体，也能部分溶入 Fe_3C 中，形成合金渗碳体，它们都能起强化作用。但是含锰量过高易使钢的晶粒粗大。总的说来锰对钢是有益的。在一般非合金钢中锰的质量分数控制在 0.25% ~ 0.8% 范围内。对于某些碳素钢，为提高其性能，将杂质锰的质量分数提高到 0.7%~1.2%，称为含锰量较高的非合金钢。

2. 硅的影响

硅主要来自原料生铁及硅铁脱氧剂。硅比锰的脱氧能力强，可使钢液中 FeO 变成炉渣脱离出来，从而提高钢的品质。硅能溶入铁素体，提高钢的强度、硬度，但会降低钢的塑性和韧性。

另一方面，硅使 Fe_3C 稳定性下降，促进 Fe_3C 分解生成石墨。若钢中出现石墨，会使钢的韧性严重下降，产生所谓的"黑脆"。所以，作为有益杂质，在非合金钢中硅的质量分数一般控制在 0.4% 以内，特殊需要可降至 0.03%。

3. 硫的影响

杂质硫主要来源于矿石和燃料。硫不能溶入铁中，它主要与铁形成熔点为 1190℃ 的 FeS，FeS 又与 γ-Fe 形成共晶体（Fe+FeS），其熔点仅是 985℃，这一温度低于钢的热变形加工温度（1000~1200℃），在进行热变形加工时，分布在晶界处的共晶体处于熔融状态，易使钢在热变形加工中沿晶界开裂，表现出所谓"热脆性"。如果钢液脱氧不良，含有较多的 FeO，还会形成（Fe+FeO+FeS）三相共晶体，熔点更低（940℃），危害性更大。因此，钢中的硫含量越少，钢的品质越好。硫的含量常被用作衡量钢材质量等级的重要指标。一般情况下，钢中硫的质量分数低于 0.045%，如果要求更好的质量，则含量限制更严格。

4. 磷的影响

磷也是由矿石带到钢中的。磷可以固溶到铁素体（溶解度<0.1%）中起强化作用，提高钢在室温时的强度。但是，磷也易与铁形成极脆的化合物 Fe_3P，使钢的塑性和韧性显著下降，且温度越低脆性越大，这种现象通常称为钢的"冷脆性"。此外，磷还使钢的焊接性降低。因此，磷也是衡量钢材品质的指标之一。若无特殊需要，钢中磷的质量分数最多不超过 0.055%。有时候硫和磷含量也被适当增加，用于提高某些合金钢的切削加工性能。此外，炮弹钢中加入一定量的磷，可使炮弹爆炸时产生更多弹片，使之有更大的杀伤力。磷与铜共存还可以提高钢的抗大气腐蚀能力。

除了这些常存杂质元素之外，在炼钢过程中，还有少量非金属杂质（O、H、N 等）进入钢液中，都会降低钢的力学性能。因此，也要加以严格控制。

任务9.2 认识非合金钢

根据 GB/T 13304.1—2008，钢按化学成分分为非合金钢、低合金钢和合金钢。其中非合金钢就是原国标中的碳素钢。非合金钢有许多品种，为了生产、使用和管理的方便，必须对非合金钢进行分类，然后确定钢的牌号。

9.2.1 认识非合金钢的分类

根据 Fe-Fe_3C 相图中内部组织的不同，将非合金钢分为共析钢、亚共析钢和过共析钢三类。在实际使用过程中，非合金钢的分类方法很多，常见的方法有以下几种。

1. 按钢中碳含量分

1）低碳钢：$w_C \leqslant 0.25\%$。

2）中碳钢：$0.25\% < w_C \leqslant 0.6\%$。

3）高碳钢：$w_C > 0.6\%$。

2. 按钢的质量分

1）普通钢：$w_S \leqslant 0.035\% \sim 0.050\%$、$w_P \leqslant 0.035\% \sim 0.045\%$。

2）优质钢：$w_S \leqslant 0.035\%$，$w_P \leqslant 0.035\%$。

3）高级优质钢：$w_S \leqslant 0.02\%$，$w_P \leqslant 0.03\%$。

3. 按钢的用途分

1）碳素结构钢：用于建筑、桥梁、船舶等工程构件和机器零件。

2）刃具模具用非合金钢：用于刀具、模具、量具。

9.2.2 了解碳素结构钢

碳素结构钢包括用于建筑、桥梁、船舶等工程构件的普通碳素结构钢和用于制造机械零件的优质碳素结构钢两种。

1. 普通碳素结构钢的性能、应用及牌号

普通质量的碳素结构钢简称为碳素结构钢。普通碳素结构钢主要保证力学性能，化学成分要求一般不是很严格。它是工程上使用最多的钢种，其产量约占钢总产量的 $70\% \sim 80\%$。

碳素结构钢主要用于建筑、桥梁、船舶等各类工程领域，这类钢一般做成热轧钢板、钢带、钢管、盘条、型材、棒料等，供焊接、铆接、拴接等构件使用。其中：Q195、Q215、Q235 钢的含碳量较低、塑性好、强度低，一般用于螺钉、螺母、垫片、钢窗等强度要求不高的工件。Q235C、Q235D 质量好，用作重要的焊接构件；Q275 钢的含碳量较前几种要高一些，强度较高，塑性韧性较好，可作为建筑工程中质量要求较高的焊接构件，也可用作受力较大的机械零件。碳素结构钢中，以 Q235 应用最广。

碳素结构钢的牌号由代表钢材屈服点"屈"字的汉语拼音首位字母"Q"、屈服强度数值（单位为 MPa）和质量等级符号、脱氧方法符号等四个部分按顺序组成。普通碳素结构钢的牌号标准见表 9-1。

2. 优质碳素结构钢的性能、应用及牌号

优质碳素结构钢中硫和磷含量较低，非金属夹杂物也较少，因此力学性能比碳素结构钢优良，被广泛用于制造机械产品中较重要的结构零件。优质碳素结构钢使用前一般都要进行热处理。优质碳素结构钢不仅要保证力学性能，也要保证化学成分。不同含碳量的优质碳素结构钢，可用来制作各种不同力学性能要求的机械零件。

优质碳素结构钢牌号表示方法，是采用两位阿拉伯数字（以万分之一为一个计量单位表示平均碳的质量分数）或阿拉伯数字和元素符号。

根据化学成分不同，部分优质碳素结构钢又分为正常锰含量优质碳素结构钢和较高锰含量优质碳素结构钢两类。例如 20 钢，表示平均碳的质量分数为 0.20% 的钢；20Mn 钢，表示平均碳的质量分数为 0.20%、锰的质量分数为 $0.7\% \sim 1.0\%$ 的钢；65Mn 钢，表示平均碳的质量分数为 0.65%、锰的质量分数为 $0.9\% \sim 1.2\%$ 的钢。

08F、10F、15F 这三个沸腾钢表面质量好，塑性好，有良好的焊接和冲压性能，一般制造成薄板，用于做冷冲压件、焊接件，如拖拉机箱、汽车壳体等。

表 9-1　普通碳素结构钢的牌号与新旧标准

标准	新标准 (GB/T 700—2006)			旧标准 (GB/T 700—1988)		旧标准 (GB 700—1979)
牌号意义	Q 275—A F 表示沸腾钢（脱氧方法） 质量等级 屈服强度值（MPa） 屈服点，汉语拼音第一个字母			Q 235—A F 表示沸腾钢（脱氧方法） 质量等级 屈服强度值（MPa） 屈服点，汉语拼音第一个字母		A1～A7——甲类钢（按力学性能供应） 1～7——强度由低到高，伸长率由高到低（下同） B1～B7——乙类钢（按化学成分供应） C2～C5——特类钢，均保证力学性能及化学成分
牌号	统一数字代号①	质量等级	牌号	等级		牌号
Q195	U11952	—	Q195	不分等级，化学成分及力学性能必须保证（见右）		A1（力学性能同 Q195） B1（化学成分同 Q195）
Q215	U12152	A	Q215	A 级		A2
Q215	U12155	B	Q215	B 级（做常温冲击试验，V 形缺口）		C2
Q235	U12352	A	Q235	A 级（不做冲击试验）		A3（附加保证常温冲击试验，V 形缺口）
Q235	U12355	B	Q235	B 级（做常温冲击试验，V 形缺口）		A3（附加保证常温冲击试验，V 形缺口）
Q235	U12358	C	Q235	C 级、D 级作重要焊接结构		C3（附加保证常温或−20℃冲击试验，U 形缺口）
Q235	U12359	D	Q235	C 级、D 级作重要焊接结构		C3（附加保证常温或−20℃冲击试验，U 形缺口）
Q275②	U12752	A	Q255③	A 级		A4
Q275②	U12755	B	Q255③	B 级（做常温冲击试验，V 形缺口）		C4（附加保证冲击试验，U 形缺口）
Q275②	U12758	C	Q255③	B 级（做常温冲击试验，V 形缺口）		C4（附加保证冲击试验，U 形缺口）
Q275②	U12759	D	Q275③	不分等级，化学成分和力学性能均须保证		—

注：F——沸腾钢"沸"字汉语拼音首位字母；Z——镇静钢"镇"字汉语拼音首位字母；TZ——特殊镇静钢"特镇"两字汉语拼音首位字母。在牌号组成表示方法中，"Z"与"TZ"符号可以省略。

① 表中为镇静钢、特殊镇静钢牌号的统一数字，沸腾钢牌号的统一数字代号如下：
Q195F——U11950；
Q215AF——U12150，Q215BF——U12153；
Q235AF——U12350，Q235BF——U12353；
Q275AF——U12750。

② Q275 牌号由 ISO 630：1995 中 E275 牌号改得。

③ Q255、Q275 牌号在 GB/T 700—2006 中取消。

15、20、25 钢强度较低，但塑性和韧性较高，焊接性能及冷冲压性能较好。可以制造各种用作冷冲压件和焊接件以及一些受力不大但要求高韧性的零件。这三个牌号的钢经渗碳淬火及低温回火后，表面硬度可达 60HRC 以上，耐磨性好，而心部仍具有一定的强度和韧性，可用来制作要求表面耐磨并能承受冲击载荷的零件。因此，这三个牌号的钢也称为渗碳钢。

30、35、40、45、50、55 钢属于调质钢，经淬火及高温回火后，具有良好的综合力学性能，主要用于要求强度、塑性和韧性都较高的机械零件，如齿轮、轴类零件。这类钢在机械制造中应用最广泛，其中以 45 钢更为突出。

60、65、70 钢属于弹簧钢，经淬火及中温回火后可获得高的弹性极限、高的屈强比，主要用于制造弹簧等弹性零件及耐磨零件；

优质碳素结构钢牌号与新旧标准见表 9-2。

表 9-2　优质碳素结构钢牌号与新旧标准

标准	新标准（GB/T 699—2015）				旧标准（GB/T 699—1999）				旧标准（GB 699—1988）	
牌号意义	08 F — 表示沸腾钢，无F为镇静钢；以平均万分数表示的碳的质量分数。15 Mn — $w_{Mn} = 0.7\% \sim 1.2\%$；以平均万分数表示的碳的质量分数				同左				同左	
牌号	统一数字代号	牌号	统一数字代号	牌号	统一数字代号	牌号	统一数字代号	牌号	牌号	牌号
			U20202	20	U20080	08F	U20202	20	05F	65
			U20252	25	U20100	10F	U20252	25	08F	75
			U20302	30	U20150	15F	U20302	30	08	80
	U20082	08	U20352	35	U20082	08	U20352	35	10F	85
	U20102	10	U20402	40	U20102	10	U20402	40	10	15Mn
	U20152	15	U20452	45	U20152	15	U20452	45	15F	20Mn
	U20502	50	U21152	15Mn	U20502	50	U21152	15Mn	15	25Mn
	U20552	55	U21202	20Mn	U20552	55	U21202	20Mn	20F	30Mn
	U20602	60	U21252	25Mn	U20602	60	U21252	25Mn	20	35Mn
	U20652	65	U21302	30Mn	U20652	65	U21302	30Mn	25	40Mn
			U21352	35Mn			U21352	35Mn	30	45Mn
	U20702	70	U21402	40Mn	U20702	70	U21402	40Mn	35	50Mn
	U20752	75	U21452	45Mn	U20752	75	U21452	45Mn	40	60Mn
	U20802	80	U21502	50Mn	U20802	80	U21502	50Mn	45	65Mn
		85	U21602	60Mn		85	U21602	60Mn	50	70Mn
			U21652	65Mn			U21652	65Mn	55	
			U21702	70Mn			U21702	70Mn	60	

9.2.3　了解刃具模具用非合金钢

刃具模具用非合金钢主要用于制作各种小型工具。其中，$w_C = 0.65\% \sim 1.35\%$，经过淬火及低温回火处理后可获得高硬度、高耐磨性。刃具模具用非合金钢分为优质级（$w_S \leqslant$

0.03%，$w_P \leqslant 0.035\%$）和高级优质级（$w_S \leqslant 0.02\%$，$w_P \leqslant 0.03\%$）两大类。

这类钢号命名的方法是"碳"的汉语拼音"T"加上含碳量的千分数。如T10，表示碳的质量分数千分之十即1.0%的刀具模具用非合金钢。对于高级优质的刀具模具用非合金钢须在钢号尾部加"A"，如T10A。优质级的不加质量等级符号。刀具模具用非合金钢中锰的含量严格控制在0.4%（质量分数，后同）以下。个别钢为了提高其淬透性，锰的含量上限扩大到0.6%，这时，该钢号尾部要标出元素符号"Mn"。如T8Mn，以有别于T8钢。

刀具模具用非合金钢在机械加工前一般进行球化退火，硬度≤220HBW。最终热处理为淬火及低温回火，组织为回火马氏体+粒状渗碳体，其硬度可达60~64HRC，具有很高的耐磨性，价格又便宜，故在生产上得到广泛应用。

刀具模具用非合金钢做刀具的缺点是热硬性差（热硬性是指钢在高温下保持高硬度的能力），当刃部温度高于250℃时，其硬度和耐磨性会显著降低。此外，这类钢的淬透性也低，并容易产生淬火变形和开裂。因此，刀具模具用非合金钢大多用于制造刃部受热程度较低的手用工具和低速、小进给量的机用工具，亦可制作形状简单、尺寸较小的模具以及量具。

任务9.3 认识合金钢

在碳素钢的基础上，有目的地在冶炼的过程中加入一定量的合金元素，使其含有合金元素的钢叫作合金钢。常用的合金元素有：锰（$w_{Mn} > 1.0\%$）、硅（$w_{Si} > 0.5\%$）、铬、镍、钼、钨、钒、钛、锆、铝、硼、稀土（RE）等。合金钢与碳素钢相比，具有较高的综合力学性能、良好的热处理工艺性能，并具有特殊的物理、化学性能。虽然合金钢的生产工艺过程复杂、成本较高，但由于其具有优良的性能，能够满足不同工作条件下的产品要求，因此应用范围不断扩大。重要的工程结构和机械零件均使用合金钢制造。

9.3.1 合金元素在钢中的作用

1. 合金元素对钢中基本相的影响

铁素体和渗碳体是碳素钢中的两个基本相，当合金元素加入钢中时，合金元素可以溶于铁素体内，也可以溶于渗碳体内。与碳亲和力弱的非碳化物形成元素，如镍、硅、铝、钴等，主要溶于铁素体中形成合金铁素体，而与碳亲和力强的碳化物形成元素，如锰、铬、钼、钨、钒、钛、锆、铌等，则主要与碳结合形成合金渗碳体或碳化物。合金元素对钢的基体的强化作用提高了钢的力学性能和使用性能。

（1）形成合金铁素体，产生固溶强化　溶入铁素体中的合金元素，形成合金铁素体。原子直径较小的合金元素（如氮、硼等）与铁素体形成间隙固溶体；原子直径较大的合金元素（如锰、镍、钴等）与铁素体形成置换固溶体。当合金元素溶入铁素体后，必然引起铁素体的晶格畸变，产生固溶强化，使铁素体的强度、硬度提高，但塑性、韧性却有下降趋势。图9-1和图9-2为常见合金元素对铁素体硬度和韧性的影响。

由图可知，硅、锰能显著地提高铁素体的强度和硬度，但当$w_{Si} > 0.6\%$，$w_{Mn} > 1.5\%$时，合金的韧性显著下降。而铬、镍这两种合金元素，在含量适当时（$w_{Cr} \leqslant 2\%$，$w_{Ni} \leqslant 5\%$），不仅能提高铁素体的强度和硬度，同时也能提高其韧性。

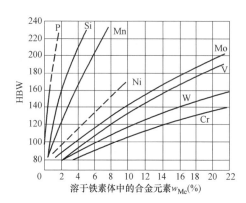

图 9-1　合金元素对铁素体硬度的影响图

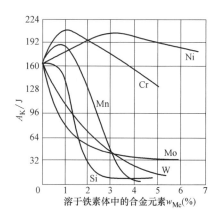

图 9-2　合金元素对铁素体韧性的影响图

（2）形成合金碳化物，产生第二相强化　在钢中能形成碳化物的元素有：钛、锆、铌、钒、钨、钼、铬、锰、铁等。在元素周期表中，碳化物形成元素都是位于铁左边的过渡族金属元素，离铁越远，则该合金元素与碳的亲和力越强，形成碳化物的能力越大，形成的碳化物越稳定，就越不容易分解。一般认为，钛、锆、铌、钒是强碳化物形成元素；钨、钼、铬是中强碳化物形成元素；锰为弱碳化物形成元素。合金钢中形成合金碳化物的类型主要有以下两类。

1）合金渗碳体。合金渗碳体是合金元素溶入渗碳体所形成的化合物。合金渗碳体的稳定性略高于渗碳体，硬度也较高，是一般低合金钢中碳化物的主要存在形式。

2）特殊碳化物。特殊碳化物是与渗碳体晶格完全不同的合金碳化物，通常是由中强或强碳化物形成元素所构成的。特殊碳化物有两种类型：一类是具有简单晶格的间隙相碳化物，如 WC、Mo_2C、VC、TiC 等；另一类是具有复杂晶格的碳化物，如 $Cr_{23}C_6$，Cr_7C_3，Fe_3W_3C 等。特殊碳化物特别是间隙相碳化物，比合金渗碳体具有更高的熔点、硬度与耐磨性，并且更为稳定，不易分解。合金碳化物的种类、性能和在钢中的分布状态会直接影响到钢的性能及热处理时的相变温度。当钢中存在弥散分布的特殊碳化物时，产生第二相强化，将显著提高钢的强度、硬度与耐磨性，而不降低韧性，这对提高工具的使用性能非常有利。

（3）形成非金属夹杂物　大多数元素与钢中的氧、氮、硫也可以形成简单的或复合的非金属夹杂物，如 Al_2O_3、AIN、TiN、FeO 等。非金属夹杂物的存在会降低钢的质量。

2. 合金元素对铁-渗碳体相图的影响

钢中加入合金元素后，由于合金元素与铁和碳的作用，Fe-Fe$_3$C 相图将会发生变化。

（1）改变奥氏体相区，形成稳定的单相平衡组织　铬、钨、钼、钒、钛、铝、硅等合金元素加入钢中，会使奥氏体相区缩小，随其含量的增加，Fe-Fe$_3$C 相图中的 GS 线向左上方移动，使 A_1、A_3 温度升高，如图 9-3 所示。当钢中含有大量能缩小奥氏体相区的元素时，会在室温下获得单相的铁素体组织，这种钢称为"铁素体钢"。镍、钴、锰等合金元素的加入，会使奥氏体区扩大，随其含量的增加，Fe-Fe$_3$C 相图中 GS 线向左下方移动，使 A_3 及 A_1 温度下降。锰对 Fe-Fe$_3$C 相图中奥氏体相区及 A_1、A_3 的温度的影响如图 9-4 所示。当钢中含有大量扩大奥氏体区的合金元素时，会在室温下获得单相的奥氏体组织，这种钢称为"奥氏体钢"。奥氏体钢和铁素体钢具有耐蚀、耐热等性能，是不锈钢、耐蚀钢、耐热钢中常见的组织。

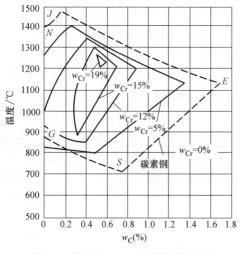

图 9-3 铬对 Fe-Fe$_3$C 相图的影响图

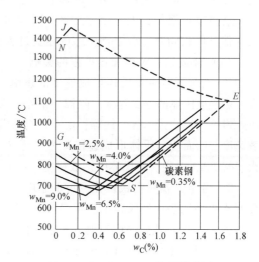

图 9-4 锰对 Fe-Fe$_3$C 相图的影响

（2）使 S、E 点左移 凡能扩大奥氏体相区的元素，均使 S、E 点向左下方移动；凡能缩小奥氏体相区的元素，均使 S、E 点向左上方移动。因此，所有合金元素都会使 S、E 点向左移动，如图 9-5 所示。合金元素降低了共析点的碳的质量分数，使碳的质量分数相同的碳素钢与合金钢具有不同的显微组织。如 w_C = 0.4% 的碳素钢具有亚共析组织，但加入质量分数为 14% 的铬后，因 S 点左移，使该合金钢具有过共析钢的平衡组织。从图 9-6 可以看出，合金元素使 E 点向左移动，使出现莱氏体的碳的质量分数降低。如高速工具钢 W18Cr4V 中，w_C<1%，但在铸态组织中却出现了合金莱氏体，因此称这种钢为"莱氏体钢"。

由此可见，要判断合金钢是亚共析钢还是过共析钢，以及确定其热处理加热或冷却时的相变温度，就不能单纯地直接根据 Fe-Fe$_3$C 相图，而应根据多元铁基合金系相图来进行分析。

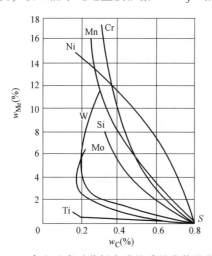

图 9-5 合金元素对共析点碳的质量分数的影响

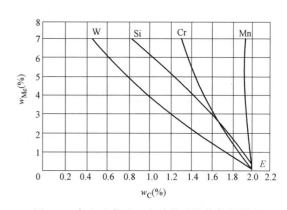

图 9-6 合金元素对 E 点碳的质量分数的影响

3. 合金元素对钢热处理的影响

钢在加热、冷却时所发生的相变与原子扩散速度有关。合金钢中由于合金元素的存在使其对原子的扩散速度产生相应的影响，它使碳的扩散速度减慢，碳化物形成元素不易析出，析出后也较难聚集长大。合金元素在固溶体中的扩散速度也比碳的扩散速度低得多。因此，在其他条件相同时，合金钢扩散的相变过程比碳素钢缓慢，热处理时应引起注意。

（1）合金元素对钢加热过程的影响

1）合金元素对奥氏体形成速度的影响：合金钢在加热时，合金元素会改变碳的扩散速度，影响奥氏体的形成速度。除镍、钴外，大多数合金元素减缓钢的奥氏体化过程。碳化物形成元素铬、钨、钼、钒、钛等，由于它们与碳有较强的亲和力，显著减慢了碳在奥氏体中的扩散速度，因而使奥氏体形成速度减慢；部分非碳化物形成元素或弱碳化物形成元素（如硅、铝、锰等），对碳在奥氏体中扩散速度影响不大，故对奥氏体的形成速度影响也不大。

2）合金元素对奥氏体化温度的影响：为了充分发挥合金元素在钢中的作用，必须使合金元素更多地溶入奥氏体中，但是合金钢中碳化物要比碳素钢中的渗碳体稳定，要使这些碳化物分解，并通过扩散均匀地分布于奥氏体中，往往需要将合金钢加热到更高的温度并保温更长的时间。尤其是含有大量强碳化物形成元素的高合金钢，其奥氏体化温度往往要超过相变点数百摄氏度，才能保证奥氏体化过程的充分进行。

3）合金元素对奥氏体晶粒大小的影响：除锰以外，大多数合金元素都不同程度地阻碍奥氏体晶粒长大，特别是强碳化物形成元素如钛、钒、铌等作用更显著，它们形成的特殊碳化物在高温下比较稳定，且以弥散质点分布在奥氏体晶界上，起到了阻止奥氏体晶粒长大的作用，所以合金钢热处理后具有比相同碳含量的碳素钢更细小、更均匀的晶粒，从而有效提高了钢的强度和韧性。除锰钢外，合金钢在加热时不易过热，这样有利于在淬火后获得细小的马氏体组织，也有利于适当提高淬火加热温度，使奥氏体中溶入更多的合金元素，以增加淬透性及钢的力学性能，同时也可减少淬火时变形与开裂的倾向。

（2）合金元素对钢冷却转变的影响

1）合金元素对过冷奥氏体等温转变图的影响：大多数合金元素（除钴外）均能溶入奥氏体，使原子的扩散速度降低，奥氏体稳定性增加，使奥氏体等温转变图位置右移，临界冷却速度减小，钢的淬透性提高。通常对于合金钢，可以采用冷却能力较低的淬火介质淬火（如油冷），就可得到马氏体组织，从而减少零件的淬火变形和开裂倾向。合金元素不仅使奥氏体等温转变图位置右移，而且对奥氏体等温转变图形状也有影响。非碳化物形成元素及弱碳化物形成元素，使奥氏体等温转变图右移。含有这类合金元素的低合金钢，其奥氏体等温转变图形状与碳素钢相似，具有一个鼻尖（见图 9-7a）。当碳化物形成元素溶入奥氏体后，由于它们对推迟珠光体转变与贝氏体转变的作用不同，使奥氏体等温转变图明显地分为珠光体和贝氏体两个独立的转变区，而两个转变区之间形成了一个稳定的奥氏体区（见图 9-7b）。

2）合金元素对过冷奥氏体向马氏体转变的影响：除钴、铝外，合金元素溶入奥氏体后，使马氏体转变温度 Ms 及 Mf 降低，其中锰、铬、镍作用较强，其次是钒、钼、钨、硅。硅单独加入钢中时对 Ms 无影响，但它与其他元素共同加入时，可以起到降低 Ms 点的作用。合金元素对 Ms 点的影响见图 9-8。凡促使 Ms 点降低的合金元素，也能降低 Mf 点，只是降低程度较小。Ms 点越低，淬火后钢中残留奥氏体的数量就越多。钢中碳的质量分数越高，合金元素降低 Ms 点作用越显著。随着合金元素含量的增加，由于 Ms 点的不断下降，使得室温下残留奥氏体量增多。图 9-9 为不同合金元素对 $w_C = 1.0\%$ 的钢，在 1150℃ 的淬火后残留奥氏体量的影响。

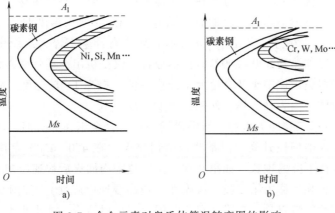

图 9-7   合金元素对奥氏体等温转变图的影响

a）一个鼻尖的奥氏体等温转变图   b）两个鼻尖的奥氏体等温转变图

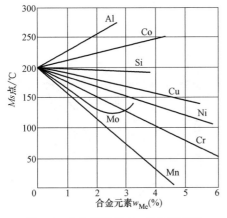

图 9-8   合金元素对 Ms 点的影响图

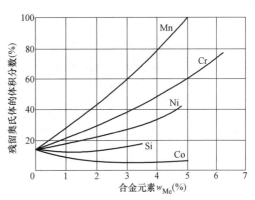

图 9-9   合金元素对残留奥氏体量的影响

（3）合金元素对淬火钢回火转变的影响   钢经淬火后，其内部组织是不稳定的，在不同的回火温度下，将发生不同的组织转变，如马氏体的分解，碳化物的析出、聚集和长大，残留奥氏体的分解及 α 相的再结晶等，合金元素对这些转变都会产生影响。

1）提高淬火钢的回火稳定性：回火稳定性是指淬火钢在回火时，抵抗强度、硬度下降的能力。不同的钢在相同温度回火后，强度、硬度下降少的，其回火稳定性较高。由于合金元素溶入马氏体，使原子扩散速度减慢，因此在回火过程中马氏体不易分解，碳化物不易析出，析出后也较难聚集长大，特别是强碳化物形成元素，使合金钢在相同温度回火后强度、硬度下降较少，即比碳素钢具有较高的回火稳定性。因此，在相同的回火温度下，合金钢的硬度要比相同碳含量的碳素钢高，即合金钢的回火稳定性高（或称抗回火软化能力高）。合金钢回火稳定性较高，一般是有利的。在达到相同硬度的情况下，合金钢的回火温度要比碳素钢高，回火时间也应适当增长，可进一步消除残余应力，因而合金钢的塑性、韧性较碳素钢好。

2）回火时产生二次硬化现象：在含有碳化物形成元素铬、钨、钼、钒、铌、钛等的合金钢中，在 500～600℃ 之间回火时，会从马氏体中析出特殊碳化物，如 Mo_2C、W_2C、VC

等，这些碳化物呈高度弥散状态，分布在马氏体基体上，且与马氏体保持共格关系，阻碍位错运动，使钢的硬度不但不降低，反而有所回升，在硬度-回火温度曲线上出现"二次硬化峰"，这种现象称为二次硬化，如图 9-10 所示。某些高合金钢淬火组织中残留奥氏体量较多，且十分稳定，当加热到 $500\sim600\,^{\circ}\mathrm{C}$ 时仍不分解，仅是析出一些特殊碳化物，由于特殊碳化物的析出，使残留奥氏体中碳及合金元素浓度降低，提高了 Ms 温度，故在随后冷却时就会有部分残留奥氏体转变为马氏体，使钢的硬度提高。

3）回火时产生第二类回火脆性：与碳素钢一样，合金钢在回火时，其总的规律是随着回火温度的升高，冲击韧性升高。但某些合金钢淬火后在 $450\sim650\,^{\circ}\mathrm{C}$ 范围内回火后缓慢冷却，会出现冲击韧性下降的现象，如果在这一温度范围内回火后快速冷却，则不出现上述情况。人们将这类回火脆性称为第二类回火脆性（或高温回火脆性），如图 9-11 所示。

第二类回火脆性的特点是：在脆性温度范围内回火后缓冷，才出现脆性。出现这类回火脆性后，重新加热并快速冷却，回火脆性可以消除。已经消除了回火脆性的钢，如果重新加热到脆性区温度进行回火，随后缓慢冷却，则脆性又会出现。由于这种回火脆性具有可逆性，因此也称为可逆回火脆性。

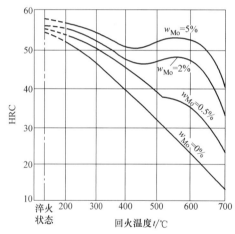

图 9-10　$w_{\mathrm{C}}=0.35\%$ 钢回火后的硬度变化

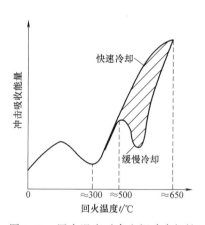

图 9-11　回火温度对合金钢冲击韧性
影响的示意图

产生第二类回火脆性的原因，一般认为与杂质及某些合金元素向晶界偏聚有关。实践证明，各类合金结构钢都有第二类回火脆性的倾向，只是程度不同而已。目前减轻或消除第二类回火脆性的方法有：提高钢的纯净度，降低杂质元素的含量；加入适量的钼和钨，可延缓杂质元素的偏聚；回火后快速冷却。

9.3.2　认识合金钢的分类和编号

1. 合金钢的分类

合金钢的分类方法很多，最常用的方法有以下几种。

（1）按合金元素总的含量分类

1）低合金钢：钢中全部合金元素总的质量分数 $w_{\mathrm{Me}}<5\%$。

2）中合金钢：钢中全部合金元素总的质量分数 $w_{\mathrm{Me}}=5\%\sim10\%$。

3）高合金钢：钢中全部合金元素总的质量分数 $w_{Me}>10\%$。

（2）**按冶金质量和钢中有害杂质元素的含量分类**

1）优质钢：$w_P<0.035\%$，$w_S<0.035\%$。

2）高级优质钢：$w_P<0.025\%$，$w_S<0.025\%$。

3）特级优质钢：$w_P<0.025\%$，$w_S<0.015\%$。

（3）**按主要用途分类**

1）合金结构钢：主要用于制造重要工程结构和机器零件，是工业上应用最广、用量最大的钢种，可分为工程用结构钢和机械制造用结构钢。

2）合金工模具钢：主要用于制造重要工具的钢，包括刃具钢、模具钢和量具钢等。

3）特殊性能钢：具有特殊的物理、化学、力学性能的钢种，主要用于制造有特殊要求的零件或结构，包括不锈钢、耐热钢、耐磨钢等。

2. 合金钢的编号

每一种钢都有一个简明的编号，世界各国钢的编号方法不一样。我国合金钢牌号的命名原则（根据 GB/T 221—2008）是由钢中碳的质量分数（w_C）及合金元素的种类和合金元素的质量分数（w_{Me}）的组合来表示。

（1）**合金结构钢的编号** 合金结构钢编号的方法，以"两位数字+合金元素符号+数字"的方法表示。牌号前面两位数字表示钢中碳的平均质量分数的万分数（$w_C\times10000$）；中间用合金元素的化学符号表明钢中主要合金元素，质量分数由其后面的数字标明，一般以百分数表示（$w_{Me}\times100$）。凡合金元素的平均含量小于 1.5% 时，只标明元素符号而不标明其含量。如果平均质量分数为 1.5%～2.49%、2.5%～3.49%、3.5%～4.49% 等时，相应地标以数字 2、3、4 等。质量等级的标注，优质钢不加标注；高级优质钢牌号后加"A"；特级优质钢牌号后加"E"。例如 40Cr，表示平均碳的质量分数为 0.40%，主要合金元素 Cr 的质量分数小于 1.5% 的优质合金钢；又如 20Cr2Ni4A，表示平均碳的质量分数为 0.20%，主要合金元素 Cr 的平均质量分数为 2.0%，Ni 的平均质量分数为 4.0% 的高级优质钢。

滚动轴承钢在牌号前标"滚"字的汉语拼音字首"G"，后面数字表示 Cr 质量分数的千分数。如 GCr15，表示 Cr 的平均质量分数为 1.5%。滚动轴承钢都是高级优质钢，但牌号后不加"A"。合金结构钢的牌号与标准见表 9-3。

表 9-3 合金结构钢的牌号与标准

标准	新标准（GB/T 3077—2015）	旧标准（GB 3077—1988）
牌号意义	20MnV 　　$w_V = 0.07\% \sim 0.12\%$ 　　$w_{Mn} = 1.30\% \sim 1.60\%$ 　　以平均万分数表示的碳的质量分数 A——高级优质钢 其余——优质钢	同左

（续）

钢组	序号	统一数字代号	牌号	钢组	牌号
Mn	1	A00202	20Mn2	Mn	20Mn2
	2	A00302	30Mn2		30Mn2
	3	A00352	35Mn2		35Mn2
	4	A00402	40Mn2		40Mn2
	5	A00452	45Mn2		45Mn2
	6	A00502	50Mn2		50Mn2
MnV	7	A01202	20MnV	MnV	20MnV
SiMn	8	A10272	27SiMn	SiMn	27SiMn
	9	A10352	35SiMn		35SiMn
	10	A10422	42SiMn		42SiMn
SiMnMoV	11	A14202	20SiMn2MoV	SiMnMoV	20SiMn2MoV
	12	A14262	25SiMn2MoV		25SiMn2MoV
	13	A14372	37SiMn2MoV		37SiMn2MoV
B	14	A70402	40B	B	40B
	15	A70452	45B		45B
	16	A70502	50B		50B
MnB	17	A712502	25MnB	MnB	—
	18	A713502	35MnB		—
	19	A71402	40MnB		40MnB
	20	A71452	45MnB		45MnB
MnMoB	21	A72202	20MnMoB	MnMoB	20MnMoB
MnVB	22	A73152	15MnVB	MnVB	15MnVB
	23	A73202	20MnVB		20MnVB
	24	A73402	40MnVB		40MnVB
MnTiB	25	A74202	20MnTiB	MnTiB	20MnTiB
	26	A74252	25MnTiBRE		25MnTiBRE
Cr	27	A20152	15Cr	Cr	15Cr
	28	A20202	20Cr		20Cr
	29	A20302	30Cr		30Cr
	30	A20352	35Cr		35Cr
	31	A20402	40Cr		40Cr
	32	A20452	45Cr		45Cr
	33	A20502	50Cr		50Cr
CrSi	34	A21382	38CrSi	CrSi	38CrSi
CrMo	35	A30122	12CrMo	CrMo	12CrMo
	36	A30152	15CrMo		15CrMo
	37	A30202	20CrMo		20CrMo

牌号

（续）

	钢组	序号	统一数字代号	牌号	钢组	牌号
牌号	CrMo	38	A30252	25CrMo	CrMo	—
		39	A30302	30CrMo		30CrMo
		40	A30352	35CrMo		35CrMo
		41	A30422	42CrMo		42CrMo
		42	A30502	50CrMo		—
	CrMoV	43	A31122	12CrMoV	CrMoV	12CrMoV
		44	A31352	35CrMoV		35CrMoV
		45	A31132	12Cr1MoV		12Cr1MoV
		46	A31252	25Cr2MoV		—
		47	A31262	25Cr2Mo1V		—
	CrMoAl	48	A33382	38CrMOAl	CrMoAl	38CrMoAl
	CrV	49	A23402	40CrV	CrV	40CrV
		50	A23502	50CrV		—
	CrMn	51	A22152	15CrMn	CrMn	15CrMn
		52	A22202	20CrMn		20CrMn
		53	A22402	40CrMN		40CrMn
	CrMnSi	54	A24202	20CrMnSi	CrMnSi	20CrMnSi
		55	A24252	25CrMnSi		25CrMnSi
		56	A24302	30CrMNSi		30CrMnSi
		57	A24352	35CrMnSi		—
	CrMnMo	58	A34202	20CrMnMo	CrMnMo	20CrMnMo
		59	A34402	40CrMnMo		40CrMnMo
	CrMnTi	60	A26202	20CrMnTi	CrMnTi	20CrMnTi
		61	A26302	30CrMnTi		30CrMnTi
	CrNi	62	A40202	20CrNi	CrNi	20CrNi
		63	A40402	40CrNi		40CrNi
		64	A40452	45CrNi		45CrNi
		65	A40502	50CrNi		50CrNi
		66	A41122	12CrNi2		12CrNi2
		67	A41342	34CrNi2		—
		68	A42122	12CrNi3		12CrNi3
		69	A42202	20CrNi3		20CrNi3
		70	A42302	30CrNi3		30CrNi3
		71	A42372	37CrNi3		37CrNi3
		72	A43122	12Cr3Ni4		12Cr2Ni4
		73	A43202	20Cr2Ni4		20Cr2Ni4

（续）

钢组	序号	统一数字代号	牌号	钢组	牌号
牌号	74	A50152	15CrNiMo	CrNiMo	—
	75	A50202	20CrNiMo		20CrNiMo
	76	A50302	30CrNiMo		—
CrNiMo	77	A50300	30Cr2Ni2Mo		—
	78	A50300	30Cr2Ni4Mo		—
	79	A50342	34Cr2Ni2Mo		—
	80	A50352	35Cr2Ni4Mo		—
	81	A50402	40CrNiMo		—
	82	A50400	40CrNi2Mo		—
CrMnNiMo	83	A50182	18CrMnNiMo	—	—
CrNiMoV	84	A51452	45CrNiMoV	—	—
CrNiW	85	A52182	18Cr2Ni4W	—	—
	86	A52252	25Cr2Ni4W	—	—

（2）合金工模具钢的编号　合金工模具钢的编号与合金结构钢大体相同，区别在于含碳量的表示方法，钢号前面数字表示碳的平均质量分数的千分数。当 $w_C<1.0\%$ 时，则在钢号前以一位数表示碳的平均质量分数的千分数，当 $w_C \geqslant 1.0\%$ 时，不标数字。如 9SiCr 钢，表示碳的平均质量分数为 0.9%，主要合金元素 Cr、Si 的质量分数均在 1.5% 以下；又如 CrWMn 钢，平均碳的质量分数大于等于 1.0%。高速工具钢例外，$w_C<1.0\%$ 时，钢号中也不标数字。例如 W18Cr4V 钢，碳的平均质量分数为 0.7% ~ 0.8%。合金工模具钢、高速工具钢都是高级优质钢，但牌号后不加 "A"。合金工模具钢的牌号与标准见表 9-4、弹簧钢的牌号与标准见表 9-5、高速工具钢的牌号与标准见表 9-6。

表 9-4　合金工模具钢的牌号与标准

标准	新标准（GB/T 1299—2014）			旧标准（GB/T 1299—1985）
牌号意义	9　Mn　2　V w_V = 0.10% ~ 0.25% 锰元素的最高质量分数(%) 锰元素 以名义千分数表示的碳的质量分数			同左
	钢组	统一数字代号	牌号	牌号
牌号	量具刃具用钢	T30100	9SiCr	9SiCr
		T30000	8MnSi	8MnSi
		T30060	Cr06	Cr06
		T30201	Cr2	Cr2
	耐冲击工具用钢	T40124	4CrW2Si	4CrW2Si
		T40125	5CrW2Si	5CrW2Si

（续）

标准	新标准（GB/T 1299—2014）			旧标准（GB/T 1299—1985）
	钢组	统一数字代号	牌号	牌号
	耐冲击工具用钢	T40126	6CrW2Si	6CrW2Si
		T40100	6CrMnSi2Mo1	—
	冷作模具用钢	T21200	Cr12	Cr12
		T21202	Cr12Mo1V1	Cr12Mo1V
牌		T21201	Cr12MoV	Cr12MoV
		T20503	Cr5Mo1V	Cr5Mo1V
		T20000	9Mn2V	9Mn2V
	热作模具用钢	T20102	5CrMnMo	5CrMnMo
号		T20103	5CrNiMo	5CrNiMo
		T20280	3Cr2W8V	3Cr2W8V
		T20403	5Cr4Mo3SiMnVA1	5Cr4Mo3SiMnVA1
		T20323	3Cr3Mo3W2V	3Cr3Mo3W2V
	无磁模具钢	T23152	7Mn15Cr2Al3V2WMo	7Mn15Cr2Al3V2WMo
	塑料模具钢	T22020	3Cr2Mo	3Cr2Mo
		T22024	3Cr2MnNiMo	—

表 9-5　弹簧钢的牌号与标准

标准	新标准（GB/T 1222—2016）		旧标准（GB/T 1222—2007）		旧标准（GB/T 1222—1984）
牌号意义	60　Si　2　Mn w_{Mn} = 0.6% ~ 0.9% 以名义百分数表示的硅的质量分数 硅的元素符号 以平均万分数表示的碳的质量分数		同左		同左
序号	统一数字代号	牌号	统一数字代号	牌号	牌号
1	U20652	65	U20652	65	65
2	U20702	70	U20702	70	70
3	U20802	80	—	—	—
4	U20852	85	U20852	85	85
5	U21653	65Mn	U21653	65Mn	65Mn
6	U21653	70Mn	—	—	—
7	A76282	28SiMnB	—	—	—
8	A77406	40SiMnVBE	—	—	—
9	A77552	55SiMnVB	A77552	55SiMnVB	55SiMnVB

（续）

序号	统一数字代号	牌号	统一数字代号	牌号	牌号
10	A11383	38Si2	—	—	—
11	A11603	60Si2Mn	A11602	60Si2Mn	60Si2Mn
12	A22553	55CrMn	A11603	60Si2MnA	60Si2MnA
13	A22603	60CrMn	A21603	60Si2CrA	60Si2CrA
14	A22609	60CrMnB	A28603	60Si2CrVA	60Si2CrVA
15	A34603	60CrMnMo	—	—	—
16	A21553	55SiCr	A21553	55SiCrA	
17	A21603	60Si2Cr	—	—	—
18	A24563	56Si2MnCr	—	—	—
19	A45523	52SiCrMnNi	A22553	55CrMnA	55CrMnA
20	A28553	55SiCrV	A22603	60CrMnA	60CrMnA
21	A28603	60Si2CrV	A23503	50CrVA	50CrVA
22	A28600	60Si2MnCrV	A22613	60CrMnBA	60CrMnBA
23	A23503	50CrV	—	—	—
24	A25513	51CrMnV	—	—	—
25	A36523	52CrMnMoV	—	—	—
26	A27303	30W4Cr2V	A27303	30W4Cr2VA	30W4Cr2VA
	—	—	—	—	55Si2Mn 55Si2MnB 60CrMnMoA

表 9-6　高速工具钢的牌号与标准

标准	新标准（GB/T 9943—2008）	旧标准[①]	旧标准[②]
牌号意义	W9Mo3Cr4V ——w_V = 1.30% ~ 1.70% ——铬的平均质量分数（%） ——铬元素 ——钼的平均质量分数（%） ——钼元素 ——钨的平均质量分数（%） ——钨元素	同左	同左

序号	统一数字代号	牌号	牌号［简写代号］	牌号
1	T63342	W3Mo3Cr4V2	—	9W18Cr4V[③]
2	T64340	W4Mo3Cr4VSi	W4Mo3Cr4VSi	W12Cr4V4Mo[③]
3	T51841	W18Cr4V	W18Cr4V［18—4—1］	W18Cr4V

（续）

序号	统一数字代号	牌号	牌号［简写代号］	牌号
4	T62841	W2Mo8Cr4V	—	W14Cr4VMnRE[3]
5	T62942	W2Mo9Cr4V2	W2Mo9Cr4V2 [2—9—4—2]	W6Mo5Cr4V2Al[3]
6	T66541	W6Mo5Cr4V2	W6Mo5Cr4V2 [6—5—4—2]	W6Mo5Cr4V2
7	T66542	CW6Mo5Cr4V2	CW6Mo5Cr4V2 ［高碳 6—5—4—2］	W6Mo5Cr4V5SiNbAl[3]
8	T66642	W6Mo6Cr4V2	—	W10Mo4Cr4V3Al[3]
9	T69341	W9Mo3Cr4V	W9Mo3Cr4V [9—3—4—1]	W12Mo3Cr4V3Co5Si[3]
10	T66543	W6Mo5Cr4V3	W6Mo5Cr4V3 [6—5—4—3]	—
11	T66545	CW6Mo5Cr4V3	CW6Mo5Cr4V3 ［高碳 6—5—4—3］	—
12	T66544	W6Mo5Cr4V4	9W18Cr4V[3] ［高碳 18—4—1］	9W18Cr4V[3] ［高碳 18—4—1］
13	T66546	W6Mo5Cr4V2Al	W6Mo5Cr4V2Al [501]	W6Mo5Cr4V2Al
14	T71245	W12Cr4V5Co5	W12Cr4V5Co5 [12—4—5—5]	—
15	T76545	W6Mo5Cr4V2Co5	W6Mo5Cr4V2Co5 [6—5—4—2—5]	—
16	T76438	W6Mo5Cr4V3Co8	W14Cr4VMnRE[3]	W14Cr4VMnRE[3]
17	T77445	W7Mo4Cr4V2Co5	W7Mo4Cr4V2Co5 [7—4—4—2—5]	—
18	T72948	W2Mo9Cr4VCo8	W2Mo9Cr4VCo8 [2—9—4—1—8]	—
19	T71010	W10Mo4Cr4V3Co10	W12Cr4V4Mo[3] [12—4—4—1]	W12Cr4V4Mo[3] [12—4—4—1]

注：GB/T 9943—2008 中牌号 W18Cr4V、W12Cr4V5Co5 为钨系高速工具钢，其他牌号为钨钼系高速工具钢。

[1] 包括 GB/T 3080—2001、GB/T 9941—1988、GB/T 9942—1988、GB/T 9943—1988。

[2] 包括冶金标准及企业标准。

[3] 牌号与新标准的牌号无对应关系。

（3）特殊性能钢的编号　特殊性能钢牌号的表示方法与合金工具钢的表示方法基本相同，即钢号前数字表示碳的平均质量分数的千分数。如 9Cr18 表示钢中碳的平均质量分数 $w_C = 0.90\%$，铬的平均质量分数为 18%。

当不锈钢、耐热钢中碳的质量分数较低时，表示方法则不同。碳的平均质量分数 $w_C <$ 0.08% 时，在钢号前冠以 "0"；碳的平均质量分数 $w_C \leq 0.03\%$ 时，在钢号前冠以 "00"。如 0Cr18Ni9 钢，表示碳质量分数小于 0.08%；00Cr18Ni10 钢，表示碳质量分数小于 0.03%。

高锰耐磨钢零件经常是铸造成形后使用，高锰钢牌号前标 "铸钢" 的汉语拼音字首 "ZG"，其后是元素锰的符号和质量分数，横杠后数字表示序号。如 ZGMn13-1，表示铸造高锰钢，碳的平均质量分数 $w_C > 1.0\%$，锰的平均质量分数为 13%，序号为 1。不锈钢和耐热钢的牌号依据 GB/T 20878—2007。奥氏体型不锈钢和耐热钢的牌号与标准见表 9-7。

表 9-7　奥氏体型不锈钢和耐热钢的牌号与标准

序号	钢类	统一数字代号	新牌号	旧牌号
1	奥氏体型不锈钢和耐热钢	S35350	12Cr17Mn6Ni5N	1Cr17Mn6Ni5N
2		S35950	10Cr17Mn9Ni4N	—
3		S35450	12Cr18Mn9Ni5N	1Cr18Mn8Ni5N
4		S35020	20Cr13Mn9Ni4	2Cr13Mn9Ni4
67	奥氏体-铁素体型不锈钢	S21860	14Cr18Ni11Si4AlTi	1Cr18Ni11Si4AlTi
68		S21953	022Cr19Ni5Mo3Si2N	00Cr18Ni5Mo3Si2
69		S22160	12Cr21Ni5Ti	1Cr21Ni5Ti
70		S22253	022Cr22Ni5Mo3N	—
71		S22053	022Cr23Ni5Mo3N	—
78	铁素体型不锈钢和耐热钢	S11348	06Cr13Al[①]	0Cr13Al[①]
79		S11168	06Cr11Ti	0Cr11Ti
80		S11163	022Cr11Ti[①]	—
81		S11173	022Cr11NbTi[①]	—
96	马氏体型不锈钢和耐热钢	S40310	12Cr12[①]	1Cr12[①]
98		S41008	06Cr13	0Cr13
98		S41010	12Cr13[①]	1Cr13[①]
134	沉淀硬化型不锈钢和耐热钢	S51380	04Cr13Ni8Mo2Al	—
135		S51290	022Cr12Ni9Cu2NbTi[①]	—
136		S51550	05Cr15Ni5Cu4Nb	—

① 可作耐热钢使用。

任务9.4　了解合金结构钢

普通低合金结构钢是在碳素结构钢的基础上加入少量合金元素（合金元素总量 $w_{Me} < 3\%$）而得到的。这类钢比碳素结构钢的强度要高 10%~30%。这类钢一般是在热轧或正火状态下使用，冶炼工艺和加工工艺与普通碳素结构钢相近，一般都不需要采取特殊工艺措施，因此十分适合大量生产，并且成本低廉。这类钢规定的含硫、含磷量也都与普通碳素结构钢相仿，对非金属夹杂、气体和低倍组织不做特殊要求。

普通低合金结构钢广泛应用于制造桥梁、船舶、车辆、工业或民用建筑、石油管道、起

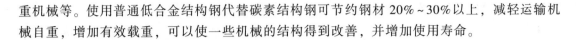

重机械等。使用普通低合金结构钢代替碳素结构钢可节约钢材 20%～30%以上，减轻运输机械自重，增加有效载重，可以使一些机械的结构得到改善，并增加使用寿命。

9.4.1 普通低合金结构钢的性能特点

合金元素在低合金结构钢起的作用有：固溶强化、细化铁素体晶粒、析出高度弥散的碳氮化物，产生弥散强化、改变铁素体和珠光体两种组织的相对含量、改善焊接性、耐蚀性、耐低温性等。因此普通低合金结构钢具有以下的性能特点。

1. 足够高的屈服点及良好的塑性、韧性

采用普通低合金结构钢的主要目的是，减轻金属结构的重量，提高可靠性。因此，要求有较高的屈服强度，较低的脆性转变温度，良好的室温冲击韧性和塑性。合金元素（主要是锰、硅）强化铁素体，铝、钒、钛等细化铁素体晶粒，增加珠光体数量，以及加入能形成碳化物、氮化物的合金元素（钒、铌、钛），使细小化合物从固溶体中析出，产生弥散强化作用。所以，普通低合金结构钢在热轧或正火后具有高的强度，其屈服点一般在 300MPa以上，当锰的质量分数 $w_{Mn}<1.5\%$ 以下时，仍具有良好的塑性与韧性。一般普通低合金结构钢伸长率 A 为 17%～23%，室温下冲击吸收能量 $K>34J$，并且韧脆转变温度较低，约为 $-30℃$（碳素结构钢为 $-20℃$）。

2. 良好的工艺性能

普通低合金结构钢在生产过程中，往往需要经过冷热轧制而制成各种板材、管材、线材、型材等，也经过如剪切、冲压、冷弯、焊接等工艺过程，同时还需要适合火焰切割，因此，要求具有良好的工艺性能。

3. 良好的焊接性能

由于焊接是制造大型钢结构的主要工艺方法，在焊接前，需要对钢材进行切割、冷弯冷卷、冲孔等工序，并且钢结构在焊接后不易进行热处理，因此，特别要求普通低合金结构钢具有良好的塑变性能和焊接性能。普通低合金结构钢中碳的质量分数低，合金元素少，塑性好，不易在焊缝区产生淬火组织及裂纹，且加入铌、钛、钒还可抑制焊缝区的晶粒长大，故具有良好的焊接性。

4. 较好的耐蚀性能

普通低合金结构钢生产制造的零件或机械往往在大气、海水、土壤中使用，如桥梁、船舶、地下管道等，所以要求钢材具有抵抗这些介质的腐蚀能力。在普通低合金结构钢中加入合金元素，可使耐蚀性明显提高，尤其是铜和磷复合加入时效果更好。

9.4.2 合金结构钢的种类

在我国的合金结构钢中，主加合金元素一般为锰、硅、铬、硼等，对提高淬透性和力学性能起主导作用。辅加合金元素主要有钨、钼、钒、铁、铌等，可形成稳定的合金碳化物，以阻碍奥氏体晶粒长大，起细化晶粒作用。合金结构钢按其用途及工艺特点可分为合金渗碳钢、合金调质钢和合金弹簧钢。

1. 合金渗碳钢

许多机械零件如汽车、拖拉机齿轮，内燃机凸轮，活塞销等工作条件比较复杂，一方面零件表面承受强烈的摩擦和交变应力的作用，另一方面又经常承受较强烈的冲击载荷作用，

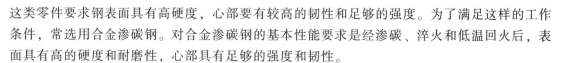

这类零件要求钢表面具有高硬度，心部要有较高的韧性和足够的强度。为了满足这样的工作条件，常选用合金渗碳钢。对合金渗碳钢的基本性能要求是经渗碳、淬火和低温回火后，表面具有高的硬度和耐磨性，心部具有足够的强度和韧性。

常用的合金渗碳钢的牌号、成分、热处理、性能及用途见表9-8。合金渗碳钢按淬透性大小分为三类。

（1）低淬透性合金渗碳钢　这类钢合金元素含量较少，淬透性较差，水淬时的临界淬透直径约为20～35mm。用于制作受力不太大，不需要很高强度的耐磨零件，如凸轮、滑块等。属于这类钢的有20Mn2、20Cr、20MnV等。这类钢渗碳时心部晶粒易长大（特别是锰钢）。

表9-8　常用低淬透性渗碳钢的热处理工艺及力学性能

牌号	热处理规范					力学性能				
	渗碳温度 /℃	淬火温度/℃		冷却	回火温度/℃		$R_{r0.2}$ /MPa	R_m /MPa	A(%)	Z(%)	K/ J
		一次淬火	二次淬火		温度	冷却					
20Mn2	910～930	850	—	水、油	180～200	空气	820	600	26	47	—
20MnV	900～940	800～840	—	油	180～200	空气	1000	—	15	50	104
15Cr	900～920	860～870	780～820	油	170～190	空气	915	609	17.8	50	120
20Cr	890～910	860～890	780～820	水、油	160～200	空气	1240	1060	32	55	55

（2）中淬透性合金渗碳钢　这类钢淬透性较好，油淬时的临界淬透直径约为25～60mm，零件淬火后，心部强度可达1000～1200MPa。多用于制作承受中等载荷要求，有足够冲击韧性和耐磨零件，如汽车、拖拉机齿轮等。属于这类钢的有20CrMnTi、12CrNi3、20MnVB等。20CrMnTi钢是最常用的钢种，广泛用于汽车、拖拉机齿轮的制造。由于铬、锰的复合作用，使钢具有较高的淬透性；钛可细化奥氏体晶粒，渗碳后可直接淬火，工艺简单，淬火变形小。常用中淬透性渗碳钢的热处理工艺及力学性能见表9-9。

表9-9　常用中淬透性渗碳钢的热处理工艺及力学性能

牌号	热处理规范				力学性能				
	渗碳温度 /℃	淬火温度 /℃（油冷）		回火温度/℃		$R_{r0.2}$ /MPa	R_m /MPa	A(%)	Z(%)	K/ J
		一次淬火	二次淬火	温度	冷却					
15CrMn	910～930	880	—	200	水	800	600	12	50	60
20CrMn	910～930	880	—	200	水	950	750	10	45	60
20CrMnTi	920～940	830～870		180～200	空	1300	1060	11	50	160
20CrMnMo	880～950	830～860	—	180～220	空	1500	1360	11.8	51.2	88
20MnVB	900～930	860～880	780～800	160～200	空	1470	1180	12	50	86
20MnTiB	930～950	860～880	780～820	180～200	空	1390	1170	11.2	56	78

（3）高淬透性合金渗碳钢　这类钢含有较多的铬、镍等合金元素，在它们的复合作用下，钢的淬透性很好，甚至在空冷时也能够得到马氏体组织，心部强度可达1300MPa以上。油淬时的临界淬透直径约为100mm以上。主要用于制造具有高的强韧性和耐磨性，能够承

受很高载荷及强烈磨损的重要零件，如飞机和坦克的重要齿轮和轴等。属于这类钢的有 12Cr2Ni4、18Cr2Ni4WA 等。常用高淬透性渗碳钢的热处理规范、力学性能见表 9-10。

表 9-10　常用高淬透性渗碳钢的热处理规范、力学性能

牌号	热处理规范				力学性能				
	渗碳温度 /℃	淬火温度/℃（油冷）		回火温度 /℃（空冷）	$R_{r0.2}$ /MPa	R_m/MPa	$A(\%)$	$Z(\%)$	K/ J
		一次淬火	二次淬火						
12Cr2Ni4	900~930	840~860	780~790	150~200	1208	1094	15.3	67.2	143
18Cr2Ni4WA	900~940	780~800	—	200	1250	1110	15	62	140

2. 合金调质钢

合金调质钢通常是指经调质处理后使用的合金钢。主要用于制造承受很大变动载荷与冲击载荷或各种复合应力的零件（如机床主轴、连杆、螺栓以及各种轴类零件等）。这类零件要求钢材具有较高的综合力学性能，即强度、硬度、塑性、韧性有良好的配合。为了保证零件整个截面力学性能的均匀性，还要求钢具有良好的淬透性。

常用调质钢的牌号、热处理、力学性能与用途见表 9-11。

表 9-11　常用调质钢的牌号、热处理、力学性能与用途（摘自 GB/T 3077—2015）

类别	牌号	力学性能					钢材退火或高温回火供应状态 HBW	用途举例
		R_m /MPa	$R_{r0.2}$ /MPa	$A(\%)$	$Z(\%)$	K/J		
		不小于						
低淬透性	40Cr	980	785	9	45	47	≤207	制造承受中等载荷和中等速度工作下的零件，如汽车后半轴及机床上齿轮、轴、花键轴、顶尖套等
	40Mn2	885	735	12	45	47	≤217	轴、半轴、活塞杆，连杆，螺栓
	42SiMn	885	735	15	40	47	≤229	在高频感应淬火及中温回火状态下制造中速、中等载荷的齿轮；调质后高频感应淬火及低温回火状态下制造表面要求高硬度、较高耐磨性、较大截面的零件，如主轴、齿轮等
	40MnB	980	785	10	45	47	≤207	代替 40Cr 钢制造中、小截面重要调质件，如汽车半轴、转向轴、蜗杆以及机床主轴、齿轮等
	40MnVB	980	785	10	45	47	≤207	代替 40Cr 钢制造汽车、拖拉机和机床上的重要调质件，如轴、齿轮等
中淬透性	35CrMo	980	835	12	45	63	≤229	通常用作调质件，也可在高、中频感应淬火或淬火、低温回火后用于高载荷下工作的重要结构件，特别是受冲击、振动、弯曲、扭转载荷的机件，如主轴、大电机轴、曲轴、锤杆等

（续）

类别	牌号	力学性能					钢材退火或高温回火供应状态 HBW	用途举例
		R_{m} /MPa	$R_{\mathrm{r0.2}}$ /MPa	$A(\%)$	$Z(\%)$	K/J		
		不小于						
中淬透性	40CrMn	980	835	9	45	47	≤229	在高速、高载荷下工作的齿轮轴、齿轮、离合器等
	30CrMnSi	1080	885	10	45	9	≤229	重要用途的调质件，如高速高载荷的砂轮轴、齿轮、轴、螺母、螺栓、轴套等
高淬透性	40CrMnMo	980	785	10	45	63	≤217	截面较大、要求高强度和高韧性的调质件，如 8t 卡车的后桥半轴、齿轮轴、偏心轴、齿轮、连杆等
	40CrNiMo	980	835	12	55	78	≤269	要求韧性好、强度高及大尺寸的重要调质件，如重型机械中高载荷的轴类、直径大于 250mm 的汽轮机刺、叶片、曲轴等

合金调质钢按淬透性大小分为三类。

（1）低淬透性合金调质钢　这类钢合金元素总的质量分数小于 2.5%，淬透性较差，油、淬时的临界直径为 20~40mm，具有较好的力学性能和工艺性能，主要用于制作中等截面的零件。常用的钢有 40Cr、40MnB 等。

（2）中淬透性合金调质钢　这类钢合金元素含量较多，淬透性较高，油淬时的临界淬透直径为 40~60mm。由于淬透性较好，故可用来制作截面较大、承受较重载荷的调质件，如曲轴、齿轮、连杆等。常用的钢有 35CrMo、40CrMn、30CrMnSi 等。

（3）高淬透性合金调质钢　这类钢合金元素含量比前两类调质钢多，油淬时的临界直径为 60~100mm，淬透性高，主要用于大截面、承受更大载荷的重要的调质件。如汽轮机主轴、叶轮等。常用的钢有 40CrMnMo、40CrNiMo 等。

3. 合金弹簧钢

弹簧钢是指用来制造各种弹簧的钢。弹簧是机器和仪表中的重要零件，工作时弹簧产生弹性变形，在各种机械中起缓冲、吸振的作用，或储存能量以驱动机件，使机械完成规定的动作。因此，做弹簧的材料要具有高的弹性极限和弹性比功，以保证弹簧具有足够的弹性变形能力，当承受大载荷时不发生塑性变形；弹簧在工作时一般是承受变动载荷，故还要求具有高的疲劳强度；对于特殊条件下工作的弹簧，还有某些特殊要求，如耐热、耐腐蚀、无磁等。中碳钢和高碳钢由于性能较差，只用来制作截面及受力较小的弹簧。而合金弹簧钢，主要用以制造较大截面的重要弹簧件。

常用弹簧钢的牌号、热处理、力学性能及用途见表 9-12。60Si2Mn 是合金弹簧钢中最常用的牌号，它具有较高的淬透性，油、淬时临界直径为 20~30mm；弹性极限高，屈强比（$R_{\mathrm{e}}/R_{\mathrm{m}}=0.9$）与疲劳强度也较高；工作温度一般在 230℃以下。主要用于铁路机车、汽车、拖拉机上的板弹簧、螺旋弹簧，气缸安全阀簧，以及其他承受高应力的重要弹簧。50CrV 钢的力学性能与硅锰弹簧钢相近，但淬透性更高，油淬临界直径为 30~50mm 因铬、钒元素能提高回火稳定性，故在200℃时，屈服强度仍可大于1000MPa。常用作大截面的承受应力较高或工作温度低于400℃的弹簧。

表 9-12　常用弹簧钢的牌号、热处理、力学性能及用途

牌号	热处理		力学性能					用途举例
	淬火温度/℃	回火温度/℃	$R_{r0.2}$/MPa	R_m/MPa	A_5(%)	A_{10}(%)	Z(%)	
			不小于					
60Si2Mn	870 油	480	1177	1275		6	30	汽车、拖拉机、机车上的减振板簧，气缸安全阀簧，止回阀簧，还可用作250℃以下使用的耐热弹簧
55SiMnVB	860 油	460	1226	1373		5	30	代替60Si2Mn钢制作重型、中型、小型汽车的板簧和其他中型截面的板簧和螺旋弹簧
55CrMn	830~860 油	460	1079	1226	9		20	车辆、拖拉机工业上制作载荷较重、应力较大的板簧和直径较大的螺旋弹簧
50CrV	850 油	500	1128	1275	10		45	用作较大截面的高载荷重要弹簧及工作温度<350℃的阀门弹簧、活塞弹簧、安全阀弹簧等
30W4Cr2V	1050~1100 油	600	1324	1471	7		40	用作工作温度≤500℃的耐热弹簧，如锅炉主安全阀弹簧、汽轮机汽封弹簧等

4．其他合金结构钢

（1）滚动轴承钢　滚动轴承钢是指制造各种滚动轴承内外套圈及滚动体的专用钢。滚动轴承工作时，滚动体与内外套圈之间呈点或线接触，接触应力很大，且受变动载荷作用，因此，要求轴承钢具有很高的接触疲劳强度和足够的弹性极限、高的硬度、高的耐磨性及一定的韧性，此外，还要求材料具有一定的抗腐蚀能力。

目前最常用的滚动轴承钢是高碳铬轴承钢，其 $w_C = 0.95\% \sim 1.10\%$，以保证轴承钢具有高强度、硬度，并形成足够的合金碳化物以提高耐磨性。主加合金元素是铬，用于提高钢的淬透性，并使钢在热处理后形成细小均匀分布的合金渗碳体，提高钢的接触疲劳抗力与耐磨性。常用滚动轴承钢的牌号、化学成分及用途见表9-13。

表 9-13　常用滚动轴承钢牌号、化学成分、热处理及用途

牌号	化学成分(质量分数(%))				热处理		回火后硬度HRC	用途举例
	C	Cr	Si	Mn	淬火温度/℃	回火温度/℃		
GCr9	1.00~1.10	0.90~1.20	0.15~0.35	0.25~0.45	810~830 水、油	150~170	62~64	直径<20mm的滚珠、滚柱及滚针
GCr9SiMn	1.00~1.10	0.90~1.20	0.45~0.75	0.95~1.25	810~830 水、油	150~160	62~64	直径为25~50mm的钢球；直径<22mm的滚子

（续）

牌号	化学成分(质量分数/%)				热处理		回火后硬度 HRC	用途举例
	C	Cr	Si	Mn	淬火温度/℃	回火温度/℃		
GCr15	0.95~1.05	1.40~1.65	0.15~0.35	0.25~0.45	820~846 油	150~160	62~64	与 GCr9SiMn 同
GCr15SiMn	0.95~1.05	1.40~1.65	0.45~0.75	0.95~1.25	820~840 油	150~170	62~64	直径>50mm 的钢球；直径>22mm 的滚子

（2）易切削结构钢　在钢中加入一种或几种易切削元素，使其成为切削加工性优良的钢，称为易切削结构钢。该类钢加入的易切削元素有硫、铅、磷及微量的钙等。易切削结构钢的切削加工性一般是按刀具寿命、切削抗力大小、加工表面粗糙度和切屑排除难易程度来评定的。它是利用自身或与其他元素形成一种对切削加工有利的夹杂物，使切削抗力降低，切屑易脆断，从而改善钢的切削加工性。常用易切削结构钢的牌号、力学性能及用途见表9-14。

表 9-14　常用易切削结构钢的牌号、力学性能及用途

牌号	力学性能(热轧)				用途举例
	R_m/MPa	$A \geqslant$	$Z \geqslant$	HBW $\geqslant$	
Y12	390~540	22%	36%	170	在自动机床上加工的一般标准紧固件,如螺栓、螺母、销
Y12Pb	390~540	22%	36%	170	可制作表面质量要求更高的一般机械零件,如轴、销、仪表精密小件等
Y15	390~540	22%	36%	170	同 Y12,但切削加工性更好
Y15Pb	390~540	22%	36%	170	同 Y12Pb,切削加工性较 Y15 钢更好
Y20	450~600	20%	30%	175	用于制造强度要求稍高、形状较复杂、不易加工的零件,如纺织机、计算机上的零件,及各种紧固标准件
Y30	510~655	15%	25%	187	
Y35	510~655	14%	22%	187	同 Y30 钢
Y40Mn	590~735	14%	22%	207	用于制造受较高应力、要求表面粗糙度值小的机床丝杠、光杠、螺栓及自行车、缝纫机零件
Y45Ca	600~745	12%	26%	241	经热处理的齿轮、轴等

（3）冷冲压用钢　在冷态下成形的冲压零件用钢称冷冲压用钢（冷冲压钢）。这类钢既要求具有较高的塑性，成形性好，又要求冲压出来的零件具有平滑光洁的表面。

常用的冷冲压用钢是08F和08Al薄板。对形状简单、外观要求不高的冲压件，可选用价廉的08F钢；而冲压性能要求高，外观要求严的零件宜选用08Al；变形不大的一般冲压件，可用10、15、20等钢。

冷冲压件分为两类：一类是形状复杂但受力不大的，如汽车驾驶室覆盖件和一些机器外壳等，只要求钢板有良好的冲压性能和表面质量，多采用冷轧深冲低碳钢板；另一类是不但形状较复杂，而且受力较大的，如汽车车架，要求钢板既有良好的冲压性，又有足够的强度，多选用冲压性能好的热轧低合金结构钢（或碳素钢）厚板。

任务9.5 了解合金工模具钢

依据 GB/T 1299—2014《工模具钢》，按照用途，合金工模具钢可分为量具刃具用钢、耐冲击工具用钢、轧辊用钢、冷作模具用钢、热作模具用钢、塑料模具用钢、特殊用途模具用钢。按化学成分又可分为合金工具钢和合金模具钢。

工具钢主要用于制造各种加工工具。工具钢在使用性能和工艺性能有许多要求，如高硬度、高耐磨性，刃具若没有足够的硬度便不能进行切削加工；刃具、模具在应力的作用下，其形状和尺寸都会发生变化而使成形零件的形状和尺寸不符合设计要求；工具钢若没有良好的耐磨性会使其使用寿命大为下降，并且使加工或成形的零件精度的稳定性降低。当然，不同用途的工具钢也有各自的特殊性能要求。例如，刃具钢除要求高硬度、高耐磨性外，还要求红硬性及一定的强度和韧性；冷作模具钢在要求高硬度、高耐磨性的同时，还要求有较高的强度和一定的韧性；热作模具钢则要求高的韧性和耐热疲劳性及一定的硬度和耐磨性；对于量具钢，在要求高硬度、高耐磨性的基础上，还要求高的尺寸稳定性。

9.5.1 合金工具钢

1. 量具刃具用钢

合金量具钢是用于制造测量工件尺寸的工具（如卡尺、块规、千分尺、卡规、塞规、样板等）所使用的合金钢。量具在使用过程中主要受磨损，因而要求量具有高的硬度和耐磨性，同时还必须有高的尺寸稳定性、良好的磨削加工性能，使量具能达到较小的表面粗糙度值，形状复杂的量具还要求热处理变形小。

量具钢的热处理与刃具钢基本一样，须进行球化退火及淬火、低温回火处理。为使量具获得高的硬度与耐磨性，其回火温度还可以更低些。量具热处理的主要问题是要保证量具在使用过程中的尺寸稳定性。量具尺寸不稳定的主要原因是：①残留奥氏体继续转变引起的尺寸增大；②马氏体在室温下继续分解引起的尺寸收缩；③淬火及加工过程中产生的残余应力因未彻底消除而引起的尺寸变形。

为了提高量具尺寸的稳定性，可在淬火后立即进行低温回火（150～160℃）。高精度量具如块规等，在淬火后及时进行-60～-80℃的冷处理，以减少残留奥氏体量，然后再进行低温回火，并在精磨后再进行一次 120℃×（12～16)h 的人工时效处理，以消除磨削应力，保证量具的尺寸稳定性。

合金刃具钢主要是指用来制造车刀、铣刀、钻头、丝锥、板牙等切削刃具的钢。刃具在工作时受到零件的压力，刃部与切屑之间产生强烈摩擦，使切削刃磨损并发热。切削速度越大，刃部温度越高，会使刃部硬度降低，甚至丧失切削功能。此外，刃具还承受一定的冲击和振动，因此，要求刃具应具有以下性能：一是高的硬度和耐磨性。一般刃具的硬度应高于60HRC，切削某些高硬度材料时，刃具的硬度还要更高些。通常硬度越高，耐磨性越好。耐磨性直接影响刃具寿命。耐磨性不仅决定于硬度，而且与钢中碳化物的性质、数量、大小和分布状况有关。二是高的热硬性。热硬性是指钢在高温下保持高硬度的能力。切削速度很高时，刃部温度可达800℃以上，所以热硬性是刃具钢最主要的性能要求。三是足够高的塑性和韧性。足够高的塑性和韧性可以避免刃具在切削过程中因冲击振动造成刃具断裂和崩刃。

常用量具刃具用钢的牌号、化学成分、热处理及用途见表9-15。

表9-15　常用量具刃具用钢的牌号、化学成分、热处理及用途（摘自 GB/T 1299—2014）

统一数字代号	牌号	化学成分 w_i(%)					淬火温度/℃	淬火硬度 HRC	用途举例
		C	Mn	Si	Cr	P、S			
T31219	9SiCr	0.85~0.95	0.30~0.60	1.20~1.60	0.95~1.25	≤0.03	820~860 油	≥62	钻头、螺纹工具、手动铰刀、搓丝板、滚丝轮、冲模、打印模等
T30108	8MnSi	0.75~0.85	0.80~1.10	0.30~0.60		≤0.03	800~820 油	≥60	木工工具、冷冲模、冲头等
T30200	Cr06	1.30~1.45	≤0.40	≤0.40	0.50~0.70	≤0.03	780~810 水	≥64	木工工具、冲孔模、冲压模等简单冷加工模具等
T31200	Cr2	0.95~1.10	≤0.40	≤0.40	1.30~1.65	≤0.03	830~860 油	≥62	木工工具，冷冲模及冲头、小尺寸冷作模具等
T31209	9Cr2	0.80~0.95	≤0.40	≤0.40	1.30~1.70	≤0.03	820~850 油	≥62	木工工具，冷轧辊、冷冲模及冲头、钢印冲孔模等
T30800	W	1.05~1.25	≤0.4	≤0.40	0.10~0.30	≤0.03	800~830 水	≥62	小型麻花钻头、丝锥、锉刀、板牙等

在量具刃具钢中，9SiCr 和 8MnSi 两个牌号应用最为广泛。9SiCr 钢是生产中应用最广泛的一种量具刃具钢，它比铬钢具有更高的淬透性和淬硬性，且回火稳定性好，适宜制造形状复杂、变形小、耐磨性要求高的低速切削刀具。8MnSi 钢由于不含铬，故价格较低，其淬透性、韧性和耐磨性均优于碳素工具钢，一般多用于作木工凿子、锯条等。

2. 耐冲击工具用钢

耐冲击工具用钢是在铬硅钢的基础上加入 2.00%~2.50%（质量分数）的钨而成的。由于加入了钨而有助于在淬火时保存比较细的晶粒，这就有可能在回火状态下获得较高的韧性，并提高回火稳定性。该钢还具有一定的淬透性和高温强度，主要用来制造承受高冲击载荷的工具。

常用耐冲击工具用钢的牌号、化学成分、热处理及用途见表9-16。

表9-16　常用耐冲击工具用钢的牌号、化学成分、热处理及用途（摘自 GB/T 1299—2014）

统一数字代号	牌号	化学成分 w_i(%)				淬火温度/℃	淬火硬度 HRC	用途举例
		C	Mn	Si	Cr			
T40294	4CrW2Si	0.35~0.45	≤0.40	0.81~1.10	1.00~1.30	860~900 油	≥53	风动工具、冲裁切边复合模、冲模、冷切用剪刀等

（续）

统一数字代号	牌号	化学成分 w_i（%）				淬火温度/℃	淬火硬度 HRC	用途举例
		C	Mn	Si	Cr			
T40295	5CrW2Si	0.45~0.55	≤0.40	0.50~0.80	1.00~1.30	860~900 油	≥55	冷剪金属的刀片、铲搓丝板的铲刀、冷冲裁和切边的凹槽等
T40296	6CrW2Si	1.55~1.65	≤0.40	0.50~0.80	1.10~1.30	860~900 油	≥57	风动工具、凿子、模具、冷剪机刀片、冷冲裁和切边的凹槽、空气锤用工具等
T40356	6CrMnSi2Mo1V	0.50~0.65	0.60~1.00	1.75~2.25	1.10~0.50	885（盐域）或 900（炉控气氛）	≥58	适宜制造在高冲压载荷下操作的的工具、冲模、冷冲裁切边用凹模
T40355	5Cr3MnSiMo1	0.45~0.55	0.20~0.90	0.20~1.00	3.00~3.50	941（盐域）或 955（炉控气氛）	≥56	适宜制造在较高温度、高冲压载荷下工作的工具、冲模，也可用于制造锤锻模具
T40376	5CrW2SiV	0.55~0.65	0.15~0.45	0.70~1.00	0.90~1.20	870~910 水	≥58	适宜制作刀片、冷成型工具和精密冲裁模以及热冲孔工具等

　　耐冲击工具用钢的常用牌号有 4CrW2Si、5CrW2Si 和 6CrW2Si 等。铬钨硅钢中碳的质量分数较小，在 0.35%~0.65% 范围，故具有较好的韧性，用以制作薄刃的受冲击模具如切边模等，可不致因受振动而崩刃或断裂。这类钢还由于钨、硅的作用，具有较好的高温性能，所以也可用于热模。

3. 轧辊用钢

　　轧辊承受很大的静载荷、动载荷，表面受到轧材的剧烈摩擦和磨损，所以表面经常会局部过热，可能产生热裂纹。所以，轧辊要求表面具有高而均匀的硬度和足够深的淬硬层，以及良好的耐磨性和耐热性。轧辊用钢添加 Mo、W，使钢在回火时基体产生二次硬化，提高耐热、耐磨性，如 9Cr2Mo。为了提高高合金轧辊的耐磨性，在钢中添加 V 等合金元素，利用高硬度碳化物 MC 提高耐磨性，这种轧辊是改进型高合金轧辊，如 9Cr2MoV。此外，还有在改进型高合金轧辊用钢中添加 Ni，使基体形成贝氏体或马氏体，提高基体的耐磨性，如 8Cr3NiMoV、9Cr5NiMoV。

　　常用轧辊用钢的牌号、化学成分、热处理及用途见表 9-17。

表 9-17 常用轧辊用钢的牌号、化学成分、热处理及用途（摘自 GB/T 1299—2014）

统一数字代号	牌号	化学成分 w_i(%)				淬火温度/℃	淬火硬度 HRC	用途举例
		C	Mn	Si	Cr			
T42239	9Cr2V	0.85~0.95	0.20~0.45	0.20~0.40	1.00~1.30	830~900 空气	≥64	冷轧工作辊、支承辊等
T42309	9Cr2Mo	0.85~0.95	0.20~0.35	0.25~0.45	1.00~1.30	830~900 空气	≥64	适宜制作冷轧工作辊、支承辊和矫正辊等
T42319	9Cr2MoV	0.80~0.90	0.25~0.55	0.15~0.40	1.10~1.30	880~900 空气	≥64	适宜制作冷轧工作辊、支承辊和矫正辊等
T42518	8Cr3NiMoV	0.82~0.90	0.20~0.45	0.30~0.50	1.10~0.50	900~920 空气	≥64	冷轧工作辊等
T42519	9Cr5NiMoV	0.82~0.90	0.20~0.50	0.50~0.80	0.90~1.20	930~950 空气	≥64	适宜制造要求淬硬层深、轧制条件恶劣、抗事故性高的冷轧辊

9.5.2 合金模具钢

1. 冷作模具用钢

冷作模具用钢是指用于制造在冷态下变形或分离的模具用钢，如冷冲模、冷镦模、冷挤压模、拉丝模和滚丝模等。由于冷作模具在工作时，刃口部位承受很大的压力、弯曲力和冲击力，模具与坯料之间有强烈的摩擦，因此，冷作模具钢要求具有高强度、高硬度、足够的韧性和良好的耐磨性。对于高精度的模具，要求热处理变形小，以保证模具的加工精度，大型模具还要求具有良好的淬透性。

常用冷作模具钢的牌号、热处理及用途见表 9-18。

表 9-18 常用冷作模具钢的牌号、热处理及用途（摘自 GB/T 1299—2014）

统一数字代号	牌号	交货状态(退火)HBW	淬火温度/℃	HRC 不小于	用途举例
T21200	Cr12	217~269	950~1000 油	60	适宜制作受冲击负荷较小的要求较高耐磨的冷冲模及冲头、冷剪切片、钻套、量规、拉丝模等
T21319	Cr12MoV	207~255	950~1000 油	58	适宜制作形状复杂的冲孔模、冷剪切片、拉丝模、搓丝板、冷挤压模、量具等
T21320	Cr4W2MoV	≤269	960~980 1020~1040 油	60	适宜制作各种冲模、冷镦模、落料模、冷挤凹模及搓丝板等工模具
T21290	CrWMn	207~255	800~830 油	62	适宜制作丝锥、板牙、铰刀、小型冲模等
T21836	6W6Mo5Cr4V	≤269	1180~1200 油	60	主要用于制作钢铁材料冷挤压模具

（1）低合金冷作模具钢 这类钢的优点是价格便宜，加工性能好，能基本上满足模具的工作要求。其中应用较广泛的牌号有 9Mn2V、9SiCr 等，与刃具模具用非合金钢相比，低合金冷作模具钢具有较高的淬透性、较好的耐磨性和较小的淬火变形，因其回火稳定性较好而可在稍高的温度下回火，故综合力学性能较佳。常用来制造尺寸较大、形状较复杂、精度较高的模具。

（2）Cr12 型冷作模具用钢 Cr12 型冷作模具用钢是目前较常用的冷作模具用钢，这类钢具有更高的淬透性、耐磨性和强度，且淬火变形小，广泛用于尺寸大、形状复杂、精度高的重载冷作模具。常用的牌号是 Cr12 和 Cr12MoV。Cr12 钢中碳的质量分数高达 2.0%～2.3%，属莱氏体钢，具有优良的淬透性和耐磨性（比低合金冷作模具钢高 3～4 倍），因碳的质量分数高，故韧性较差；Cr12MoV 钢中碳的质量分数较 Cr12 低，$w_C = 1.45\% \sim 1.7\%$，并加入合金元素钼、钒，除进一步提高回火稳定性外，还起到细化组织、改善韧性的作用。

（3）高碳中铬型冷作模具用钢 高碳中铬型冷作模具钢是针对 Cr12 型冷作模具用钢的碳化物多而粗大且分布不均匀的缺点发展起来的，典型的钢种有 Cr4W2MoV。此类钢中碳的质量分数进一步降至 1.00%～1.25%，突出的优点是韧性明显改善，且具有淬火变形小、淬透性好、耐磨性高等优点。用于代替 Cr12 型冷作模具用钢制造易崩刃、开裂与折断的冷作模具，其寿命大幅度提高。目前广泛用于制造负荷大、生产批量大、形状复杂、变形要求小的模具。

（4）其他冷作模具用钢 为适应国民经济发展的需要，近十年来国内研制和引进了一些新的冷作模具钢种，如 6W6Mo5Cr4V，属于低碳型高速工具钢，较 W6Mo5Cr4V2 的碳、钒含量较低，具有较高的韧性，主要用于制作钢铁材料冷挤压模具。

2. 热作模具用钢

热作模具用钢是指用来制造热态（指热态下固体或液体）下对金属或合金进行变形加工的模具用钢，如制造热锻模、热挤压模、压铸模等。

热作模具工作时通过挤、冲、压等迫使热金属迅速变形，模具工作时承受强烈的摩擦、并承受较高温度和大的冲击力，另外模膛还受到炽热金属和冷却介质的交替反复作用而产生的热应力，模膛表面容易产生热疲劳裂纹。因此，要求热作模具钢在 400～600℃ 应具有较高的强度、韧性，足够的硬度和耐磨性，以及良好的淬透性、抗热疲劳性和抗氧化性，同时还要求导热性好，以避免型腔表面温度过高。

常用热作模具用钢的牌号、热处理及用途见表 9-19。

表 9-19 **常用热作模具钢的牌号、热处理及用途**（摘自 GB/T 1299—2014）

统一数字代号	牌号	交货状态（正火）HBW	淬火温度/℃	用途举例
T22345	5CrMnMo	197～241	820～850 油	适宜制作要求具有较高强度和高耐磨性的各种类型锻模
T22505	5CrNiMo	197～241	830～860 油	适宜制作各种大、中型锻模
T23273	3Cr2W8V	≤255	1075～1125 油	适宜凸凹模、镶块、铜合金挤压模、压铸用模具、热金属切刀等

（续）

统一数字代号	牌号	交货状态（正火）HBW	淬火温度/℃	用途举例
T23274	4Cr5W2VSi	≤229	1030～1050 油或空气	适宜制作热挤压用的模具和芯棒、铝、锌等轻金属的压铸模、高速锤锻模等
T23352	4Cr5MoSiV	≤223	790℃预热，1010℃盐浴或1020℃（炉控气氛）加热，保温5～15min油冷，550℃回火	适宜制作铝压铸模、热挤压模和穿孔芯棒、塑料模等
T23325	5Cr4W5Mo2V	≤269	1100～1150 油	适宜制作对高温强度和抗磨损性能有较高要求的热作模具

5CrNiMo、5CrMnMo钢是最常用的热作模具用钢，它们具有较高的强度、韧性和耐磨性，优良的淬透性及良好的抗热疲劳性能。对于强度和耐磨性要求较高，而韧性要求不甚高的各种中、小型热锻模尽量选用5CrMnMo钢；而对制造形状复杂、承受较大冲击载荷的大型或特大型热锻模可选用5CrNiMo钢。对于在静压下使金属变形的挤压模和压铸模，由于变形速度小，模具与炽热金属接触时间长，故对高温性能要求较热锻模高，可采用3Cr2W8V钢（用作挤压钢、铜合金的模具）或4Cr5W2VSi钢（用作挤压铝、镁合金的模具）制作。

3. 塑料模具用钢

塑料模具用钢在原有的3Cr2Mo和3Cr2MnNiMo基础上，新增了4Cr2MnlMoS、8Cr2MnWMoVS等19钟，形成了我国塑料模具用钢体系。

塑料模具用钢可以分为渗碳型塑料模具用钢、预硬型塑料模具钢、时效硬化型塑料模具钢、耐蚀塑料模具用钢。渗碳型塑料模具钢主要应用于冷挤压成型塑料模具，一般要求含碳量较低，同时钢中加入Cr、Ni元素，以能提高钢的淬透性，而Si元素的含量应尽量低。此类钢在冷挤压成型后一般需要进行渗碳和淬火、回火处理，可使模具型腔表面具有高的硬度和耐磨性，而中心部分具有较好的韧性，主要有2CrNi3MoAl等。预硬型塑料模具钢是供货时已预先对模具钢进行了热处理，使之达到了模具使用时的硬度，这样模具切削加工成形后不再进行热处理而直接使用，从而避免了由于热处理引起的模具变形和裂纹问题，主要有3Cr2Mo、3Cr2MnNiMo等。时效硬化型塑料模具钢的特点是含碳量低，合金度较高，将其在一较低温度进行时效处理后，固溶体中能析出细小弥散的金属化合物，使模具钢的硬度和强度大幅度提高，并且，这一强化过程引起的尺寸、形状变化极小。因此，此类钢制造模具时，可在固溶处理后进行模具的机械成形加工，然后通过时效处理，使模具获得较高的强度和硬度，这就有效地保证了模具的最终尺寸和形状精度，主要有8Cr2MnWMoVS等。耐蚀型塑料模具钢除了要具有良好的耐腐蚀性能以外，和其他类型的塑料模具钢一样，也需要一定的硬度、强度和耐磨性等使用性能要求，主要有2Cr13、4Cr13等。

常用的塑料模具用钢的牌号、成分、热处理及用途见表9-20。

表 9-20 常用的塑料模具用钢的牌号、热处理及用途（摘自 GB/T 1299—2014）

统一数字代号	牌号	交货状态（退火）HBW	淬火温度/℃	HRC不小于	用途举例
T25303	3Cr2Mo	235	850~880 油	52	综合性能好,淬透性高,较大的截面钢材也可获得均匀的硬度,具有很好的抛光性能,模具表面质量高
T25553	3Cr2MnNiMo	235	830~870 油或空气	48	综合力学性能好,淬透性高,大截面钢材在调质处理后具有较均匀的硬度分布,有很好的抛光性能
T25344	4Cr2MnlMoS	235	830~870 油	51	具有更优良的机械加工性能
T25378	8Cr2MnWMoVS	235	860~900 空气	62	可用于制作精密的冷冲模具
T25515	5CrNiMnMoVSCa	255	860~920 油	62	适宜制作各种类型的精密注塑模具,压缩模具和橡胶模具
T25512	2CrNiMoMnV	235	850~930 油或空气	48	适宜制作大中型镜面塑料模具
T25572	2CrNi3MoAl	—	—	—	适宜制作复杂,精密的塑料模具
T25611	1Ni3MnCuMoAl	—	—	—	适宜制作高镜面的塑料模具,高外观质量的家用电器塑料模具
A64060	06Ni6CrMoVTiAl	255	850~880 固溶,油或空冷 500~540 时效,空冷	实测	在机械加工成所需要的磨具形状和经钳工修整及抛光后,再进行时效处理,使硬度明显增加,磨具变形小,可直接使用,保证模具有高的精度和使用寿命
A64000	00Ni18Co8Mo5TiAl	协议	805~825 固溶,空冷 460~530 时效,空冷	协议	适宜制作铝合金挤压模和铸件模,精密模具及冷冲模等工具模
A42023	2Cr13	220	1000~1050 油	45	适宜制作承受高负荷并在腐蚀介质作用下的塑料磨具钢和透明塑料制作模具等
A42043	4Cr13	235	1050~1100 油	50	适宜制作承受高负荷并在腐蚀介质作用下的塑料磨具钢和透明塑料制作模具等
A25444	4Cr13NiVSi	235	1000~1050 油	50	适宜制作要求高精度、高耐磨、高耐蚀塑料模具;也用于制作透明塑料制品模具
A25402	2Cr17Ni2	285	1000~1050 油	49	适宜制作耐腐蚀塑料模具,并且不用Cr、Ni涂层

（续）

统一数字代号	牌号	交货状态（退火）HBW	淬火温度/℃	HRC不小于	用途举例
A25303	3Cr17Mo	285	1000～1040油	46	适宜制作各种类型的要求高精度、高耐磨，又要求耐蚀性高的塑料模具和透明塑料制作模具
T25513	3Cr17NiMoV	285	1030～1070油	50	适宜制作各种要求高精度、高耐磨，又要求耐蚀性高的塑料制品模具
S44093	9Cr18	255	1000～1050油	55	适宜制作要求耐蚀、高强度和耐磨损的零部件，如轴、杆类、弹簧、紧固件等
S46993	9Cr18MoV	269	1050～1070油	55	适宜制作承受摩擦并在腐蚀介质中工作的零件，如量具、不锈切片机械刃具及剪切工具、手术刀片、高耐磨设备零件等

【知识拓展1】　认识元素对钢铁性能的影响

钢是通过铁矿石、生铁或废铁冶炼而来的，由于原料和冶炼工艺的原因，碳素钢中除铁与碳两种元素外，不可避免地还存有杂质元素。对钢的性能影响较大的杂质元素有锰、硅、硫、磷等四种，称为常存杂质。它们对钢的性能有一定影响。其余化学元素对钢铁性能也有影响，具体如下。

1. C、N、O、H对钢铁性能的影响

（1）C的影响　由于碳对钢的性能的巨大影响，故常被称为"控制者"。虽然碳本身不具有强度和硬度，但是在固溶体中作为铁的碳化物 Fe_3C，碳是强度和硬度的首要控制元素。

碳的主要作用：在钢中随着含碳量的增加，可提高钢的强度、硬度和淬透性，但降低塑性、韧性、磁性和导电性能。碳和钢中某些合金元素化合形成各种碳化物，对钢的性能产生不同的影响。碳在一些钢中的含量（质量分数）范围：碳素钢0.03%～1.04%，高速工具钢0.75%～1.60%，热作工具钢0.22%～0.70%，冷作工具钢0.45%～2.85%。

（2）N的影响　氮对钢材性能的影响与碳、磷相似，随着氮含量的增加，可使钢材的强度显著提高，而塑性特别是韧性显著降低，焊接性变差，冷脆性加剧；同时增加时效倾向及冷脆性和热脆性，损坏钢的焊接性能及冷弯性能。因此，应该尽量减小和限制钢中的含氮量。一般规定氮的质量分数应不高于0.018%。

氮在铝、铌、钒等元素的配合下可以减少其不利影响，改善钢材性能，可作为低合金钢的合金元素使用。有些牌号的不锈钢，适当增加N的含量，可以减少Cr的使用量，有效降低成本。

（3）O的影响　氧在钢中是有害元素，它是在炼钢过程中自然进入钢中的，尽管在炼钢末期要加入锰、硅、铁和铝进行脱氧，但不可能除尽。钢液凝固期间，溶液中氧和碳反应会生成一氧化碳，造成气泡。氧在钢中主要以 FeO、MnO、SiO_2、Al_2O_3 等夹杂形式存在，使钢的强度、塑

性降低。氧会使硅钢中铁损增大,磁导率及磁感强度减弱,磁时效作用加剧。

(4) H 的影响　氢是一般钢中最有害的元素,钢中溶有氢会引起钢的氢脆、白点等缺陷氢与氧、氮一样,在固态钢中溶解度极小,在高温时溶入钢液,冷却时来不及逸出而积聚在组织中,形成高压细微气孔,使钢的塑性、韧度和疲劳强度急剧降低,严重时会造成裂纹、脆断。另一方面,氢能提高钢的磁导率,但也会使矫顽力和铁损增加(加氢后矫顽力可增大 0.5~2 倍)。

2. Mg、Al、K、Na 对钢铁性能的影响

(1) Mg 的影响　镁能使钢中夹杂物数量减少、尺寸减小、分布均匀、改善形态等。微量镁能改善轴承钢的碳化物尺寸及分布,含镁轴承的碳化物颗粒细小均匀。当镁的质量分数为 0.002%~0.003% 时,其抗拉强度和屈服强度增加 5% 以上,塑性基本保持不变。

(2) Al 的影响　铝的熔点 660℃,是强烈缩小 γ 相区的元素,在 α 铁和 γ 铁中的最大溶解度分别为 36% 及 0.6%,它与氮及氧的亲和力很强。

铝在钢中的作用,一是作炼钢时的脱氧定氮剂,并细化晶粒,阻抑碳素钢的时效,提高钢在低温下的韧性;二是作为合金元素加入钢中,提高钢的抗氧化性、改善钢的电、磁性能,提高渗氮钢的耐磨性和疲劳强度等。因此,铝在电热合金、磁钢和渗氮钢中,得到了广泛应用。在铁锰铝系合金中,铝作为主要合金加入耐热钢、低温钢和无磁钢中。铝可提高钢在氧化性酸中的耐蚀性。当铝含量达到一定时,可使钢产生钝化现象,使钢在氧化性酸中具有抗蚀性。

(3) K、Na 的影响　钾、钠可作为变质剂使白口铁中碳化物球团化,使白口铁(以及莱氏体钢)在保持原有硬度的条件下,韧度提高 2 倍以上;使球墨铸铁的组织细化、蠕墨铸铁的处理过程稳定化;是强烈促进奥氏体化的元素。

3. V、Cr、Co、Ni 对钢铁性能的影响

(1) V 的影响　钒的熔点 1730℃,它和碳、氧、氮都有较强的亲和力,为强碳化物及氮化物形成元素。钒对钢的淬透性影响和钛相似。

它在钢中的作用主要是细化钢的组织和晶粒,提高晶粒粗化温度,从而降低钢的过热敏感性,并提高钢的强度和韧性等。少量的钒使钢晶粒细化,韧性增加,这对低温用钢是很重要的一项特性。钒能有效地固定钢中的碳和氮,因此钢中加入微量的钒可消除低碳钢甚至沸腾钢的时效现象。钒细化钢的晶粒,提高钢正火后的强度和屈服比及低温韧性,改善钢的焊接性能,因此是构成普通低合金钢的一种比较理想的合金元素,含钒钢主要用于制造低温结构或低温设备等。

(2) Cr 的影响　在钢中含足够的碳时,铬可提高钢的硬度,质量分数为 1% 碳的低铬钢硬度很高;在低碳钢中加入的铬能够提高钢的强度,但延展性有所降低;在高碳钢中,铬改善耐磨性能;当加入大量的铬时,由于其在钢的表面形成保护性的氧化物层而改善钢的耐腐蚀能力;铬与镍元素等配合能提高钢的抗氧化性、热强性和抗腐蚀性;铬促进晶粒长大,导致钢的脆性增加。铬是结构钢、工具钢、轴承钢、不锈钢和耐热钢中应用很广的元素。

铬在一些钢和合金中的含量范围(质量分数):铬钢 0.30%~1.60%,奥氏体铬-镍不锈钢 15.0%~30.0%,马氏体铬钢 4.0%~18.0%,铁素体铬钢 10.5%~27.0%,沉淀硬化钢 12.2%~18.0%。

(3) Co 的影响　钴多用在特殊的钢和合金中,含钴的高速工具钢有高的高温硬度,与

钼同时加入马氏体时效钢中可以获得超高硬度和良好综合力学性能。此外，钴在热强钢和磁性材料中也是重要的合金元素。

钴降低钢的淬透性，因此，单独加入碳素钢中会降低调质后的综合力学性能。钴能强化铁素体，加入碳素钢中，在退火或正火状态下能提高钢的硬度、屈服点和抗拉强度，对伸长率和断面收缩率有不利的影响，冲击韧性也随着钴含量的增加而降低。由于钴具有抗氧化性能，在耐热钢和耐热合金中也得到应用。

（4）Ni 的影响　镍的熔点 1453℃，镍和碳不形成碳化物，它是形成和稳定奥氏体的主要合金元素。镍与铁以互溶的形式存在于钢中的 α 相和 γ 相中，使之强化。

镍细化铁素体晶粒，改善钢的低温性能，特别是韧性，因此在很低温度下工作的材料，可采用纯镍钢种。镍大多与铬、钼等配合使用。由于镍可降低临界转变温度和降低钢中各元素的扩散速度，因而提高钢的淬透性。目前镍在全世界范围内都是一种稀缺的元素，因此应该只在不能用其他元素来获得所需要的性能时，才考虑使用它。

镍可降低钢低温脆化转变温度，镍的质量分数为 3.5% 的钢可以在 -100℃ 时使用，镍的质量分数为 9% 的钢可在 -196℃ 时使用。镍不增加钢对蠕变的抗力，因此不作为热强钢的强化元素。在奥氏体热强钢中，镍的作用只是使钢奥氏体化，钢的强化必需靠其他元素，如钼、钨、钒、钛、铝来提高。

镍是有一定抗腐蚀能力的元素，对酸、碱、盐以及大气均有一定抗腐蚀能力。含镍的低合金钢还有较高的抗腐蚀疲劳的性能。

4. Cu、Nb、Mo、Ca 对钢铁性能的影响

（1）Cu 的影响　铜在钢中的突出作用是改善普通低合金钢的抗大气腐蚀性能，特别是和磷配合使用时，加入铜还能提高钢的强度和屈服比，而对焊接性能没有不利的影响。$w_{Cu} = 0.20\% \sim 0.50\%$ 的钢轨钢（U-Cu），除耐磨外，其耐腐蚀寿命为一般碳素钢轨的 2~5 倍。

铜的质量分数超过 0.75% 时，经固溶处理和时效后，可产生时效强化作用。含量低时，其作用与镍相似，但较弱。含量较高时，对热变形加工不利，在热变形加工时导致铜脆现象。

（2）Nb 的影响　铌常和钽共生，它们在钢中的作用相近。铌和钽部分溶入固溶体，起固溶强化作用。溶入奥氏体时显著提高钢的淬透性。其以碳化物和氧化物微粒形式存在时，能细化晶粒并降低钢的淬透性。它还能增加钢的回火稳定性，有二次硬化作用。微量铌可以在不影响钢的塑性或韧性的情况下提高钢的强度。由于铌有细化晶粒的作用，它能提高钢的冲击韧性并降低其脆性转变温度。当含量大于碳的 8 倍时，铌几乎可以固定钢中所有的碳，使钢具有良好的抗氢性能。铌在奥氏体钢中可以防止氧化介质对钢的晶间腐蚀。由于铌具有固定碳和沉淀硬化作用，它能提高热强钢的高温性能，如蠕变强度等。

铌在建筑用普通低合金钢中能提高屈服强度和冲击韧性，降低脆性转变温度有益焊接性能。铌能降低低碳马氏体耐热不锈钢的空气硬化性，避免硬化回火脆性，提高蠕变强度。

（3）Mo 的影响　钼的熔点 2610℃，钼在钢中存在于固溶体相和碳化物中。钼属于强碳化物形成元素，当其含量较低时，与铁及碳形成复合的渗碳体；当含量较高时，则形成特殊碳化物，在较高回火温度下，由于弥散分布，有二次硬化作用。

钼加入钢中，也能使钢表面钝化，但作用不如铬显著。钼与铬相反，它既能在还原性酸（HCl、H_2SO_4、H_2SO_3）中又能在强氧化性盐溶液（特别是含有氯离子时）中，使钢表面钝化，因此，钼可以普遍提高钢的耐蚀性能。

钼通常与其他元素如锰、铬等配合使用，可显著提高钢的淬透性；钼的质量分数在约 0.5% 时，能抑止或减低其他合金元素导致的回火脆性；质量分数在 2%~3% 时，能增加不锈钢的抗有机酸及还原性介质腐蚀的能力。

（4）Ca 的影响 钢中加钙能细化晶粒，部分脱硫，并改变非金属夹杂物的成分、数量和形态。与钢中加稀土的作用基本相似，钙能改善钢的耐蚀性、耐磨性、耐高温和低温性能，提高钢的冲击韧性、疲劳强度、塑性和焊接性能，增加钢的冷镦性、防振性、硬度和接触持久强度。

铸钢中加钙使钢液流动性大为提高；铸件表面质量得到改善，铸件中组织的各向异性得以消除；其铸造性能、抗热裂性能、力学性能和切削加工性能均有不同程度的增加。

钢中加钙能改善抗氢致裂纹性能和抗层状撕裂性能，可延长设备、工具的使用寿命。钙加入合金中可用作脱氧剂和孕育剂，并起微合金化作用。

5. Sn、Ti、RE、W 对钢铁性能的影响

（1）Sn 的影响 锡一直作为钢中的有害杂质元素，它影响钢材质量，尤其是连铸坯质量，使钢产生热脆性、回火脆性，产生裂纹和断裂，影响钢的焊接性能，是钢铁"五害"之一。然而锡在电工钢、铸铁、易切削钢中却有很重要的作用。

硅钢晶粒的尺寸大小与锡的偏析有关，锡的偏析阻碍了晶粒的长大。锡含量越高，晶粒析出量越大，阻碍晶粒长大能力越强，晶粒越小，铁损越少。锡可以改变硅钢的磁性，提高硅钢成品中的有利织构强度及磁感应强度。

当铸铁中含有少量锡时，即能改善其耐磨性，又可影响铁液的流动性。

（2）Ti 的影响 钛的熔点 1812℃，钛是最强的碳化物形成元素，与氧、氮的亲和力也极强，是良好的脱气剂和固定碳氮的有效元素。在低碳钢中加入足够钛，可消除应变时效现象。在不锈钢中，钛能固定碳，可有防止和减轻钢的晶间腐蚀和应力腐蚀的作用。钛固溶状态时，固溶强化作用极强，同时会降低韧性。钛固溶于奥氏体中，提高钢的淬透性很显著，但其以碳化钛微粒存在时，由于它细化钢的晶粒，并成为奥氏体分解时的有效晶核，反使钢的淬透性降低。钛还提高耐热钢的抗氧化性和热强性。目前，钛越来越多地被用作航空、宇航工业材料。

（3）RE 的影响 一般所说的稀土元素，是指元素周期表中原子序数从 57 号至 71 号的镧系元素（镧、铈、镨、钕、钷、钐、铕、钆、铽、镝、钬、铒、铥、镱、镥）加上 21 号钪和 39 号钇，共 17 个元素。它们的性质接近，不易分离。未分离的叫混合稀土，比较便宜，稀土在钢中可以脱氧，脱硫，微合金化也能改变稀土夹杂物的变形能力。尤其是在一定程度上对脆性的 Al_2O_3 起变性作用，可改善大部分钢种的疲劳性能。

稀土元素像 Ca、Ti、Zr、Mg、Be 一样，它是硫化物最有效的变形剂。在钢中加入适量的 RE 能使氧化物和硫化物夹杂物变成细小分散的球状夹杂物，从而消除 MnS 等夹杂的危害性。在生产实践中，硫在钢中以 FeS、MnS 形式存在，当钢中 Mn 高时，MnS 的形成倾向就高。虽然其熔点较高能避免热脆的产生，但 MnS 在加工变形时能沿着加工方向延伸成带状，造成钢的塑性、韧性及疲劳强度显著降低，因此，向钢中加入 RE 进行变形处理很重要。

稀土元素也可以提高钢的抗氧化性和抗腐蚀性。抗氧化性的效果超过硅、铝、钛等元素。它能改善钢的流动性，减少非金属夹杂，使钢组织致密、纯净。稀土在钢中的作用主要是净化、变质和合金化。

（4）W的影响 钨是非常强的碳化物形成元素。它形成非常硬而又稳定的碳化物W_2C、WC和复合碳化物Fe_4W_2C。这些碳化物溶解很慢并且只在很高的温度溶解。因此，钨是工具钢的重要成分，尤其是高速工具钢。在这些钢中，钨显著地提高二次硬化后的硬度。钨的主要作用：钨能抑制晶粒长大，因此有晶粒细化的作用；提高耐磨性；提高淬火及回火钢的高温硬度。

【知识拓展2】 特殊性能钢

1. 不锈钢

不锈钢是不锈钢和耐酸钢的统称。能抵抗大气腐蚀的钢称为不锈钢。而在一些化学介质（如酸类）中能抵抗腐蚀的钢称为耐酸钢。一般不锈钢不一定耐酸，而耐酸钢则一般都具有良好的耐腐蚀性能。

（1）金属腐蚀的概念 金属的腐蚀是指金属与周围介质发生化学或电化学作用而引起其表层变质、损耗甚至破坏的现象。根据腐蚀过程进行的机理不同，可以将腐蚀分为化学腐蚀和电化学腐蚀两种。

电化学腐蚀是由于金属与周围介质之间作用而引起的。电化学腐蚀的基本特点是：在金属不断受到破坏的同时还有电流产生。大部分金属的腐蚀是属于电化学腐蚀。当两种电极电位不同的金属互相接触，而且有电解质溶液存在时，使电极电位较低的金属成为阳极并不断被腐蚀，电极电位较高的金属为阴极而不被腐蚀。例如，碳素钢中的珠光体是由铁素体和渗碳体组成的，铁素体的电极电位比渗碳体低，当有电解质溶液存在时，铁素体就成为阳极而被腐蚀，其表面会变得凹凸不平（如图9-12所示）。

金属腐蚀
与防护

化学腐蚀是指金属与外界介质发生化学反应而引起腐蚀，在腐蚀过程中没有电流产生。如金属在高温下与空气中的氧作用而发生的氧化现象即属于化学腐蚀。

（2）提高钢耐蚀性的途径 为了提高钢的耐蚀性，主要采取以下三种措施。

1）形成钝化膜。在钢中加入大量的合金元素（常用铬），使金属表面形成一层致密的、牢固的氧化膜（如Cr_2O_3等），使钢与外界隔绝而阻止进一步氧化。

2）提高电极电位。在钢中加入大量合金元素，使钢基体（铁素体、奥氏体、马氏体）的电极电位显著提高，从而提高其抵抗电化学腐蚀的能力。常加入的合金元素有铬、镍、硅等。如铁素体中铬的质量分数为11.7%时，其电极电位将由-0.56 V跃升为+0.20V，如图9-13所示。

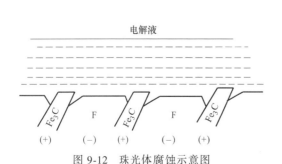

图9-12 珠光体腐蚀示意图

图9-13 铁铬合金电极电位与含铬量的关系

3）形成单相组织。在钢中加入大量铬或铬合金元素，使钢能形成单相的铁素体或奥氏体组织，以阻止形成微电池，从而显著提高耐腐蚀性能。

（3）常用不锈钢 不锈钢按化学成分分为铬不锈钢、镍铬不锈钢、铬锰不锈钢等。按正火状态的金相组织分为马氏体型不锈钢、铁素体型不锈钢、奥氏体型不锈钢、奥氏体-铁素体型不锈钢及沉淀硬化型不锈钢五种类型。常用的不锈钢的牌号、热处理、性能等见表9-21。

1）铁素体型不锈钢。常用的铁素体型不锈钢中，$w_C<0.15\%$，$w_{Cr}=12\%\sim30\%$，属于铬不锈钢。铬是缩小奥氏体相区的元素，质量分数为17%的铬可使相图中的奥氏体相区消失，获得单相的铁素体组织，即使将钢从室温加热到高温（960~1100℃），其组织也无显著变化。其抗大气与耐酸能力强，具有良好的高温抗氧化性（700℃以下），特别是抗应力腐蚀性能较好，但力学性能不如马氏体不锈钢，常用于受力不大的耐酸和作抗氧化钢使用，如制造化工容器和管道等。

表 9-21 常用不锈钢的牌号、热处理、力学性能及用途 （GB/T 1220—2007）

类别	牌号	热处理温度				力学性能						用途举例
		退火温度/℃	固溶处理温度/℃	淬火温度/℃	回火温度/℃	R_m/MPa	R_{r02}/MPa	$A(\%)$	$Z(\%)$	KU/J	HBW	
铁素体型	1Cr17	780~850 空冷或缓冷				≥450	≥205	≥22	≥50		≤183	耐蚀性良好的通用不锈钢，用于建筑装潢、家用电器、家庭用具
马氏体型	1Cr13	800~900 缓冷或约750 快冷		950~1000 油	700~750 快冷	≥540	≥345	≥25	≥55	≥78	≤159	制作一般用途零件和刀具，例如螺栓、螺母、日常生活用品等
奥氏体型	1Cr18Ni9		1050~1150 快冷			≥520	≥205	≥40	≥60		≤187	冷加工后有高的强度，用于建筑装潢材料和生产硝酸、化肥等化工设备零件
奥氏体-铁素体型	0Cr26Ni5Mo2		950~1100 快冷			≥590	≥390	≥18	≥40		≤277	具有双相组织，抗氧化性及耐点腐蚀性好，强度高，制作耐海水腐蚀零件

2）马氏体型不锈钢。马氏体型不锈钢中碳的质量分数一般为 0.1%~0.4%，铬的质量分数为 12%~18%，属于铬不锈钢。马氏体型不锈钢随着钢中碳的质量分数的增加，其强度、硬度耐磨性提高，但耐蚀性则下降。马氏体型不锈钢的耐蚀性、塑性、焊接性虽不如奥氏体、铁素体型不锈钢，但由于它具有较好的力学性能与一定的耐蚀性，故应用广泛。碳的质量分数较低的 1Cr13、2Cr13 等钢类似调质钢，具有较高的抗大气、蒸汽等介质腐蚀的能

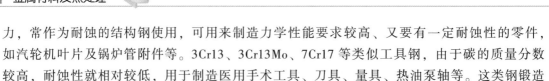

力，常作为耐蚀的结构钢使用，可用来制造力学性能要求较高、又要有一定耐蚀性的零件，如汽轮机叶片及锅炉管附件等。3Cr13、3Cr13Mo、7Cr17 等类似工具钢，由于碳的质量分数较高，耐蚀性就相对较低，用于制造医用手术工具、刀具、量具、热油泵轴等。这类钢锻造后需退火，以降低硬度，改善可加工性。在冲压后也需进行退火，以消除硬化，提高塑性，便于进一步加工。最终热处理一般为淬火及低温回火。

3）奥氏体型不锈钢。奥氏体型不锈钢是目前应用最广泛的不锈钢，属镍铬不锈钢。这类钢碳的质量分数很低，$w_C < 0.15\%$，$w_{Cr} = 17\% \sim 19\%$，$w_{Ni} = 8\% \sim 11\%$。因镍的加入，扩大了奥氏体相区而在室温下可获得单相奥氏体组织，故奥氏体型不锈钢具有较好的耐蚀性及耐热性。

奥氏体型不锈钢的主要缺点是有晶间腐蚀倾向。即将奥氏体不锈钢在 $450 \sim 850$℃保温一段时间后，在晶界处会析出碳化物（Cr，Fe）$_{23}$C$_6$，从而使晶界附近的 $w_{Cr} < 11.7\%$，这样晶界附近就容易出现腐蚀，称为晶间腐蚀。这种腐蚀会促使钢晶粒间结合力严重丧失，轻者在弯曲时产生裂纹，重者可使金属完全粉碎。目前防止奥氏体型不锈钢产生晶间腐蚀的主要方法有：①降低碳的质量分数（$w_C < 0.06\%$），使钢中不形成铬的碳化物；②加入能形成稳定碳化物的元素钛、铌等，使钢中优先形成 TiC、NbC，而不形成铬的碳化物，以保证晶界附近的含铬量；③对于含钛或铌的奥氏体型不锈钢，经固溶处理后还需进行稳定化处理，即将钢加热到 $850 \sim 900$℃，保温 $4 \sim 6$h 后空冷或炉冷，其目的在于使钛、或铌能以碳化物形式析出，防止晶间腐蚀。

奥氏体型不锈钢在退火状态下并非是单相的奥氏体组织，还有少量的碳化物。为了获得单相奥氏体，提高耐蚀性，需在 1100℃ 左右加热，使所有碳化物都溶入奥氏体，然后水淬快冷至室温，即可获得单相奥氏体组织，这种处理称为固溶处理。固溶处理后，奥氏体型不锈钢的耐蚀性、塑性、韧性提高，但强度、硬度降低。

奥氏体不锈钢具有很高的耐蚀性，优良的塑性（$A = 40\%$），良好的焊接性及低温韧性，不具有磁性，但价格昂贵，易加工硬化（硬化后抗拉强度可由 600MPa 提高到 $1200 \sim 1400$MPa），可加工性较差。主要用于在腐蚀介质（硝酸、磷酸、碱等）中工作的零件、容器或管道、医疗器械以及抗磁仪表等。常用的有 1Cr18Ni9，0Cr18Ni11Ti 钢等。

4）其他类型不锈钢：奥氏体-铁素体型不锈钢是近年发展起来的新型不锈钢种，它的成分是在 $w_{Cr} = 18\% \sim 26\%$、$w_{Ni} = 4\% \sim 7\%$ 的基础上，根据不同用途加入锰、钼、硅等元素组合而成。双相不锈钢通常采用 $1000 \sim 1100$℃固溶处理，可获得铁素体+奥氏体组织。由于奥氏体的存在，降低了高铬铁素体型钢的脆性，提高了焊接性、韧性，降低了晶粒长大的倾向；而铁素体的存在则提高了奥氏体型钢的屈服强度、抗晶间腐蚀能力等。

奥氏体不锈钢的强化途径是加工硬化，但对要求高强度的大截面零件，很难达到要求，为了解决这一问题，开发出沉淀硬化不锈钢。沉淀硬化不锈钢经热处理后可形成不稳定的奥氏体甚至马氏体组织，再经时效处理，便可沉淀析出金属间化合物（如 Ni$_3$Al、Fe$_2$Mo、Fe$_2$Nb 等），使金属强化。时效后，钢的抗拉强度可达 $1250 \sim 1600$MPa。这类钢主要用作高强度、高硬度而又耐蚀的化工机械设备及零件，如轴类、弹簧以及航空航天设备等的零件。

目前常用沉淀硬化不锈钢有：05Cr17Ni4Cu4Nb、07Cr17Ni7Al、07Cr15Ni7Mo2Al、07Cr12Ni4Mn5Mo3Al 等。

2. 耐热钢

耐热钢是指在高温下具有较好的抗氧化性并兼有高温强度的钢。它主要用于制造动力机械（如内燃机、汽轮机、燃气轮机）、锅炉、石油、化工设备及航空航天设备中某些在高温下工作的零件或构件。

（1）耐热性的概念

1）高温抗氧化性。金属的高温抗氧化性是指在高温下能迅速氧化形成一层致密的氧化膜，使金属不再继续氧化。一般钢铁材料在570℃以上的温度下表面容易氧化，这主要是由于在较高温度下钢表面生成疏松多孔的FeO，氧原子容易通过FeO向钢的内部进行扩散，使其不断被氧化，温度越高，氧化速度越快，致使零件被破坏。为了提高钢材在高温时的抗氧化能力，通常在耐热钢中加入合金元素铬、硅、铝等，它们与氧的亲和力大，优先被氧化，在钢的表面形成一层致密的、高熔点的、牢固的氧化膜，使金属与外界的高温氧化性气体隔绝，达到金属不再继续被氧化的目的。如钢中加入质量分数为15%的铬，其抗氧化温度可达900℃；当钢中铬的质量分数达到20%~25%时，其抗氧化温度可达1100℃。

2）高温强度。金属在高温下抵抗塑性变形和断裂的能力。金属在高温下所表现的力学性能与室温下也大不相同：一是温度升高，金属原子间结合力减弱，强度下降；二是在再结晶温度以上，即使金属受的应力不超过该温度下的弹性极限，它也会缓慢地发生塑性变形，且变形量随时间的增长而增大，最后导致金属破坏，这种现象称为蠕变。常用的高温力学性能指标有：①蠕变极限。指高温时在载荷长期作用下，金属对缓慢塑性变形（即蠕变）的抗力。②持久强度。金属在高温温度下，一定时间内，所能承受的最大断裂应力。

为了提高钢的高温强度，通常采用以下几种措施：①提高再结晶温度。在钢中加入铬、钼、铌、钒等元素，可提高作为钢基体固溶体的原子间结合力，使原子扩散困难，并能延缓再结晶过程的进行。②弥散强化。在钢中加入钛、铌、钒、钨、钼、铬以及氮等元素，可形成稳定而又弥散的碳化物和氮化物等，它们在较高温度下也不易聚集长大，因而能起到阻止位错移动提高高温强度的作用。③晶界强化。金属在高温下，其晶界强度低于晶内强度，晶界成为薄弱环节，通过加入钼、铬、钒、硼等晶界吸附元素，降低晶界表面能使晶界碳化物趋于稳定，强化晶界，从而提高钢的热强性。④适当粗化晶粒的钢比细晶粒钢的高温强度高。

（2）常用的耐热钢 耐热钢按正火状态下组织的不同，可分为沉淀硬化型耐热钢、马氏体型耐热钢、奥氏体型耐热钢等。常用的耐热钢牌号、热处理、力学性能及用途见表9-22。

表9-22 常用的耐热钢牌号、热处理、力学性能及用途（GB/T 1221—2007）

类别	牌号			热处理温度/℃				用途举例
	统一数字代号	新牌号	旧牌号	退火温度/℃	固溶处理温度/℃	淬火温度/℃	回火温度/℃	
沉淀硬化型	S51770	07Cr17-Ni7Al	0Cr17Ni7Al	—	510	955 空冷	510 空冷	添加铝的半奥氏体沉淀硬化型钢，做高温弹簧、膜片、固定件、波纹管

（续）

类别	牌号			热处理温度/℃				用途举例
	统一数字代号	新牌号	旧牌号	退火温度/℃	固溶处理温度/℃	淬火温度/℃	回火温度/℃	
马氏体型	S41010	12Cr13	1Cr13	800~900 缓冷或约 750 快冷	—	950~1000 油冷	700~750 快冷	用于 800℃以下抗氧化部件
	S45110	12Cr5Mo	1Cr5Mo	—	—	900~950 油淬	630~700 空冷	在中高温下有好的力学性能。能抗石油裂化过程中产生的腐蚀。适于制作再热蒸汽管、石油裂解管、锅炉吊架、蒸汽轮机气缸衬套、泵的零件、阀、活塞杆、高压加氢设备部件、紧固件
铁素体型	S11348	06Cr13Al	0Cr13Al	780~830 空冷或缓冷	—	—	—	冷加工硬化少，主要用于制作燃气透平压缩机叶片等，退火箱、淬火台架等
奥氏体型	S32168	06Cr18Ni11Ti	0Cr18Ni10Ti	—	920~1150 快冷	—	—	用作 400~900℃条件下使用的部件，高温用焊接结构钢

1）沉淀硬化型耐热钢。这类是添加铝的半奥氏体沉淀硬化型钢，主要用于制作高温弹簧、膜片、固定件、波纹管，常用的牌号有 07Cr17Ni7Al 等。

2）马氏体型耐热钢。这类钢的使用温度为 580~650℃。Cr13 型不锈钢在大气、蒸汽中，虽具有耐蚀性和较高强度，但其碳化物弥散效果差，稳定性也低，因此向 Cr13 型不锈钢中加入钼、钨、钒、铌等合金元素，形成马氏体耐热钢。常用于制造性能要求更高的汽轮机叶片、内燃机气阀等，常用的牌号有 12Cr13、12Cr5Mo 等。

3）奥氏体型耐热钢。奥氏体型耐热钢的耐热性能优于马氏体耐热钢，冷塑性变形及焊接性能较好，但可加工性差。一般工作温度为 600~700℃，广泛在航空航天、舰艇、石油化工等方面用于制造汽轮机叶片、发动机汽阀等零件，常用的牌号有 06Cr18Ni11Ti 等。

3. 耐磨钢

耐磨钢是指在巨大压力和强烈冲击载荷作用下才能发生硬化的高锰钢。耐磨钢的典型牌号是 ZGMn13 型，它的主要成分为铁、碳和锰，$w_C = 1.0\% \sim 1.5\%$，$w_{Mn} = 11\% \sim 14\%$。碳含量较高可以提高耐磨性；很高的含锰量，可以保证热处理后得到单相奥氏体组织。通常锰碳比（Mn/C）控制在 9~11。

由于高锰钢极易加工硬化，使切削加工困难，故大多数高锰钢零件是采用铸造成形的。

铸造高锰钢的牌号、化学成分、热处理、力学性能及适用范围见表 9-23。

高锰钢铸态组织中存在着沿奥氏体晶界析出的碳化物，使钢的性能又硬又脆，特别是冲击韧性和耐磨性较低，所以必须经过水韧处理，即经 1050~1100℃加热保温，使碳化物全部溶入奥氏体，然后在水中快冷，防止碳化物析出，保证得到均匀单相奥氏体组织。经水韧处理后，高锰钢的强度、硬度不高，而塑性、韧性良好。当这种钢在工作时，如受到强烈的冲击、压力与摩擦，则表面因塑性变形会产生强烈的加工硬化，并发生奥氏体向马氏体的转变，表面硬度可达到50~58HRC，从而使表层金属具有高的硬度和耐磨性，而心部仍保持原来奥氏体所具有的高韧性与塑性。当旧表面磨损后，新露出的表面又可在冲击与摩擦作用下，获得新的耐磨层。

表 9-23　铸造高锰钢的牌号、化学成分、热处理、力学性能及适用范围

牌号	化学成分 w_i(%)					热处理		力学性能				用途举例
	C	Si	Mn	S	P	淬火温度/℃	冷却介质	R_m/MPa	A(%)	K/J	HBW	
								不小于			不大于	
ZGMn13-1	1.00~1.50	0.30~1.00	11.00~14.00	≤0.050	≤0.090	1060~1100	水	637	20		229	用于结构简单、要求以耐磨为主的低冲击铸件，如衬板、齿板、辊套、铲齿等
ZGMn13-2	1.00~1.40	0.30~1.00	11.00~14.00	≤0.050	≤0.090	1060~1100	水	637	20	118	229	
ZGMn13-3	0.90~1.30	0.30~0.80	11.00~14.00	≤0.050	≤0.080	1060~1100	水	686	25	118	229	用于结构复杂、要求以韧性为主的高冲击铸件，如履带板等
ZGMn13-4	0.90~1.20	0.30~0.80	11.00~14.00	≤0.050	≤0.070	1060~1100	水	735	35	118	229	

高锰钢主要用于制造在工作中受冲击和压力并要求耐磨的零件，如坦克、拖拉机的履带板、铁道道岔、碎石机颚板、挖掘机铲斗、防弹钢板等。

复习思考题

1. 低碳钢、中碳钢及高碳钢是如何根据含碳量划分的？分别举例说明它们的用途？

2. 下列零件或工具用何种碳素钢制造：手锯锯条、普通螺钉、车床主轴。

3. 钢中常存杂质有哪些？对钢的性能有何影响？

4. 指出下列各种钢的类别、符号、数字的含义、主要特点及用途：

　　Q235-AF、Q195-B、40、08、20、T8。

5. 为什么比较重要的大截面的结构零件如重型运输机械和矿山机器的轴类，大型发电机转子等都必须用合金钢制造？与碳素钢比较，合金钢有何优缺点？

6. 合金元素 Mn、Cr、W、Mo、V、Ti、Zr、Ni 对钢的 C 奥氏体等温转变图和 Ms 点有何影响？将引起钢在热处理、组织和性能方面的什么变化？

7. 合金元素对回火转变有何影响？

8. 何谓调质钢？为什么调质钢的含碳量均为中碳？合金调质钢中常含哪些合金元素？它们在调质钢中起什么作用？

9. W18Cr4V 钢的 Ac_1 约为 820℃，若以一般工具钢 Ac_1+30~50℃ 常规方法来确定淬火加热温度，在最终热处理后能否达到高速切削刀具所要求的性能？为什么？W18Cr4V 钢刀具在正常淬火后都要进行 560℃ 三次回火，又是为什么？

10. 解释下列现象：

（1）在相同含碳量情况下，除了含 Ni 和 Mn 的合金钢外，大多数合金钢的热处理加热温度都比碳素钢高。

（2）在相同含碳量情况下，含碳化物形成元素的合金钢比碳素钢具有较高的回火稳定性。

（3）$w_C \geqslant 0.40\%$、$w_{Cr} = 12\%$ 的铬钢属于过共析钢，而 $w_C = 1.5\%$、$w_{Cr} = 12\%$ 的钢属于莱氏体钢。

（4）高速工具钢在热锻或热轧后，经空冷获得马氏体组织。

项目10

铸铁

表 10-1　铸铁与钢的力学性能对比

材料类型	抗拉强度 R_m/MPa	下屈服强度 R_{eL}/MPa	断后伸长率 $A(\%)$	硬度 HBW
铁素体灰铸铁	100~150	260~330	≤0.5	143~229
珠光体灰铸铁	200~250	400~470	≤0.5	170~240
孕育铸铁	300~400	540~680	≤0.5	207~269
可锻铸铁	300~600	—	6~12	240~270
球墨铸铁	400~600	—	2~10	197~269
铸钢	400~550	—	5~8	—

铸铁中的碳是以化合态的渗碳体（Fe_3C）或游离态的石墨（G）的形式存在。根据碳在铸铁中存在的形式不同，铸铁可分为以下几种。

（1）白口铸铁　铸铁中的碳全部或大部分以渗碳体形式存在，因断裂时断口呈白亮颜色，故称为白口铸铁。因其以渗碳体为基体，故硬度高、脆性大，难以切削加工，工业上很少直接用白口铸铁制造机器零件。白口铸铁主要用作炼钢原料、可锻铸铁的毛坯等。有时也利用它硬度高、耐磨的特性，制造出不需要进行切削加工的零件，如轧辊、犁铧及球磨机的铁球等，或用激冷的办法制作内部为灰铸铁组织，表层为白口铸铁组织的耐磨零件。

（2）灰铸铁　碳大部分或全部以游离的石墨形式存在。因断裂时断口呈暗灰色，故称为灰铸铁。灰铸铁的硬度低，切削加工性能良好，而且铸造性能优良，熔炼简便，成本低廉。灰铸铁是目前工业生产中应用最广泛的一种铸铁。

（3）麻口铸铁　碳既以渗碳体形式存在，又以游离态石墨形式存在。断口呈灰、白相间的麻点，故称麻口铸铁。这种铸铁也具有较高的硬度和脆性，在工业上很少使用。

按照化学成分的不同，铸铁又可分为以下两种。

（1）普通铸铁　即常规元素铸铁，如灰铸铁、蠕墨铸铁、可锻铸铁、球墨铸铁。

（2）合金铸铁　又称为特殊性能铸铁，是向灰铸铁或球墨铸铁中加入一定量的合金元素，如铬、镍、铜、钒、铅等，使其具有一定特定性能的铸铁，如耐磨铸铁、耐热铸铁、耐蚀铸铁等。

任务 10.1　认识铸铁的石墨化

10.1.1　铁碳合金双重相图

在铁碳合金中，碳有两种存在形式，一种是渗碳体（Fe_3C），其碳的质量分数是6.69%；另一种是游离状态的石墨，用符号 G 表示，碳的质量分数是100%。

石墨具有简单六方晶格，如图 10-1 所示，碳原子呈层状排列，同一层原子间以共价键结合，距离较小，结合力较强；而层间结合则依靠较弱的金属键，这使石墨具有不太明显的金属性能。层与层间距较大，结合力很弱，因此石墨的强度、塑性和韧性极低，几乎为零。

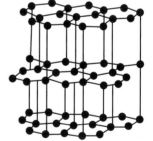

图 10-1　石墨的晶体结构

自由石墨经常以片状存在于金属基体中。它本身很脆弱，抗拉强度很低，伸长率几乎等于零。它在铸铁中，如同内部有裂缝或孔洞一样，割断了金属基体的连续性，使铸铁的抗拉、抗弯等力学性能大为降低。但是自由石墨的存在可以提高铸铁的减振性和耐磨性，降低铸铁切口的敏感性和改善铸铁的可加工性。

实践证明，将渗碳体加热到一定温度时，渗碳体可分解为铁素体和游离态的石墨，即 $Fe_3C \rightarrow 3Fe + C$（G）。这表明石墨是稳定相，而渗碳体是亚稳定相。为了描述这两种相的析出规律，分别引入 $Fe\text{-}Fe_3C$ 合金相图和 Fe-G 相图。为了便于分析和应用，习惯上将这两个相图叠合在一起，称为铁-碳合金双重相图，如图 10-2 所示。图中实线表示 $Fe\text{-}Fe_3C$ 合金相图，虚线表示 Fe-G 相图，虚线与实线重合的线段都用实线表示。

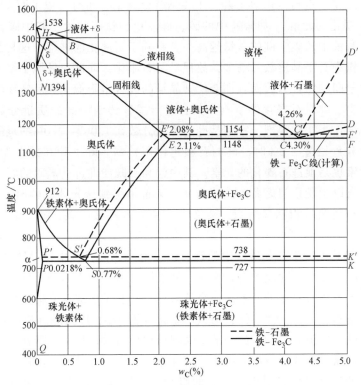

图 10-2 铁-碳合金双重相图

10.1.2 铸铁的石墨化过程

铸铁中的碳原子以石墨形式析出的过程称为石墨化。铸铁的石墨化可以按照 Fe-G 相图，由液态和固态中直接生成石墨；也可以按照 Fe-Fe$_3$C 相图结晶出渗碳体，随后渗碳体在一定条件下分解出石墨。

现以过共晶合金的铁液为例，当它以极缓慢的速度冷却，并全部按 Fe-G 相图进行结晶时，铸铁的石墨化过程可分为以下三个阶段。

第一阶段石墨化：是指从过共晶铁液中析出一次石墨和在共晶转变时析出共晶石墨，以及由一次渗碳体及共晶渗碳体在高温下分解析出石墨的过程。

第二阶段石墨化：从共晶结晶至共析结晶阶段，称二次结晶阶段。包括奥氏体沿 $E'S'$ 线冷却时析出二次石墨和共析成分奥氏体在共析转变时形成共析石墨以及二次渗碳体、共析渗碳体（珠光体中的）在共析温度附近及以下温度分解而析出石墨。第二阶段石墨化形成的石墨大多优先附加在已有石墨片上。

第三阶段石墨化：在冷却至 738℃，奥氏体发生共析转变，析出共析石墨。

10.1.3 影响石墨化的因素

铸铁石墨化过程受到许多因素影响，其中最主要的因素是铸铁的化学成分和冷却速度。

1. 化学成分的影响

按对石墨化的作用不同，化学元素（主要是合金元素）可分为以下两类。

（1）促进石墨化的元素   如铸铁中的碳、硅、铝、钛等元素。其中碳、硅是强烈促进石墨化的元素，铸铁中的碳、硅的含量越高，越有利于石墨化的进程。这是因为随着碳含量的增加，液态铸铁中石墨晶核数目增多，故促进了石墨化；而硅与铁原子结合力较强，从而削弱了铁、碳原子间的结合力，而且还会使共晶点的碳含量降低，共晶转变温度升高，这都有利于石墨的析出。硅对石墨化的影响与其含量有关，铸铁中硅的质量分数在 3.5% 以下时，促进石墨化的作用比较强烈，特别是硅的质量分数在 1.0%～2.0% 的范围内时作用更显著。当硅的质量分数超过 3.5% 时，硅的石墨化作用减弱。除了碳和硅以外，铝、钛、镍、铜、磷、钴等元素也是促进石墨化的元素。其中铜和镍既能促进共晶时的石墨化又能阻碍共析时的石墨化，所以当既希望提高铸铁的强度，又希望得到珠光体基体时，可加入铜和镍。生产中为了避免产生白口和麻口组织，铸铁中必须加入足够的碳、硅、铝等促进石墨化的元素。

（2）阻碍石墨化的元素   如铸铁中的锰、硫、磷等元素。其中锰是铸铁中的有益元素，它与硫化合成 MnS，可以消除硫的有害作用。锰能同时溶于铁素体和渗碳体中，稳定了渗碳体，因此锰是一个阻碍石墨化的元素。适当的含锰量有利于形成珠光体基体的铸铁。硫是一个有害元素，它基本上不溶于固溶体，与铁产生化合物 FeS，以共晶（Fe+FeS）形式存在于晶界，增加了脆性，并阻碍碳原子的扩散，强烈地促使铸铁白口化。磷在奥氏体和铁素体中的固溶度很低，铸铁中含碳量越高，磷的固溶度越低，当超过磷的固溶度时就会形成化合物 Fe_3P、Fe_2P，一般以共晶形态出现在铸铁的组织中，形成二元磷共晶和三元磷共晶，使铸铁脆性增加。图 10-3 为二元磷共晶和三元磷共晶的组织。钼、铬、钒、钨、镁、铈、硼等元素是阻碍石墨化的元素。

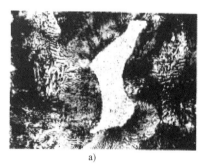 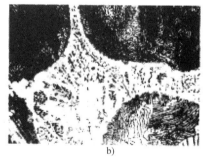

a)   b)

图 10-3   二元磷共晶和三元磷共晶的组织

a) 二元磷共晶组织   b) 三元磷共晶组织

2. 冷却速度的影响

铸铁在结晶过程中的冷却速度对石墨化的影响很大。若冷却速度较大，碳原子来不及扩散，则石墨化难以充分进行，碳容易以渗碳体的形式存在，从而得到硬脆的白口组织；若冷却速度较小，碳原子有充分的时间进行扩散，则有利于石墨化的进程。

在铸造生产中，冷却速度的大小主要决定于浇注温度、铸件壁厚、铸型材料等。浇注温度较高，金属液体在凝固前有足够的热量预热铸型，使铸件在结晶过程中具有较低的冷却速度，从而有利于石墨化的进行。对于薄壁铸件，由于冷却速度较快，容易得到白口组织，要获得灰口组织，就应增加壁厚或增加铸铁中碳、硅含量；与此相反，对于厚大铸件，为避免过多、过大的石墨出现，则应适当减少碳、硅含量（见图10-4）。

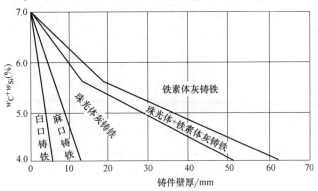

图 10-4　碳、硅含量和铸件壁厚对铸铁组织的影响

任务 10.2　认识灰铸铁

灰铸铁是工业生产中应用最广泛的一种铸铁材料，在各类铸铁生产中，灰铸铁的生产占总产量的 80% 以上。

10.2.1　灰铸铁的化学成分、组织和性能

1. 灰铸铁的化学成分

灰铸铁的化学成分对其组织有十分重大的影响，五大元素 C、Si、Mn、P、S 的含量都要控制在一定的范围内，一般是：$w_C = 2.5\% \sim 3.6\%$、$w_{Si} = 1.1\% \sim 2.5\%$、$w_{Mn} = 0.6\% \sim 1.2\%$、$W_P < 0.5\%$、$w_S \leqslant 0.15\%$。其中 C、Si、Mn 是调节组织的元素，P 和 S 是应严格控制的元素。灰铸铁化学成分的一般范围见表 10-2。

表 10-2　灰铸铁的化学成分

铸铁牌号	基体组织	铸件壁厚/mm	化学成分 w_i（%）					处理方法
			C	Si	Mn	P	S	
HT100	珠光体 $w_P = 30\% \sim 70\%$ 粗片状；铁素体 $w_\alpha = 70\% \sim 30\%$，二元磷共晶 $w < 7\%$	——	3.4~3.9	2.1~2.6	0.5~0.6	<0.3	<0.15	—
HT150	珠光体 $w_P = 40\% \sim 90\%$ 中粗片状，铁素体 $w_\alpha = 10\% \sim 60\%$，二元磷共晶 $w < 7\%$	<30 30~50 >50	3.2~3.5	2.0~2.4 1.9~2.3 1.8~2.2	0.5~0.8 0.5~0.8 0.6~0.9	<0.3	<0.15	—
HT200	珠光体 $w_P > 95\%$ 中片状，铁素体 $w_\alpha < 5\%$，二元磷共晶 $w < 4\%$	<30 30~50 >50	3.2~3.5 3.1~3.4 3.0~3.3	1.6~2.0 1.5~1.8 1.4~1.6	0.7~0.9 0.7~0.9 0.8~1.0	<0.3	<0.12	—
HT250	珠光体 $w_P > 98\%$ 中细片状，二元磷共晶 $w < 2\%$	<30 30~50 >50	3.0~3.3 2.9~3.2 2.8~3.1	1.5~1.8 1.4~1.7 1.3~1.6	0.8~1.0 0.9~1.1 1.0~1.2	<0.2	<0.12	—

（续）

铸铁牌号	基体组织	铸件壁厚/mm	化学成分 w_i（%）					处理方法
			C	Si	Mn	P	S	
HT300	珠光体 w_P >98% 中细片状，二元磷共晶 w <2%	<30	3.0~3.3	1.4~1.7	0.8~1.0	<0.15	<0.12	孕育
		30~50	2.9~3.2	1.3~1.6	0.9~1.1			
		>50	2.8~3.1	1.2~1.5	1.0~1.2			
HT350	珠光体 w_P >95% 细片状，二元磷共晶 w <1%	<30	2.8~3.1	1.3~1.6	1.0~1.3	<0.15	<0.10	孕育
		30~50	2.8~3.1	1.2~1.5	1.0~1.3			
		>50	2.7~3.0	1.1~1.4	1.1~1.4			

2. 灰铸铁的组织

灰铸铁的组织由片状石墨和金属基体组成。灰铸铁中的石墨生长通常是多枝的，但由于石墨各分枝都长成翘曲薄片，因此在金相上观察到的是这种石墨的截面，呈细条状（或叫片状）。由于石墨的强度很低，因此灰铸铁件主要依靠基体组织承受载荷。

根据石墨化进行的程度，金属基体可以得到铁素体、铁素体+珠光体和珠光体三种，因此便得到三种不同基体的灰铸铁，组织示意图如图 10-5 所示，显微组织示意图如图 10-6 所示。如果铸铁在冷却过程中第一阶段石墨化和第二阶段石墨化均得以充分进行，这样就得到了铁素体灰铸铁，如图 10-5a 所示；若第一阶段石墨化进行得完全，而第二阶段石墨化完全被抑制，就得到珠光体灰铸铁，如图 10-5b 所示；当第一阶段石墨化进行得完全，而第二阶段石墨化进行得不完全，就得到珠光体+铁素体灰铸铁，如图 10-5c 所示。从组织中可发现，灰铸铁的组织相当于在钢的基体上加上片状石墨。石墨的强度、塑性、韧性几乎为零，因此，灰铸铁中片状石墨的存在相当于钢的基体上有许多小裂缝，破坏了金属基体组织的连续性。当铸铁受拉力或冲击力作用时，容易从石墨片尖端的基体处产生破裂。因此，灰铸铁的抗拉强度和疲劳强度较低，塑性和韧性很差。铸铁中的石墨片越多、越粗大、分布越不均匀，力学性能就越低。另外，基体组织对铸铁的强度有较大影响，基体全部为珠光体的铸铁强度最高，基体为珠光体+铁素体的次之，基体全部为铁素体的强度最低，但韧性有所改善。虽然片状的石墨对基体有割裂作用，但对铸铁的切削加工有良好的断屑作用，因此切削加工性能良好。

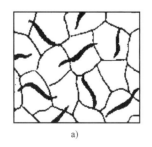 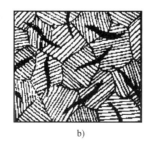 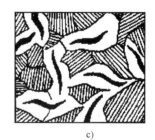

a)   b)   c)

图 10-5 普通灰铸铁的组织示意图

a）铁素体灰铸铁　b）珠光体灰铸铁　c）珠光体+铁素体灰铸铁

铁素体灰铸铁用于制造盖、外罩、手轮、支架、重锤等低负荷、不重要的零件。铁素体+珠光体灰铸铁用来制造支柱、底座、齿轮箱、工作台等承受中等负荷的零件。珠光体灰铸铁可以制造气缸套、活塞、齿轮、床身、轴承座、联轴器等承受较大负荷和较重要的零件。

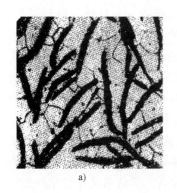
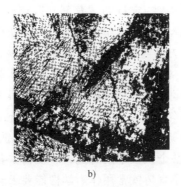

a)   b)   c)

图 10-6 三种灰铸铁的显微组织

a) 铁素体灰铸铁 b) 珠光体灰铸铁 c) 珠光体+铁素体灰铸铁

3. 灰铸铁的性能

（1）力学性能 灰铸铁的组织相当于以钢为基体再加片状石墨。基体中含有比钢更多的硅、锰等元素，这些元素可溶入铁素体而使基体强化，因此其基体的强度与硬度不低于相应的钢。片状石墨的强度、塑性、韧性几乎为零，可近似地把它看成是一些微裂纹，它不仅割裂了基体组织的连续性，缩小了基体承受载荷的有效截面，而且在石墨的尖端容易产生应力集中，当铸铁件受拉力或冲击力作用时容易产生脆断。因此，灰铸铁的抗拉强度、疲劳强度、塑性、韧性远比相同基体的钢低很多。铸铁中石墨片的数量越多，石墨片越粗大，分布越不均匀，对基体的割裂作用和应力集中现象越严重，则其抗拉强度、疲劳强度、塑性、韧性越低。

灰铸铁的性能，主要取决于基体的组织和石墨的数量、形状、大小及分布状况。由于灰铸铁的抗压强度、硬度与耐磨性主要取决于基体，石墨的存在对其影响不大，因此，灰铸铁的抗压强度、硬度与相同基体的钢相似。灰铸铁的抗压强度一般是其抗拉强度的 3~4 倍。

（2）其他性能 石墨虽然降低了灰铸铁的抗拉强度、塑性和韧性，但也正由于石墨的存在，使铸铁具有一系列其他优良性能。

1）优良的铸造性能：灰铸铁的熔点低，流动性好，收缩率小，铸造过程中不易出现缩孔、缩松现象，因此灰铸铁可以浇注出形状复杂的薄壁零件。

2）良好的减振性能：铸铁中的石墨对振动可起缓冲作用，可阻止振动传播，并将振动能量转化为热能，故铸铁具有良好的减振性（铸铁的减振能力比钢大 10 倍左右）。常用于制作承受压力和振动的机床底座、机架、机身和箱体等零件。

3）良好减摩性能：石墨本身是一种良好的润滑剂，在使用过程中石墨剥落后留下的孔隙具有吸附、储存部分润滑油的作用，使摩擦面上的油膜易于保持而具有良好的减摩性。所以承受摩擦的机床导轨、气缸体等零件可用灰铸铁制造。

4）良好切削加工性能：由于石墨割裂了基体组织的连续性，在切削过程中容易断屑和排屑，且石墨对刀具具有一定的润滑作用，使刀具磨损减小。

5）较低的缺口敏感性：铸铁中的石墨就相当于其本身存在了许多微小的裂纹，从而减弱了外加缺口对铸铁的作用。

10.2.2 灰铸铁的孕育处理

为了提高灰铸铁的力学性能，生产中常采用孕育处理的方法来改善石墨的大小及分布。

孕育处理是在浇注前向铸铁液中加入一定量的孕育剂，以获得大量的人工晶核，得到细小、均匀分布的片状石墨以及细化基体组织。经孕育处理后的铸铁称为孕育铸铁。

生产中常用的孕育剂有 $w_{Si}=75\%$ 的硅铁或 $w_{Si}=60\%\sim75\%$ 的硅钙合金，在孕育处理时，这些孕育剂或它们的氧化物（如 SiO、CaO 等）在铁液中将形成大量的、高度弥散的和难熔的质点，悬浮在铁液中而成为大量的石墨结晶核心，从而获得细小、分布均匀的石墨。孕育铸铁的组织为细密的珠光体加均匀分布的细小片状石墨，所以抗拉强度较高，可达 250～350MPa。孕育铸铁不仅力学性能高，而且由于在孕育铸铁的铁液中，均匀分布着大量外来的结晶核心，结晶过程几乎是在整个铁液中同时进行，使铸铁各个部位截面上的组织与性能都均匀一致，断面的敏感性小。孕育铸铁常用作力学性能要求较高，且截面尺寸变化较大的大型铸件。

10.2.3　灰铸铁的牌号及应用

我国灰铸铁的牌号表示方法为"HT X X X"，"HT"表示"灰铁"二字汉语拼音的首字母，X X X 代表直径 30mm 单铸试样的灰铸铁的最低抗拉强度值（MPa）。灰铸铁的牌号、性能及应用见表 10-3。

表 10-3　灰铸铁的牌号、性能及应用（摘自 GB/T 9439—2010）

牌号	铸铁类别	铸件壁厚/mm	最小抗拉强度 R_m/MPa	应　　用
HT100	铁素体灰铸铁	2.5～10	130	主要用于承受低载荷和无特殊要求的一般零件,如盖、防护罩、手柄、支架、重锤等
		10～20	100	
		20～30	90	
		30～50	80	
HT150	铁素体+珠光体灰铸铁	2.5～10	175	适用于承受中等载荷的零件,如支架、底座、齿轮箱、刀架、床身、管路、飞轮、泵体等
		10～20	145	
		20～30	130	
		30～50	120	
HT200	珠光体灰铸铁	2.5～10	220	用于承受较大载荷和较重要的零件,如气缸体、齿轮、齿轮箱、机座、飞轮、缸套、活塞、联轴器、轴承座等
		10～20	195	
		20～30	170	
		30～50	160	
HT250		4.0～10	270	
		10～20	240	
		20～30	220	
		30～50	200	
HT300	孕育铸铁	10～20	290	适用于承受高载荷的重要零件,如重型设备床身、机座、受力较大的齿轮、凸轮、高压液压缸、滑阀壳体等
		20～30	250	
		30～50	230	

从表 10-3 中可以看出，灰铸铁的强度与铸件的壁厚有关，同一牌号的铸铁，其抗拉强度随铸件壁厚的增加而降低，因此在设计铸件时，要根据零件的性能要求及壁厚合理地选择相应的铸铁牌号。

10.2.4 灰铸铁的热处理

在实际生产中，由于灰铸铁本身力学性能比较低，通常只用于一些支承与减摩零件，一般以退火处理为主，为了提高强度与耐磨性，可以进行正火处理与表面热处理等方法。在灰铸铁生产中仅采用以下几种热处理方法。

1. 消除铸造应力的低温退火

当形状复杂且壁厚不均匀的铸件浇注后冷却时，因各部分的冷却速度不同，往往形成很大的残留内应力，这不仅要降低铸件的强度，而且在切削加工后，因应力重新分布会引起铸件变形。因此，对精度要求较高的复杂铸件，在切削加工前，应进行消除应力的低温退火。这种退火方法有时也称为时效。

热处理工艺是将铸件以 60~100℃/h 的速度缓慢加热到 500~600℃，保温一段时间（一般为 4~10h，每 10mm 厚度保温 1h），再以 20~30℃/h 的速度缓冷至 200℃ 左右出炉空冷。这样铸件的内应力能基本消除。若铸件壁厚不均匀，形状复杂、内应力较大，加热速度应稍慢些。提高退火加热温度虽然能更有效地消除内应力，并可缩短保温时间，但温度超过 600℃ 将引起渗碳体球化，甚至可能分解为石墨，反而降低铸件的强度、硬度与耐磨性。保温时间不宜过长，一般经数小时后，消除内应力效果已经很显著。为了防止退火冷却过程中重新产生内应力，冷却速度不能大于 50℃/h。通常铸件只进行一次去应力退火，而精密零件则进行两次退火，第二次退火处理安排在粗加工之后。各类铸铁件除应力退火规范见表 10-4。

表 10-4 铸铁件去应力退火规范

铸件的分类	铸件质量/kg	退火规范							退火次数
		装炉温度/℃	加热速度/(℃·h⁻¹)	保温温度/℃		保温时间/h	冷却速度/(℃·h⁻¹)	出炉温度/℃	
				灰铸铁	合金铸铁				
一般零件	<200	≤200	≤100	530~550	550~570	4~6	30	≤200	1
	200~2500		≤80			6~8	30	≤200	1
	>2500		≤60			8	30	≤200	1
精密零件	<200		≤100			4~6	20	≤200	2
	200~3500		≤80			6~8	20	≤200	2
	>3500		≤60			8	20	≤200	2

2. 消除白口层的软化退火

铸件中的石墨数量少，分布均匀且细小，可以提高灰铸铁的力学性能，所以降低碳和硅的含量，并加大铸件的冷却速度可提高其性能，但这种方法会在表层或某些薄壁处，因冷却过快而出现白口组织，使切削加工难以进行，且冷硬层也容易脱落，为此要采用退火或正火来消除铸件的白口层，改善切削加工性能。

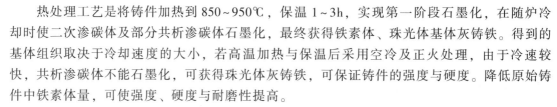

热处理工艺是将铸件加热到 850~950℃，保温 1~3h，实现第一阶段石墨化，在随炉冷却时使二次渗碳体及部分共析渗碳体石墨化，最终获得铁素体、珠光体基体灰铸铁。得到的基体组织取决于冷却速度的大小，若高温加热与保温后采用空冷及正火处理，由于冷速较快，共析渗碳体不能石墨化，可获得珠光体灰铸铁，可保证铸件的强度与硬度。降低原始铸件中铁素体量，可使强度、硬度与耐磨性提高。

3. 表面淬火

为了提高机床导轨和内燃机气缸套这类铸件的表面硬度与耐磨性，可以采用火焰淬火、高频感应淬火或接触电阻加热淬火来达到目的。经表面淬火后的铸件，提高了淬火部位的表面硬度和耐磨性，疲劳强度也得到改善，提高了产品的使用寿命。

表面淬火可用火焰淬火或感应淬火，使导轨表面在短时间内达到很高的温度（900~1000℃），然后进行喷水冷却，使表层获得马氏体加石墨的淬硬层，珠光体灰铸铁经表面淬火后硬度达 55HRC 左右。在表面淬火前，零件常需要进行一次正火处理，使基体组织中珠光体的质量分数达到 65% 以上，因此可看出经过孕育处理的铸件表面淬火效果较好。

火焰淬火的淬硬层厚度可达 2~8mm，淬火后硬度为 40~48HRC。火焰淬火的设备简单、易操作，适用于单件、小批量或大型机床导轨的淬火。缺点是淬硬层不易控制，容易过热，淬火后变形较大。高频感应淬火的质量稳定，淬硬层为 1mm 左右，硬度可达 50HRC。与火焰淬火相比，变形较小。中频感应淬火由于频率低、电流穿透层深，淬硬层厚度可达 3~4mm，硬度可大于 50HRC。

4. 灰铸铁的淬火与回火

这种热处理的主要目的是改变金属基体组织，提高铸铁的硬度，淬火温度要选择在实际临界温度以上 30~70℃。由于铸铁的导热性差，保温时间一般比钢增加一倍左右，淬火介质一般采用油，为了避免淬裂，还可以采取提早出油空冷的办法。灰铸铁淬火以后，基体组织可形成马氏体或屈氏体，高温回火后转变成回火索氏体。

任务 10.3　了解球墨铸铁

球墨铸铁是在浇注前，向一定成分的铁液中加入纯镁、稀土或稀土镁等球化剂，进行球化处理及孕育处理后获得大部或全部为球状石墨的铸铁。

10.3.1　球墨铸铁的化学成分、组织和性能

1. 球墨铸铁的化学成分

对球墨铸铁化学成分的要求比灰铸铁严格，其特点是含碳、硅量较高，锰、磷、硫含量较低。球墨铸铁的大致成分如下：$w_C = 3.6\% \sim 4.0\%$、$w_{Si} = 2.0\% \sim 2.8\%$、$w_{Mn} = 0.6\% \sim 0.8\%$、$w_S < 0.07\%$、$w_P < 0.1\%$、$w_{Mg} = 0.03\% \sim 0.05\%$、$w_{RE} = 0.02\% \sim 0.04\%$。

2. 球墨铸铁的组织

球墨铸铁碳当量较高（4.5%~4.7%），属于过共晶铸铁。碳当量过低，石墨球化不良；碳当量过高，容易出现石墨漂浮现象。球墨铸铁组织由金属基体和球状石墨组成。球墨铸铁基体组织常见的有铁素体、珠光体+铁素体、珠光体和贝氏体四种。图 10-7 所示为这四种基体组织球墨铸铁的显微组织。当铸铁中的 C、Si 含量高，加入球化剂多或冷却缓慢时，容易

获得铁素体基体；反之则易形成珠光体基体。基于球墨铸铁中硅和锰的含量较高，所以基体的硬度和强度就优于相应成分的碳素钢，又由于球状石墨削弱基体造成应力集中的作用较小，因而基体的作用得到了充分的发挥，所以球墨铸铁的抗拉强度不仅高于其他铸铁，甚至还高于碳素钢。经过合金化和热处理，可以获得下贝氏体、马氏体、屈氏体、索氏体和奥氏体等基体组织。

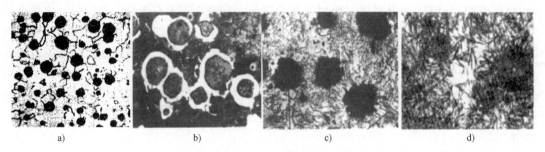

图 10-7 四种基体组织球铁的显微组织

a) 铁素体球墨铸铁 b) 珠光体+铁素体球墨铸铁 c) 珠光体球墨铸铁 d) 贝氏体球墨铸铁

10.3.2 球墨铸铁的牌号

我国球墨铸铁的牌号用"QT×××-××"表示，"QT"为"球铁"二字汉语拼音的首字母，×××为球墨铸铁的最低抗拉强度值（MPa），××表示球墨铸铁的最小断后伸长率（%）。球墨铸铁的牌号、性能及应用见表10-5。

表 10-5 球墨铸铁的牌号、性能及应用（摘自 GB/T 1348—2009）

牌号	基体组织	抗拉强度 R_m/MPa	屈服强度 $R_{p0.2}$/MPa	伸长率 A(%)	硬度 HBW	应 用
		不小于				
QT400-18	铁素体	400	250	18	130~180	承受冲击、振动的零件，如汽车、拖拉机的轮毂、驱动桥壳、拨叉，压缩机高低压气缸，电机外壳，齿轮箱、机器底座、电动机架等
QT400-15	铁素体	400	250	15	130~180	
QT450-10	铁素体	450	310	10	160~210	
QT500-7	铁素体+珠光体	500	320	7	170~230	载荷较大、受力较复杂的零件，如桥式起重机的大小滚轮，内燃机的油泵齿轮、机车车辆轴瓦等
QT600-3	珠光体+铁素体	600	370	3	190~270	载荷大、受力复杂的零件，汽车、拖拉机的曲轴、连杆、凸轮轴，部分磨床、铣床的主轴，小型水轮机主轴等
QT700-2	珠光体	700	420	2	225~305	
QT800-2	珠光体或回火组织	800	480	2	245~335	
QT900-2	贝氏体或回火马氏体	900	600	2	280~360	高强度齿轮，如汽车后桥螺旋锥齿轮，大减速器齿轮，内燃机曲轴、凸轮轴等

注：表中牌号及力学性能均按单铸试块的规定。

10.3.3　球墨铸铁的热处理

球墨铸铁的力学性能主要取决于金属基体，通过热处理控制奥氏体化温度、保温时间和冷却条件，可以改变奥氏体及其转变产物碳的质量分数，从而可以显著改善球墨铸铁的力学性能。在热处理过程中，石墨作为球墨铸铁中的一个相，也参与相变过程。石墨的存在相当于一个贮碳库，形成铁素体球墨铸铁时，碳全部或大部分集中于石墨这个碳库中。球墨铸铁热处理加热时，球状石墨表面的碳有部分溶入奥氏体，供应必要的碳量。控制加热温度可以控制奥氏体中含碳量，从而可以得到低碳马氏体或者高碳马氏体。奥氏体化后的球墨铸铁在 Ar_1 以下缓慢冷却时析出石墨，或沉积在原来石墨的表面上，形成退火石墨。冷却速度较快时，将沿奥氏体晶界析出网状渗碳体。球墨铸铁的主要热处理工艺有退火、正火、调质处理、等温淬火和表面热处理。

1. 退火

球墨铸铁退火工艺包括消除内应力退火、高温退火和低温退火三种。球墨铸铁消除内应力退火一般是以 75~100℃/h 的速度将铸件加热到 500~600℃，根据铸件壁厚可按每 25mm 保温 1h 来计算，而后空冷。这种方法消除铸件 90%~95% 的应力，可提高铸件的塑性及韧性，但组织并没有发生明显改变。高温退火是将铸件加热到 900~950℃，保温 1~4h，进行第一阶段石墨化，然后炉冷至 720~780℃，保温 2~8h，进行第二阶段石墨化。如果在 900~950℃ 保温后炉冷至 600℃ 空冷，则由于第二阶段石墨化没有进行，将得到铁素体+珠光体球墨铸铁。由于用 Mg 处理的球墨铸铁形成白口的倾向较大，铸态组织中常出现莱氏体和自由渗碳体，使铸件脆性增大，硬度升高，切削性能恶化。特别是当铸件厚薄不均匀时，薄壁处极易出现白口，使其变脆，不便加工。为消除白口，获得高韧性的铁素体球墨铸铁，需进行高温石墨化退火，具体工艺如图 10-8a 所示，只完成了石墨化的第一阶段，得到的是珠光体为基体的球墨铸铁；若按图 10-8b 所示的工艺进行热处理，也就是在石墨化第一阶段完成后，进行第二阶段石墨化，根据此阶段保温时间长短可以得到不同的铁素体及珠光体的比例。如果进行完全，可得到以铁素体为基体的球墨铸铁，这种铸铁具有高的韧性，断后伸长率可达到 5%~25%。这种高韧性球墨铸铁多用于代替可锻铸铁和低碳钢零件。低温退火是将铸件加热到 720~760℃，保温 3~6h，然后随炉缓冷至 600℃ 出炉空冷，使珠光体中渗碳体发生石墨化分解。当铸态球墨铸铁组织只有铁素体、珠光体及球状石墨而无自由渗碳体时，为了获得高韧性的铁素体球墨铸铁，可采用低温退火。

2. 正火

正火的目的是使铸态下的铁素体+珠光体球墨铸铁转变为珠光体球墨铸铁，并细化组织，从而获得高的强度、硬度和耐磨性。有时正火是为表面淬火做组织准备。根据正火加热温度不同，可分为高温正火（完全奥氏体化正火）和低温正火（不完全奥氏体化正火）两种。图 10-9 为球墨铸铁的两种正火工艺。

高温正火是将铸铁加热到 900~950℃ 保温 1~3h，使其基体全部转变为奥氏体，然后出炉空冷、风冷或喷雾冷却，从而获得全部珠光体基体球墨铸铁，如图 10-9a 所示。球墨铸铁导热性差，正火冷却时容易产生内应力，故球墨铸铁正火后需进行回火消除，回火加热到 550~600℃ 保温 2~4h 空冷。由于高温正火得到珠光体基体球墨铸铁，所以有高的强度、硬度和耐磨性，但韧性、塑性较差。

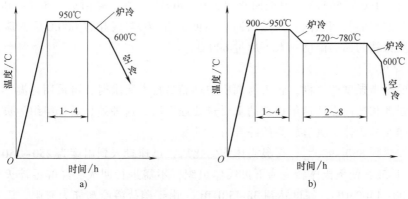

图 10-8　球墨铸铁消除白口的高温退火工艺

a）珠光体球墨铸铁退火工艺　b）铁素体球墨铸铁退火工艺

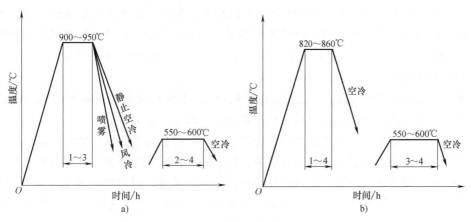

图 10-9　球墨铸铁的两种正火工艺

a）高温正火　b）低温正火

低温正火是将铸件加热到 820~860℃（共析温度区间），保温 1~4h 使球墨铸铁组织处于奥氏体、铁素体和球状石墨三相平衡区，然后出炉空冷，得到珠光体+少量铁素体+球状石墨组织，如图 10-9b 所示。由于低温正火后的组织中保留有一部分铁素体，加热温度低，所以组织也较细，从而可以使球墨铸铁获得较高的塑性、韧性，但强度稍低，具有较高的综合力学性能。

正火冷却可采用风冷，空冷或喷雾冷却。小件空冷，大件应在吹风中强制冷却。冷却速度不同，所获得的珠光体数量是不同的。

3. 调质处理

对于承受交变应力，对综合力学性能要求较高的球墨铸铁件，如连杆、曲柄等，可采用调质处理。淬火加热温度为 880~920℃，保温后一般采用油淬火得到细片马氏体，再经 550~600℃回火，其组织为回火索氏体加球状石墨。调质不仅强度高，抗拉强度可达 800~1000MPa，而且塑性、韧性比正火状态好，但仅是用小型铸件，尺寸过大时，内部淬不透，调质效果不好。

球墨铸铁淬火后硬度可达到 58~60HRC，但脆性大，必须进行回火。球墨铸铁的回火也

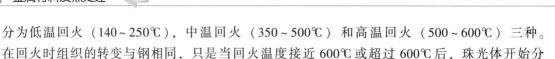

分为低温回火（140~250℃），中温回火（350~500℃）和高温回火（500~600℃）三种。在回火时组织的转变与钢相同，只是当回火温度接近600℃或超过600℃后，珠光体开始分解，所以球墨铸铁的回火温度一般不超过600℃。

4. 等温淬火

对于需要很高强度的铸件，正火与调质均难满足技术要求时，可采用等温淬火。等温淬火是获得高强度和超高强度球墨铸铁的重要热处理方法。这种处理后，组织为贝氏体加少量的残留奥氏体及马氏体，具有较高的综合力学性能。

将铸件加热到880~920℃，待奥氏体均匀化后，迅速投入到温度为250~350℃的硝盐中恒温停留1~1.5h，使奥氏体转变为下贝氏体组织，不需进行回火。经等温淬火后，其抗拉强度可达1100~1400MPa，硬度达到38~50HRC。由于硝盐浴冷却能力有限，因此只能处理截面不大的铸件，例如大功率柴油机中受力复杂的齿轮、曲轴、凸轮轴等。

原始组织中珠光体量越多，淬火后硬度越高。为了提高韧性，选择原始组织中铁素体质量分数为75%~85%，在保证完全奥氏体化的情况下，使奥氏体中含碳量不致太高，等温淬火后能有较高的冲击韧度值，为了使基体在等温淬火后能充分发挥潜力，要求球墨铸铁的铸铁组织球化率达到85%~95%，球化直径在0.1~0.3mm，少量可达到0.5mm。

5. 表面热处理

球墨铸铁的感应淬火本质上与钢没有区别，但由于处理前的铸造组织较粗，成分不均匀，铁素体向奥氏体转变的温度较高，在快速加热中转变不易完成。

感应淬火主要适用于以珠光体为基体的球墨铸铁。以铁素体为基体的球墨铸铁，由于感应加热太快，碳来不及向奥氏体溶解及扩散，淬火后马氏体硬度不高，并保留有大量未转变的铁素体，所以硬度低。因此，以铁素体为基体的球墨铸铁，感应淬火前先要经过正火转变成珠光体再进行。感应加热温度常采用850~1000℃，淬火层组织为细针状马氏体及球状石墨，过渡层为小岛状马氏体和细小的铁素体。感应淬火处理后具有很好的耐磨性，还可显著提高疲劳强度及使用寿命。球墨铸铁热处理后的力学性能见表10-6。

表10-6　球墨铸铁热处理后的力学性能

类别	热处理状态	抗拉强度 R_m/MPa	伸长率 A(%)	硬度
铁素体	铸态	450~550	10~20	139~193HBW
铁素体	退火	400~500	15~25	121~179HBW
珠光体+铁素体	铸态或退火	500~600	5~10	147~241HBW
珠光体	铸态	600~750	2~4	217~269HBW
珠光体	正火	700~950	2~5	229~262HBW
珠光体+碎块状铁素体	部分奥氏体化正火	600~900	4~9	207~283HBW
贝氏体+碎块状铁素体	部分奥氏体化等温淬火	900~1100	2~6	32~40HRC
下贝氏体	等温淬火	1200~1500	1~3	38~50HRC
回火索氏体	淬火,550~600℃回火	900~1200	1~5	32~43HRC
回火马氏体+回火索氏体	淬火,260~420℃回火	1000~1300	—	45~50HRC
回火马氏体	淬火,200~250℃回火	700~900	0.5~1	55~61HRC

任务 10.4 了解蠕墨铸铁

10.4.1 蠕墨铸铁的力学性能特点

蠕墨铸铁的力学性能,介于基体组织相同的优质灰铸铁和球墨铸铁之间。当化学成分一定时,这类铸铁的强度比灰铸铁高,破坏时应变较大,具有一定的韧性。由于蠕墨铸铁组织中石墨是相连接的,因此强度和韧性都不如球墨铸铁。蠕墨铸铁对断面的敏感性较灰铸铁要小。有资料表明,当断面增厚到 200mm 时,蠕墨铸铁的抗拉强度虽然下降了 20%~30%,但其绝对值仍有 300MPa 左右,但当普通灰铸铁或高强度灰铸铁的断面增加到 100mm 时,强度便要下降 50%,其绝对值更低。蠕墨铸铁的抗拉强度对碳当量变化的敏感性比普通灰铸铁要小得多,甚至当珠光体或铁素体蠕墨铸铁的碳当量接近 4.3% 时,其强度也比低碳当量的高强度灰铸铁高。

10.4.2 其他性能特点

蠕墨铸铁的导热性比球墨铸铁要好得多,几乎接近于片状石墨铸铁的导热性。随着蠕墨铸铁中球状石墨数量的增多,导热性大为降低。为使其保持良好的导热性,球状石墨要控制在 30% 以下。蠕墨铸铁既有良好的导热性,又有相当高的强度,因此它在高温应用的可能性便引起人们的注意。实验指出,在 600℃ 时,蠕墨铸铁的抗生长能力高于普通灰铸铁,抗氧化的能力也较优越。蠕墨铸铁具有良好的耐磨性,耐磨试验表明,蠕墨铸铁的耐磨性比 HT300 灰铸铁高 2.2 倍以上,比高磷铸铁高约 1 倍,与磷铜钛铸铁相近。蠕墨铸铁的减振能力比片状石墨铸铁低,但比球墨铸铁要高。对具有蠕虫状、球状和片状石墨组织的各种铸铁的切削性能进行比较可知:蠕墨铸铁和球墨铸铁的切削性能非常相似,对刀具的磨损比片状石墨铸铁要高。尽管如此,生产实践表明,只要正确控制制造工艺并合理选择加工条件,蠕墨铸铁的切削加工并不困难。此外,蠕墨铸铁的铸造性能优于球墨铸铁而接近于灰铸铁,铸造工艺方便、简单,成品率高。各种牌号蠕墨铸铁的性能特点与应用举例见表 10-7。

表 10-7 各种牌号蠕墨铸铁的性能特点与应用举例 (GB/T 26655—2011)

牌号	性能特点	应用举例
RuT300	强度低,塑韧性高;高的热导率和低的弹性模量;热应力积聚小	排气歧管;大功率船用、机车、汽车和固定式内燃机缸盖;增压器壳体;纺织机、农机零件
RuT350	与灰铸铁比较,有较高的强度并有一定的塑性、韧性	机床底座;托架和联轴器;大功率船用、机车、汽车和固定式内燃机缸盖;钢锭模、铝锭模;焦化炉炉门、门框、保护板、桥管阀门、装炉孔盖座;变速箱体;液压件
RuT400	有综合的强度、刚性和热导率性能;较好的耐磨性	内燃机的缸体和缸盖;机床底座,托架和联轴器;载重卡车制动毂,机车车辆制动盘;泵壳和液压件;钢锭模、铝锭模和玻璃模具
RuT450	比 RuT400 有更高的强度、刚性和耐磨性,不过切削性稍差	汽车内燃机的缸体和缸盖;气缸套;载重卡车制动盘;泵壳和液压件;玻璃模具;活塞环
RuT500	强度高,塑性、韧性低;耐磨性最好,切削性差	高负荷内燃机缸体;气缸套

任务 10.5　了解可锻铸铁

可锻铸铁是由白口铸铁经热处理得到的一种高强度铸铁,其石墨呈团絮状,削弱了石墨对基体的割裂作用和应力集中效应,因此可锻铸铁具有较高的强度,而且具有一定的塑性和与韧性。由于塑性比灰铸铁好,因此又叫作展性铸铁或韧性铸铁。可锻铸铁特别适宜于大量生产形状复杂的薄壁小件,甚至可以铸造重量为数十克和壁厚在 2mm 以下的铸件。可锻铸铁可部分地代替铸钢、合金钢和非铁金属材料,广泛应用于许多工业部门。

10.5.1　可锻铸铁的组织

可锻铸铁化学成分的一般范围见表 10-8。从表中可见,其碳、硅的含量较低。碳和硅在促进石墨化和改善铸造性能方面的作用基本相似,都是强烈促进石墨化的元素,这可保证浇注后得到纯白口铸件,且减少退火后的石墨数量,有利于获得高的强度和韧性。但是碳、硅的含量也不能太低。若碳、硅含量太低,将使退火时石墨化困难,从而延长退火周期,而且使铁液流动性差、收缩大、易于产生疏松和开裂缺陷。所以可锻铸铁要控制其碳、硅含量。锰因有阻碍石墨化的作用,所以它的含量也不能高,尤其是铁素体基体可锻铸铁中锰的含量应比珠光体基体可锻铸铁更低。磷、硫的含量要严格控制,应尽可能低。

表 10-8　可锻铸铁化学成分的一般范围

分类	$w_C(\%)$	$w_{Si}(\%)$	$w_{Mn}(\%)$	不大于	
				$w_P(\%)$	$w_S(\%)$
铁素体基体可锻铸铁	2.2~2.8	1.2~1.8	0.4~0.6	0.1	0.2
珠光体基体可锻铸铁	2.2~2.8	1.2~2.0	0.8~1.2	0.1	0.2

可锻铸铁应用退火不同的方法,可以得到铁素体或珠光体两种不同的基体,基体上分布着团絮状的石墨。可锻铸铁的组织如图 10-10 所示。

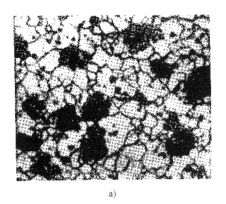 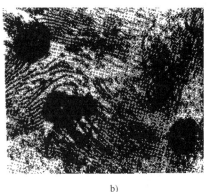

a)　　　　　　　　　　　　　　　　b)

图 10-10　可锻铸铁的组织

a) 铁素体可锻铸铁　b) 珠光体可锻铸铁

退火过程中如果第一阶段(738℃以上)和第二阶段(738℃以下)石墨化都进行得完全,将得到以铁素体基体+团絮状石墨的组织,也就是铁素体可锻铸铁,由于组织中有大量石墨，断口呈黑色，所以又叫黑心可锻铸铁。如果第一阶段石墨化完成，而第二阶段石墨化未进行或部分进行，就得到以珠光体基体+团絮状石墨或珠光体与少量铁素体基体+团絮状石墨的组织，由于组织中有珠光体存在，断口发亮，所以又叫白心可锻铸铁。具有珠光体基体+团絮状石墨的组织称为珠光体可锻铸铁。

10.5.2　可锻铸铁的性能及用途

由于可锻铸铁的组织是基体上分布着团絮状的石墨，团絮状石墨对基体的削弱程度要比片状石墨轻，因此可锻铸铁的强度比灰铸铁高，尤其是铁素体可锻铸铁具有高的塑性和韧性，成本要比球墨铸铁低，铸造性能也比钢更好。由于可锻铸铁退火周期长，严重影响生产率，因此有些可锻铸件已被球墨铸铁代替，但因可锻铸铁是用白口铸铁退火而制成的，所以特别适用于大量生产形状复杂的薄壁小件。在铁路机车车辆配件生产中，某些形状复杂、尺寸不大，但强度和韧性要求较高的零件，往往用可锻铸铁来制造。如内燃机车上的控制轴、控制臂以及各种阀类零件等。此外，道岔配件穿销式防爬器也常用黑心可锻铸铁铸造。

【知识拓展】　特殊性能铸铁

随着铸铁的广泛应用，对铸铁性能的要求也越来越高。不但要求铸铁具有更高的力学性能，还要求具有某种特殊的性能（如耐热、耐磨、耐蚀等）。为满足要求，常在灰铸铁或球墨铸铁中加入一定量的合金元素，这些铸铁称为特殊性能铸铁，又叫合金铸铁。特殊性能铸铁是在腐蚀介质中，高温条件下或剧烈摩擦、磨损等场合使用的铸铁，与相似条件下使用的合金钢相比，熔炼、铸造更简便，成本低廉，有良好的使用性能。其缺点是力学性能比合金钢低、脆性较大，容易开裂。根据特殊性能铸铁的特性，可将其分为耐热铸铁、耐磨铸铁和耐蚀铸铁。

1. 耐热铸铁

加热炉炉底板、马弗罐、废气管道、换热器及坩埚等在高温下工作的铸件需要采用耐热性高的合金耐热铸铁。所谓铸铁的耐热性，主要是指它在高温下抗氧化和抗生长的能力。氧化是铸铁在高温下与周围气氛接触使表层发生化学腐蚀的现象。生长是铸铁在反复加热冷却时产生的不可逆体积长大的现象。铸件生长的原因是由于氧化性气体沿石墨片边界或裂纹渗入铸件内部，生成密度小的氧化物；铸件基体中的渗碳体在高温下分解形成密度小而体积大的石墨以及在加热、冷却过程中铸铁基体组织发生相变引起体积变化。铸件在高温和负荷作用下，由于氧化和生长会显著降低力学性能最终会导致零件变形、翘曲、产生裂纹，甚至开裂。

耐热铸铁就是在高温下能抗氧化和生长，并能承受一定负荷的铸铁。它是向铸铁中加入 Si、Al、Cr 等合金元素，使之在高温下形成 Cr_2O_3、Al_2O_3、SiO_2 等稳定性高、致密而完整的氧化膜，以保护内部不被继续氧化和生长。此外，还会提高铸铁的临界点，使铸铁在所使用的温度范围内不发生固态相变，以减少由此而造成的体积变化，从而防止显微裂纹的发生。加入 Ni、Mn 或 Cu 时，能降低相变温度，有利于得到单相奥氏体基体，从而使铸件在高温时不发生相变。加入球化剂，可促使石墨细化和球化，防止氧化性气体进入铸铁内部。

耐热铸铁分为硅系、铝系、铝硅系及铬系铸铁等。各耐热铸铁的牌号与新旧标准见表 10-9。

表 10-9　耐热铸铁的牌号与新旧标准

标准	新标准（GB/T 9437—2009）	旧标准（GB/T 9437—1988）
牌号意义	HTRCr16 铬的平均质量分数（%） 铬 耐热铸铁（QTR 用于 700℃ 以上的耐热铸铁）	RT——表示耐热铸铁 Q——表示球墨铸铁 其余字母表示合金元素符号 数字表示合金元素的平均质量分数（%），取整数
牌号	HTRCr	RTCr
	HTRCr2	RTCr2
	HTRCr16	RTCr16
	HTRSi5	RTSi5
	QTRSi4	RQTSi4
	QTRSi4Mo	RQTSi4Mo
	QTRSi4Mo1	
	QTRSi5	RQTSi5
	QTRAl4Si4	RQTAl4Si4
	QTRAl5Si5	RQTAl5Si5
	QTRAl22	RQTAl22

2. 耐蚀铸铁

普通铸铁通常是由石墨、渗碳体和铁素体组成的多相合金。在石油化工、造船等工业中，各种容器、阀门、管道等铸铁件经常受到外界大气、海水等酸、碱、盐介质的腐蚀，因此需要在铸铁中加入合金元素来提高其耐蚀性。在电介质溶液中，石墨的电极电位最高，渗碳体次之，铁素体最低，它们组成微电池使铁素体腐蚀溶解，从而破坏了铸铁件的性能。

为提高铸铁的耐蚀性，通常加入硅、铝、铬、镍、钼、铜等合金元素，这些合金元素可在铸件表层形成牢固、致密的保护膜，提高铸铁基体的电极电位，还可以使铸铁得到单相铁素体或奥氏体基体，从而显著提高耐蚀性。常用的耐蚀铸铁有高硅耐蚀铸铁、高铝耐蚀铸铁、高铬耐蚀铸铁、高硅钼耐蚀铸铁等。高硅耐蚀铸铁的组织由硅铁素体、细小石墨和硅化铁组成。高硅耐蚀铸铁的牌号与新旧标准见表 10-10。

表 10-10　高硅耐蚀铸铁的牌号与新旧标准

标准	新标准（GB/T 8491—2009）	旧标准（GB/T 8491—1987）	旧标准（JB/T 2262—1987）
牌号意义	HTSSi15R 残留稀土质量分数小于或等于1% 硅的质量分数（%） 硅的元素元素符号 高硅耐蚀铸铁	STSi11Cu2CrRE 稀土代号，残留质量分数 ≤ 0.1% 铬的元素符号 铜的平均质量分数（%） 铜的元素符号 硅的平均质量分数（%） 硅的元素符号 高硅耐蚀铸铁代号	STSi11CrCu2Xt 稀土元素 铜的质量分数 铜的元素符号 铬的元素符号 硅的质量分数（%） 硅的元素符号 "蚀铁"二字汉语拼音第一个字母

（续）

标准	新标准（GB/T 8491—2009）	旧标准（GB/T 8491—1987）	旧标准（JB/T 2262—1987）
牌号	HTSSi11Cu2CrR	STSi11Cu2CrRE	STSi11CrCu2Xt
	HTSSi15R	STSi15RE	STSi15Xt
	HTSSi15Cr4MoR	—	—
	HTSSi15Cr4R	STSi15Cr4RE	—
	—	STSi15Mo3RE	STSi15
		STSi17RE	
		—	

3. 抗磨白口铸铁

抗磨白口铸铁是在干摩擦及磨粒磨损条件下工作，因此需要高且均匀的硬度。白口铸铁就可达到该要求，通常在普通白口铸铁中加入合金元素形成珠光体合金白口铸铁和马氏体合金白口铸铁来获得高硬度和高耐磨性的铸铁。抗磨白口铸铁的牌号与新旧标准对照见表 10-11。

表 10-11　抗磨白口铸铁的牌号与新旧标准对照

标准	新标准（GB/T 8263—2010）	旧标准（GB 8263—1987）
牌号意义	BTMCr9Ni5 镍的名义质量分数(%) 镍的元素符号 铬的名义质量分数(%) 铬的元素符号 抗磨白口铸铁代号	KmTBMn5W3 钨的名义质量分数(%) 钨的元素符号 锰的名义质量分数(%) 锰的元素符号 抗磨白口铸铁代号
牌号	BTMNi4Cr2—DT	KmTBMn5W3
	BTMNi4Cr2—GT	KmTBW5Cr4
	BTMCr9Ni5	KmTBNi4Cr2—DT
	BTMCr2	KmTBNi4Cr2—GT
	BTMCr8	KmTBCr9Ni5Si2
	BTMCr12—DT	KmTBCr2Mo1Cu1
	BTMCr12—GT	—
	BTMCr15	—
	BTMCr20	KmTBCr15Mo2—DT
	BTMCr26	KmTBCr15Mo2—GT
	—	KmTBCr20Mo2Cu1
	—	KmTBCr26

注：牌号中"DT"和"GT"分别是"低碳"和"高碳"的汉语拼音的第一个大写字母，表示该牌号铸铁中含碳量的高低。

复习思考题

1. 白口铸铁、灰铸铁和钢，这三者的成分、组织和性能有何主要区别？

2. 化学成分和冷却速度对铸铁石墨化和基体组织有何影响？

3. 试述石墨形态对铸铁性能的影响。

4. 什么是铸铁的石墨化？

5. 什么是灰铸铁的孕育处理？目的是什么？

6. 球墨铸铁是怎样获得的？为什么球墨铸铁的热处理效果比灰铸铁显著？

7. 可锻铸铁是如何获得的？

模块五

典型零件选材及工艺分析

项目11

机械零件材料的选择原则

知识目标

1）掌握机械零件材料的选材方法和步骤。

2）掌握机械零件的工艺路线的分析方法。

能力目标

1）根据工件的性能要求，可以正确选择机械零件。

2）根据工件的性能要求，可以准确分析机械零件的工艺路线。

引言

机械制造中，要获得满意的零件，就必须从结构设计，材料选用，毛坯制造及机械加工等方面综合考虑。材料的选用不仅与材料本身的化学成分、组织及性能有关，而且与设计、供应、制造、销售等系统有着密切的关系，是一个复杂的技术、经济问题。正确、合理地选材不仅是保证产品的设计要求、适应制造的重要条件，而且是提高生产率、降低成本的重要措施。

机械设备使用中最普遍的问题是机械零件的失效，因此在学习如何正确选择材料的同时，还应了解材料的失效形式、发生原因及防止措施。

任务 11.1　零件的失效

零件在工作过程中最终都要发生失效。所谓失效是指：①零件完全破坏，不能继续工作；②零件严重损伤，继续工作很不安全；③零件虽能安全工作，但已不能满意地起到预定的作用。只要发生上述三种情况中的任何一种，都认为零件已经失效。认真分析零件的失效形式和失效原因，是选材、制造以及验证设计是否合理的重要环节。对于某些重要零件的选材，有时则需要进行事先的失效试验，以便获取第一手资料，从而有效地保证满足使用性能要求。

11.1.1　失效的形式

根据零件损坏的特点，所承受载荷的形式及外界条件，失效的形式主要表现为整体断裂、过大残余变形、零件表面破坏、破坏正常工作条件引起的失效，具体分为以下三种基本类型。

1. 变形失效

变形失效包括弹性变形失效、塑性变形失效和蠕变变形失效。它们的特点是非突发性失效，一般不会造成灾难性事故。但塑性变形失效和蠕变变形失效有时也可能造成灾难性事故，应引起充分重视。

2. 断裂失效

断裂失效包括以下几类：

（1）塑性断裂失效　特点是断裂前有一定程度的塑性变形，一般是非灾难性的。

（2）脆性断裂失效　断裂前无明显的塑性变形，它是突发性的断裂。

（3）疲劳断裂　疲劳的最终断裂是瞬时的，因此它的危害性较大，甚至会造成重大事故。

（4）蠕变断裂失效　在高温缓慢变形过程中发生的断裂属于蠕变断裂失效。最终的断裂也是瞬时的。

3. 表面损伤失效

零件在工作过程中，由于机械和化学的作用，使工件表面及表面附近的材料受到严重损伤以致失效，称为表面损伤失效。其大致可分为三类：

（1）腐蚀失效　金属与周围介质之间发生化学或电化学作用而造成的破坏，属于腐蚀失效。腐蚀失效的特点是失效形式众多，机理复杂，占金属材料失效事故中的比率较大。

其中应力腐蚀、氢脆和腐蚀疲劳等是突发性失效，而点腐蚀、缝隙腐蚀等局部腐蚀和大部分均匀腐蚀失效不是突发性的，而是逐渐进展的。

（2）磨损失效　凡相互接触并作相对运动的物体，由于机械作用所造成的材料位移及分离的破坏形式称为磨损。磨损失效主要有：黏着磨损失效、磨粒磨损失效等。

（3）表面疲劳失效　相互接触的两个运动表面在工作过程中承受交变接触应力的作用，使材料表层发生疲劳破坏而脱落，造成零件失效。

零件的表面损伤失效主要发生在零件的表面，因此，采用各种表面强化处理是防止表面损伤失效的主要途径。

11.1.2　失效的原因

机械产品失效的原因很多，错综复杂，主要涉及设计、材料、加工、装配、使用等方面。

1. 设计失误引起的失效

设计上导致失效的最常见原因是零件结构外形不合理，零件受力较大部位存在尖角、槽口、过渡圆角过小，在这些地方易产生较大的应力集中，从而成为失效源。

设计上引起失效的另一原因，是对零件的工作条件估算不当或对应力计算错误，从而使零件因过载而失效。再有设计时选材错误，或材料的失效抗力指标规定不妥，或要求不当，也会导致零件失效。

2. 材料引起的失效

适合的材料是零件工作的基础。由于材料而引起的失效原因，一是材料品种选择不当；二是材料质量不合格，缺陷（如气孔、疏松、夹杂物、杂质元素含量等）超过了国家标准。这些在零件加工前进行材料质量检查即可避免。

3. 加工引起的失效

材料的生产一般要经过冶炼、铸造、锻造、轧制、焊接、热处理、机械加工等几个阶段，在这些工艺过程中所造成的缺陷往往会导致早期失效。如冶炼后含有较多的氧、氢、氮，并形成非金属夹杂物，这不仅会使材料变脆，甚至还会成为疲劳源，导致产品的早期失效；冷加工中常出现的表面粗糙，较深的刀痕，磨削裂纹等缺陷；热加工中容易产生的过热、过烧和带状组织等缺陷；热处理中工序的遗漏，淬火冷却速度不够，表面脱碳，淬火变形、开裂等都是造成零件失效的重要原因。

4. 安装使用不当引起失效

工件安装时配合过紧、过松、对中不好、固定不紧、维护不良、不按工艺规程操作、过载使用等，均可导致零件在使用过程中失效。

以上只讨论了导致零件失效的四个主要方面，实际的情况是非常复杂的，还存在其他方面的原因。此外，失效往往不只是单一原因造成的，而可能是多种原因共同作用的结果。在这种情况下，必须逐一考查设计、选材、加工和安装使用等方面的问题，排除各种可能性，找出真正的原因。

任务 11.2　机械零件的材料选择原则

正确选材是机械设计的一项重要任务，它必须使选用的材料能保证零件在使用过程中具有良好的工作能力，保证零件便于加工制造，同时保证零件的总成本尽可能低。机械零件选材的一般原则是：①所选材料应具有满意的使用性能。除特殊要求某些物理性能、化学性能的机械零件外，一般主要要求的是力学性能，即材料抵抗外加载荷而不致失效的能力——失效抗力；②材料应具有良好的或可行的加工性；③材料的价格或成本应尽可能低廉。在这三条原则中，使用性能是首先要考虑的，以确保零件服役时安全可靠。

1. 使用性能原则

使用性能是保证零件完成规定功能的必要条件。在大多数情况下，它是选材首先要考虑的因素。使用性能主要是指零件在使用状态下材料应该具有的力学性能、物理性能和化学性能。

对所选材料使用性能的要求，是在对零件的工作条件及零件的失效分析的基础上提出的。零件的工作条件是复杂的，要从受力状态、载荷性质、工作温度、环境介质等几个方面全面分析。受力状态有拉、压、弯、扭等；载荷性质有静载荷、冲击载荷、交变载荷等；工作温度可分为低温、室温、高温、交变温度；环境介质为与零件接触的介质，如润滑剂、海水、酸、碱、盐等。为了更准确地了解零件的使用性能，还必须分析零件的失效方式，从而找出对零件失效起主要作用的性能指标，见表 11-1。

表 11-1 列举了几种常见零件的工作条件、失效形式和要求的主要力学性能指标。在确定了具体力学性能指标和数值后，即可利用手册选材。但是，对零件所要求的力学性能数据，还必须注意以下情况。第一，材料的性能不仅与化学成分有关，还与加工、处理后的状态有关，金属材料尤其明显。所以要分析手册中的性能指标是在什么加工、处理条件下得到的。第二，材料的性能与加工处理时试样的尺寸有关，随截面尺寸的增大，力学性能一般是降低的。因此必须考虑零件尺寸与手册中试样尺寸的差别，并进行适当的修正。第三，材料

的化学成分、加工处理的工艺参数本身都有一定波动范围。一般手册中的性能,大多是波动范围的下限值。就是说,在尺寸和处理条件相同时,手册数据是偏安全的。

表 11-1　几种常用零件的工作条件、失效形式及要求的主要力学性能指标

零件	工作条件			常见的失效形式	要求的主要力学性能
	应力种类	载荷性质	受载状态		
紧固螺栓	拉、剪应力	静载	—	过量变形,断裂	强度、塑性
传动轴	弯、扭应力	循环,冲击	轴颈摩擦,振动	疲劳断裂,过量变形,轴颈磨损	综合力学性能
传动齿轮	压、弯应力	循环,冲击	摩擦,振动	齿折断,磨损,疲劳断裂,接触疲劳(麻点)	表面高强度及疲劳强度,心部韧性好
弹簧	扭、弯应力	交变,冲击	振动	弹性失稳,疲劳破坏	弹性强度,屈强比,疲劳强度
冷作模具	复杂应力	交变,冲击	强烈摩擦	磨损,脆断	硬度,足够的强度,韧度

有时,通过改进强化方式或方法,可以将廉价材料制成性能更好的零件。所以选材时,要把材料成分和强化手段紧密结合起来综合考虑。另外,当材料进行预选后,还应当进行实验室试验、台架试验、装机试验、小批生产等,进一步验证材料力学性能选择的可靠性。

2. 工艺性能原则

材料的工艺性能表示材料加工的难易程度。便于加工也是设计机械零件时必须遵守的一个原则。零件是否便于加工直接关系到零件的成本和制造时间。金属材料的工艺性能主要包括:

(1) 铸造性能　包含流动性,收缩性,疏松及偏析倾向,吸气性,熔点高低等。

(2) 压力加工性能　指材料的塑性和变形抗力等。

(3) 焊接性能　包括焊接应力,变形及晶粒粗化倾向,焊缝脆性,裂纹,气孔及其他缺陷倾向等。

(4) 切削加工性能　指切削抗力,零件表面粗糙度,排除切屑难易程度及刀具磨损量等。

(5) 热处理性能　指材料的热敏感性,氧化,脱碳倾向,淬透性,回火脆性,淬火变形和开裂倾向等。

在某些特殊情况下,工艺性能也可成为选材考虑的主要依据。一种材料即使使用性能很好,但加工很困难,或者加工费用太高,它也是不可取的。

当工艺性能和力学性能相矛盾时,有时正是对工艺性能的考虑使得某些力学性能显然合格的材料不得不被舍弃,此点对于大批量生产的零件特别重要。因为在大量生产时,工艺周期的长短和加工费用的高低,常常是生产的关键。例如,为了提高生产效率,而采用自动机床实行大量生产时,零件的可加工性就成为选材时考虑的主要问题。此时,应选用易切削钢之类的材料,尽管它的某些性能并不是最好的。

任务 11.3 齿轮类零件选材及工艺分析

11.3.1 齿轮类零件选材要求

机床、汽车、拖拉机中，速度的调节和功率的传递主要靠齿轮，因此齿轮在机床、汽车和拖拉机中是一种十分重要、使用量很大的零件。

齿轮工作时的一般受力情况如下：①齿部承受很大的交变弯曲应力；②换挡、起动或啮合不均匀时承受冲击力；③齿面相互滚动、滑动，并承受接触压应力。

所以，齿轮的损坏形式主要是齿的折断、齿面的剥落及过度磨损。据此，要求齿轮材料具有以下主要性能：①高的弯曲疲劳强度和接触疲劳强度；②齿面有高的硬度和耐磨性；③齿轮心部有足够高的强度和韧性。此外，还要求有较好的热处理工艺性，如变形小；并要求变形有一定的规律等。

11.3.2 齿轮类零件工艺分析

下面以机床和汽车、拖拉机两类齿轮为例进行分析。

机床中的齿轮担负着传递动力、改变运动速度和运动方向的任务。一般机床中的齿轮大部分是 7 级精度，只是在分度传动机构中要求较高的精度。

机床齿轮的工作条件比起矿床机械、动力机械中的齿轮来说还是属于运转平稳、负荷不大、条件较好的一类。实践证明，一般机床齿轮选用中碳钢制造，并经感应淬火处理，所得到的硬度、耐磨性、强度及韧性能满足要求，而且感应淬火具有变形小、生产率高等优点。

1. 车床中齿轮工艺分析

下面以卧式车床中齿轮为例加以分析。

（1）感应淬火齿轮的选材 感应淬火齿轮通常用 $w_C = 0.40\% \sim 0.50\%$ 的碳素钢或低合金钢（40、45、40Cr、45Mn2、40MnB 等）制造。大批量生产时，一般要求精选含碳量以保证质量。45 钢限制 w_C 在 0.42% ~ 0.47% 之间，40Cr 钢限制 w_C 在 0.37% ~ 0.42% 之间。经感应淬火并低温回火后，淬硬层应为中碳回火马氏体，而心部则为毛坯热处理（正火或调质）后的组织。

（2）感应淬火齿轮的工艺路线 下料→锻造→正火→粗加工→调质→精加工→感应淬火及回火→（推孔）→精磨。

（3）热处理工序的作用 正火对锻造成毛坯是必需的热处理工序，它可以使同批坯料具有相同的硬度，便于切削加工，并使组织均匀，消除锻造应力。对于一般齿轮，正火也可作为感应淬火前的最后热处理工序。

调质处理可以使齿轮具有较高的综合力学性能，提高齿轮心部的强度和韧性，使齿轮能承受较大的弯曲应力和冲击力。调质后的齿轮由于组织为回火索氏体，在淬火时变形更小。

感应淬火及低温回火是赋予齿轮表面性能的关键工序，通过感应淬火提高了齿轮表面硬度和耐磨性，并使齿轮表面有压应力存在而增强了抗疲劳破坏的能力。为了消除淬火应力，感应淬火后应进行低温回火，这对防止研磨裂纹的产生和提高抗冲击能力极为有利。

2. 汽车变速器中齿轮工艺分析

汽车、拖拉机齿轮主要分装在变速器和差速器中。在变速器中，通过齿轮改变发动机、曲轴和主轴的速比；在差速器中，通过齿轮来增加扭转力矩并调节左右两车轮的转速，通过齿轮将发动机的动力传到主动轮，驱动汽车、拖拉机运行。汽车、拖拉机齿轮的工作条件比机床齿轮要繁重得多，因此在耐磨性、疲劳强度、心部强度和冲击韧性等方面的要求均比机床齿轮为高。实践证明，汽车、拖拉机齿轮选用渗碳钢制造并经渗碳处理后使用是较为合适的。

下面以 JN-150 型载重汽车（载质量为 8000kg）变速器中第二轴的二、三挡齿轮（如图 11-1 所示）为例进行分析。

20CrMnTi 钢的热处理工艺性较好，有较好的淬透性。由于合金元素钛的影响，对过热不敏感，故在渗碳后可直接降温淬火。此外，该钢还有渗碳速度较快，过渡层较均匀，渗碳淬火后变形小等优点，这对制造形状复杂、要求变形小的齿轮零件来说是十分有利的。

20CrMnTi 钢可制造截面在 30mm 以下，承受高速中等载荷以及冲击、摩擦的重要零件，如齿轮、齿轮轴等各种渗碳零件。当含碳量在上限时，可用于制造截面在 40mm 以下，模数大于 10 的齿轮等。

根据 JN-150 型载重汽车变速器中第二轴的二、三挡齿轮的规格和工作条件，选用 20CrMnTi 钢制造是比较合适的。

（1）二轴齿轮的工艺路线　下料→锻造→正火→机械加工→渗碳、淬火及低温回火→喷丸→磨内孔及换挡槽→装配。

（2）热处理工序的作用　渗碳后表面含碳量提高，保证淬火后得到高的硬度，提高耐磨性和接触疲劳强度。喷丸处理可提高齿轮表层的压应力，使表层材料强化，还可提高材料的抗疲劳性能。

除感应淬火齿轮与渗碳齿轮外，还有碳氮共渗齿轮；根据受力情况和性能要求不同，齿轮可采用中碳合金钢进行调质并经氮化处理后使用；还可采用铸铁、铸钢制造齿轮。

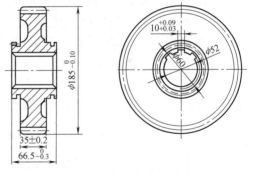

图 11-1　齿轮示意图

任务 11.4　轴类零件选材及工艺分析

11.4.1　轴类零件选材要求

在机床、汽车、拖拉机等制造工业中，轴类零件是另一类用量很大，且占有相当重要地位的结构件。

轴类零件的主要作用是支撑传动零件并传递运动和动力，它们在工作时受多种应力的作用，因此从选材角度看，材料应有较高的综合力学性能。局部承受摩擦的部分如机床主轴的花键、曲轴轴颈等处，要求有一定的硬度，以提高其抗磨损能力。还需根据其应力状态和负

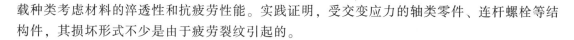

载种类考虑材料的淬透性和抗疲劳性能。实践证明，受交变应力的轴类零件、连杆螺栓等结构件，其损坏形式不少是由于疲劳裂纹引起的。

11.4.2　轴类零件工艺分析

下面以机床主轴、汽车半轴等典型零件为例进行分析。

在选用机床主轴的材料和热处理工艺时，必须考虑以下几点：①受力的大小：不同类型的机床，工作条件有很大的差别，如高速机床和精密机床主轴的工作条件与重型机床主轴的工作条件相比，无论在弯曲或扭转疲劳特性方面差别都很大。②轴承类型：如在滑动轴承上工作时，轴颈需要有高的耐磨性。③主轴的形状及其可能引起的热处理缺陷：结构形状复杂的主轴在热处理时易变形甚至开裂，因此在选材上应给予重视。

1. C6140 车床主轴的选用

主轴是机床中主要零件之一，其质量好坏直接影响机床的精度和寿命。因此必须根据主轴的工作条件和性能要求，选择用钢和制定合理的冷热加工工艺。

该主轴的工作条件如下：承受交变的弯曲应力与扭转应力，有时受到冲击载荷的作用；主轴大端内锥孔和锥度外圆，经常与卡盘、顶针有相对摩擦；花键部分经常有磕碰与相对滑动。总之，该主轴是在滚动轴承中转动，承受中等负载，转速中等，有装配精度要求，且受到一定的冲击力作用。

由此确定热处理技术条件如下：①整体调质后硬度应为 200~240HBS，金相组织为回火索氏体。②内锥孔和外圆锥面处硬度为 45~52HRC，表面 3~5mm 内金相组织为回火托氏体和少量的回火马氏体。③花键部分的硬度为 48~53HRC，金相组织同上。

（1）选择用钢　C6140 车床属于中速、中负载、在滚动轴承中工作的机床，因此选用 45 钢是可以的。过去此主轴曾采用 45 钢经正火处理后使用，后来为了提高其强度和韧性，在粗车后又增加了调质工序，而且调质状态的疲劳强度比正火高，这对提高主轴抗疲劳性能也是很重要的。表 11-2 为 45 钢正火和调质后的力学性能比较。

表 11-2　45 钢正火和调质后的力学性能比较

热处理	R_m/MPa	$R_{0.2}$/MPa	σ_{-1}/MPa
调质	682	490	338
正火	600	340	260

（2）主轴的工艺路线　下料→锻造→正火→粗加工（外圆留余 4~5mm）→调质→半精车外圆（留余 2.5~3.5mm），钻中心孔，精车外圆（留余 0.6~0.7mm，锥孔留余 0.6~0.7mm），铣键槽→局部淬火（锥孔及外锥体）→车定刀槽，粗磨外圆（留余 0.4~0.5mm），滚铣花键→花键淬火→精磨。

（3）热处理工序的作用　正火处理是为了得到合适的硬度（170~230HBW），以便于机械加工，同时改善锻造组织，为调质处理做准备。

调质处理是为了使主轴得到高的综合力学性能和疲劳强度。调质后的硬度为 200~230HBW，组织为回火索氏体。为了更好地发挥调质效果，将调质安排在粗加工后进行。

内锥孔和外圆锥面部分经盐浴局部淬火和回火后得到所要求的硬度，以保证装配精度和不易磨损。

（4）热处理工艺 调质淬火时由于主轴各部分的直径不同，应注意变形问题。调质后的变形虽然可以通过校直来修正，但校直时的附加应力对主轴精加工后的尺寸稳定性是不利的。为了减小变形，应注意淬火操作方法。可采用预冷淬火和控制水中冷却时间来减小变形。

花键部分可用感应淬火以减小变形和达到硬度要求。经淬火后的内锥孔和外圆锥面部分需经 260～300℃回火，花键部分需经 240～260℃回火，以消除淬火应力并达到规定的硬度值。

2. 汽车半轴的选用

汽车半轴是驱动车轮转动的直接驱动件。半轴材料与其工作条件有关，中型载重汽车目前选用 40Cr 钢，而重型载重汽车则选用性能更高的 40CrMnMo 钢。

汽车半轴的工作条件和性能要求：以跃进-130 型载重汽车（载质量为 2500kg）的半轴为例。半轴的结构简图如图 11-2 所示。

汽车半轴是传递转矩的一个重要部件。汽车运行时，发动机输出的转矩，经过多级变速和主动器传递给半轴，再由半轴传动车轮。在上坡或起动时，转矩很大，特别在紧急制动或行驶在不平坦的道路上，工作条件更为繁重。

因此半轴在工作时承受冲击、反复弯曲和扭转应力的作用，要求材料有足够的抗弯强度、疲劳强度和较好的韧性。其热处理技术条件为：① 硬度：杆部 37～44HRC；盘部外圆 24～34HRC。②金相组织：回火索氏体或回火托氏体。③弯曲度：杆中部 ≤1.8mm。

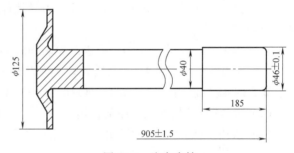

图 11-2 汽车半轴

（1）选择用钢 根据汽车半轴技术条件规定，半轴材料可选用 40Cr、42CrMo、40CrMnMo 钢，同时规定调质后的半轴金相组织淬透层应呈回火索氏体或回火托氏体，心部（从中心到花键底半径 3/4 范围内）允许有铁素体的存在。

根据上述技术条件，选用 40Cr 钢能满足要求。同时应指出，从汽车的整体性能来看，设计半轴所采用的安全系数是比较小的。这是考虑到汽车超载运行而发生事故时，半轴首先破坏对保护后桥内的主动齿轮不受损坏是有利的。从这一点出发，半轴又是一个易损件。

（2）半轴的工艺路线 下料→锻造→正火→机械加工→调质→盘部钻孔→磨花键。

（3）热处理工艺分析 锻造后正火，硬度为 187～241HBW。调质处理是使半轴具有高的综合力学性能。

淬火后的回火温度，根据杆部要求硬度 37～44HRC，选用（420±10）℃回火。回火后在水中冷却，以防止产生回火脆性。同时水冷有利于增加半轴表面的压应力，提高其疲劳强度。

以上各类零件的选材，只能作为机械零件选材时进行类比的参照。其中不少是长期经验积累的结果。经验固然很重要，但若只凭经验是不能得到最好效果的。在具体选材时，还要参考有关的机械设计手册、工程材料手册，结合实际情况进行初选。重要零件在初选后，需进行强度计算校核，确定零件尺寸后，还需审查所选材料淬透性是否符合要求，并确定热处理技术条件。目前比较好的方法是，根据零件的工作条件和失效方式，对零件可选用的材料进行定量分析，然后参考有关经验做出选材的最后决定。

复习思考题

1. 机械零件常见的失效形式有哪几种？

2. 拟用 T10 制造形状简单的车刀，工艺路线为：锻造→热处理→机加工→热处理→磨加工。

（1）试写出各热处理工序的名称，并指出各热处理工序的作用。

（2）指出最终热处理后的显微组织及大致硬度。

（3）制定最终热处理工艺规定（温度、冷却介质）。

3. 选择下列零件的热处理方法，并编写简明的工艺路线（各零件均选用锻造毛坯，并且钢材具有足够的淬透性）。

（1）某机床变速箱齿轮（模数 $m = 4$mm），要求齿面耐磨，心部强度和韧性要求不高，材料选用 45 钢。

（2）某机床主轴，要求有良好的综合力学性能，轴径部分要求耐磨（50~55HRC），材料选用 45 钢。

4. 某型号柴油机的凸轮轴，要求凸轮表面有高的硬度（>50HRC），而心部具有良好的韧性（$A_K > 40$J），原采用 45 钢调质处理再在凸轮表面进行感应淬火，最后低温回火，现因工厂库存的 45 钢已用完，只剩 15 钢，拟用 15 钢代替。试说明：

（1）原 45 钢各热处理工序的作用。

（2）改用 15 钢后，按原热处理工序进行能否满足性能要求？为什么？

（3）改用 15 钢后，为达到所要求的性能，在心部强度足够的前提下应采用何种热处理工艺？

参 考 文 献

［1］ 刘天模，徐幸梓. 工程材料 ［M］. 北京：机械工业出版社，2001.

［2］ 顾家林等. 材料科学与工程概论 ［M］. 北京：清华大学出版社，2005.

［3］ 朱兴元，等. 金属学与热处理 ［M］. 北京：中国林业出版社，2006.

［4］ 张至丰. 机械工程材料及成形工艺基础 ［M］. 北京：机械工业出版社，2007.

［5］ 崔忠圻，覃耀春，等. 金属为与热处理原理 ［M］. 2 版. 哈尔滨：哈尔滨工业大学出版社，2007.

［6］ 许德珠. 机械工程材料 ［M］. 北京：高等教育出版社，2002.

［7］ 丁仁亮. 金属材料及热处理 ［M］. 5 版. 北京：机械工业出版社，2016.

［8］ 余承辉，余嗣元. 金属工艺学 ［M］. 合肥：合肥工业大学出版社，2006.

［9］ 马青. 冶炼基础知识 ［M］. 北京：冶金工业出版社，2004.

［10］ 吴元徽. 热处理鉴定培训教材 ［M］. 北京：机械工业出版社，2010.

［11］ 李俊寿. 新材料概论 ［M］. 北京：国防工业出版社，2004.

［12］ 胡凤翔，于艳丽. 工程材料及热处理 ［M］. 2 版. 北京：北京理工大学出版社，2012.

［13］ 中国机械工程学会热处理学会. 热处理手册 ［M］. 4 版. 北京：机械工业出版社，2015.

金属材料基础实践与训练

工 作 页

王晓丽　朱燕玉　周宜阳　范肖萌　编

机 械 工 业 出 版 社

目　　录

实践与训练1　拉伸试验机的使用

模块一	走进材料	项目1	金属材料的性能与检测
任务说明	通过教师讲解、现场操作演示、阅读实践与训练工作页等学习，掌握拉伸试验试样的制备、试验机组成和基本操作方法，规范操作，养成良好职业习惯。		

任务要求：

　　1. 掌握拉伸试验机的使用原理，熟悉拉伸试验机的组成部分及工作特点。

　　2. 了解拉伸试验标准试件制备过程及要求。

　　3. 能说明标准试件要求，完成拉伸试验机的操作。

任务分析及步骤说明

1. 拉伸试验机简介

　　拉伸试验机（图1-1）主要适用于金属及非金属材料的测试，可对材料进行拉伸、压缩、弯曲、撕裂、剥离、剪切、粘合力、拔出力、两点延伸（需另配引伸计）等多种试验。拉伸试验机有电子式、液压式和电液伺服式三种。

2. 拉伸试验标准试样制备

　　在 GB/T 228.1—2010 中规定，金属拉伸试样的形状与尺寸取决于要被试验的金属产品的形状与尺寸，试样横截面可以为圆形、矩形、多边形、环形，特殊情况下可以为某些其他形状。按照相关产品标准或 GB/T 2975—2018 的要求切取样坯和制备试样。用于制备试样的试料和样坯的切取，应避免产生表面加工硬化及热影响，改变材料的力学性能。采用的最终加工方法应保证试样的尺寸和形状处于相应试验标准规定的公差范围内，试样的尺寸公差应符合相应试验方法的规定。

图 1-1　拉伸试验机

　　最常见的拉伸试样是圆形截面试样和矩形截面试样，如图1-2和图1-3所示。

　　如图中所示，试样由平行、过渡和夹持三部分组成。平行部分的试验段长度 L_c 称为试样的平行长度，一般所说的试样拉伸变形，都是指这一段的变形。按试样的原始标距 L_o 与平行长度的原始横截面积 S_o 之间的关系，分为比例试样和非比例试样。比例试样 $L_o = k\sqrt{S_o}$，非比例试样其原始标距 L_o 与原始横截面积 S_o 无关。国际上使用的比例系数 k 的值为 5.65，当试样横截面积太小，以致采用比例系数 k 为 5.65 的值不能符合这一最小标距要求时，可以采用较高的值（优先采用 11.3 的值）或采用非比例试样。原始标距应不小于 15mm。

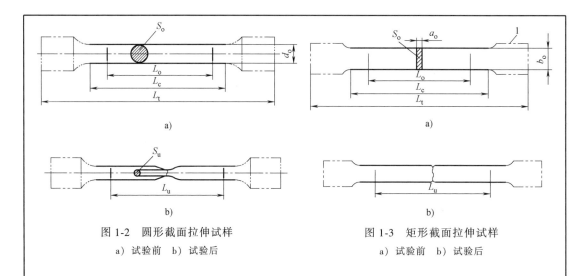

图 1-2　圆形截面拉伸试样　　　　　　　　图 1-3　矩形截面拉伸试样
　　a）试验前　b）试验后　　　　　　　　　　a）试验前　b）试验后

　　试样夹持端与平行长度的尺寸不相同，之间应以过渡弧连接，以保证试样断裂时的断口在平行部分。试样夹持端的形状和尺寸根据试样大小、材料特性、试验目的以及万能试验机的夹具结构进行设计。

　　为了使实验测得的结果可以相互比较，必须按照国家标准试验（GB/T 228.1—2010）规定的试样形状和尺寸进行试样的制备。表 1-1 给出了圆形横截面比例试样尺寸的国家标准规定。

表 1-1　圆形横截面比例试样尺寸的国家标准规定

d_o/mm	r/mm	$k = 5.65$			$k = 11.3$		
		L_o/mm	L_c/mm	试样编号	L_o/mm	L_c/mm	试样编号
25				R1			R01
20				R2			R02
15				R3			R03
10	$\geq 0.75 d_o$	$5d_o$	$\geq L_o + d_o/2$ 仲裁试验：$L_o + 2d$	R4	$10d_o$	$\geq L_o + d_o/2$ 仲裁试验：$L_o + 2d_o$	R04
8				R5			R05
6				R6			R06
5				R7			R07
3				R8			R08

　　注：1. 如相关产品标准无具体规定，优先采用 R2、R4 或 R7 试样。
　　　　2. 试样总长度取决于夹持方法，原则上 $L_t > L_c + 4d_o$。

　　本次实验采用常用的圆形横截面比例试样 R4（$d_o = 10\text{mm}$，$L_o = 50\text{mm}$）。

3. 拉伸试验机操作步骤

（1）试件准备

1）取标准比例试样 R4，原始标距 $L_o = 50\text{mm}$，在标距两端冲眼作为标志。

2）在试件标距范围内分别测量试件的两端及中间三个位置的直径。为保证精确度，每一截面取互相垂直的两个方向各测量一次，并计算其平均值，以三截面中最小处的平均值作为计算直径 d_o，再算出试件的初始横截面面积 S_o。根据低碳钢的 R_m 估计拉断试件所需的最大载荷 F_{max}。

（2）试验机准备

1）根据试件极限载荷的大小，选择合适的测力量程，并配置相应的摆锤。

2）浮起工作台，调整测力指针，对准零点，并使主、副针靠拢。

3）在自动绘图器上安装绘图纸与笔。

（3）安装试件

（4）开动试验机　预加小量载荷（如加至 2kN，只用于低碳钢拉伸试验），以检查试验机工作是否正常，确认正常后卸载接近零点。

（5）进行试验

1）慢速加载，缓慢而均匀地使试件产生变形，注意测力指针的转动、自动绘图的情况和相应的试验现象。

2）对低碳钢继续加载，观察屈服时的载荷。当测力指针倒退时，说明材料发生屈服，读出屈服载荷 F_s。过屈服阶段后，可用较快的速度加载，注意观察试件出现缩颈部位，直至将试件拉断，记下极限载荷 F_b，停车，取下试件。

3）对铸铁试件，应缓慢匀速加载，直至试件被拉断，记录最大载荷 F_b。

（6）结束工作

1）关闭电动机，取下试件，将断裂的试件紧对在一起，测量断口处直径，在断口两个互相垂直的方向各测一次，取平均值 d_u 计算 S_u。用扎规测量拉断后的标距长度 L_u。断口如果不在试件中部 1/3 区段内，按国家标准采用断口移中方法，计算 L_u 的长度。

2）取下拉伸图，清理复原试验机、工具和现场。

任务考核

1. 描述标准试件的要求（配分 20 分）

试件截面形状分类、试样参数

2. 试验机操作（配分 80 分）

	考核要素及评分点	配分	得分
试验机结构	能指出并认识试验机各组成部分及其作用	10	
	能指出并认识动力系统、润滑系统	10	
试验机操作	能熟练进行开关机操作	10	
	能熟练进行试验机准备,安装试样	20	
	按步骤进行拉伸试验(加载、观察、关机)	20	
	能测量记录参数	10	

实践与训练 2　低碳钢强度、塑性的测定

模块一	走进材料	项目 1	金属材料的性能与检测
任务说明	\multicolumn{3}{|}{通过教师讲解、现场操作演示、阅读实践与训练工作页等学习，掌握通过拉伸试验测定低碳钢强度、塑性的方法，规范操作，养成良好职业习惯。}		

任务要求：

  1. 观察拉伸过程中的各种现象（屈服、强化、缩颈、断裂）。

  2. 测定低碳钢的下屈服强度 R_{eL}、抗拉强度 R_m、断后伸长率 A 和断面收缩率 Z。

任务分析及步骤说明

低碳钢材料的强度指标：下屈服强度 R_{eL}、抗拉强度 R_m 和塑性性能指标：断后伸长率 A 和断面收缩率 Z 是由拉伸试验来确定的。

一、试验基本原理

1. 强度性能指标测定

（1）下屈服强度 R_{eL}　试样在拉伸过程中载荷不增加而试样仍能继续产生变形时的载荷（即屈服载荷）F_s 除以原始横截面面积 S_o 所得的应力值：$R_{eL} = \dfrac{F_s}{S_o}$。

（2）抗拉强度 R_m　试样拉断前所承受的最大载荷 F_m 除以原始横截面面积 S_o 所得应力值：$R_m = \dfrac{F_m}{S_o}$。

低碳钢是具有明显屈服现象的塑性材料，在均匀缓慢的加载过程中，当万能试验机测力盘上的主动指针发生回转时所指示的最小载荷（下屈服载荷）即为屈服载荷 F_s。

试样超过屈服载荷后，再继续缓慢加载直至试样被拉断，万能试验机的从动指针所指示的最大载荷即为极限载荷 F_m。

当载荷达到最大载荷后，主动指针将缓慢退回，此时可以看到，在试样的某一部位局部变形加快，出现缩颈现象，随后试样很快被拉断。

试验时，利用试验机的自动绘图装置可以绘制出低碳钢的力-延伸曲线（见图 1-4）。Oe 段为弹性阶段载荷与变形成正比，ss' 段为屈服阶段，$s'b$ 段为强化阶段，b 点出现缩颈现象，即试样局部截面明显缩小，试样承载能力降低，拉伸力达到最大值，bk 段为缩颈阶段，至 k 点试件被拉断。

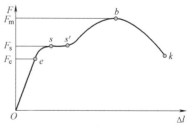

图 1-4　低碳钢的力-延伸曲线

屈服阶段（ss'）常成锯齿形。上屈服点 s' 受变形速度和试件形式等的影响较大，而下屈服点 s 则比较稳定，故工程上均以 s 点对应的载荷作为材料屈服时的载荷 F_s。确定 F_s 时，必须注意观察指针转动情况。当测力指针由开始加载时的匀速转动变为不动或摆动、倒退时，说明材料发生流动。一般规定测力主针第一次回转后所指示的最小载荷即为屈服载荷 F_s。

试件拉伸达到最大载荷 F_m 开始产生局部伸长和缩颈。缩颈出现后，截面面积迅速缩小，继续拉伸所需的载荷也变小了，直至 k 点断裂为止。当达到最大载荷 F_m 时，测力主针开始后退，而副指针则停留在载荷最大值的刻度上，此值即为最大载荷 F_m。

2. 塑性性能指标测定

断后伸长率 A：拉断后的试样标距部分增加的长度与原始标距长度的比，即 $A = \dfrac{L_u - L_o}{L_o} \times 100\%$（式中，$L_o$ 为试样原始标距，为 50mm，L_u 为试样拉断后标距长度）。

试样的塑性变形集中产生在缩颈处，并向两边逐渐减小。因此，断口的位置不同，标距 L 部分的塑性伸长也不同，断口的位置对所测得的伸长率有影响。为了避免这种影响，国家标准 GB/T 228.1—2010 规定 L_u 的测定有以下三种方法：

1）如规定的最小断后伸长率小于 5%，则采取国家标准规定的特殊方法进行测定。

2）直接法。当断裂处与最接近的标距标记的距离不小于原始标距 L_o 的 1/3 时，则直接测量试样断后两标距端点间的长度为 L_u。

3）移位法。如断裂处与最接近的标距标记的距离小于原始标距 L_o 的 1/3 时，可采用移位法测定断后伸长率。

试验前将试样原始标距细分为 5mm 到 10mm 的 N 等分，试验后，以符号 X 表示断裂后试样短段的标距标记，以符号 Y 表示断裂试样长度的等分标记，此标记与断裂处的距离最接近于断裂处至标距标记 X 的距离。如 X 与 Y 之间的分格数为 n，如 $N-n$ 为偶数（见图 1-5a），测量 X 与 Y 之间的距离 l_{XY} 和测量从 Y 到距离为 $\dfrac{N-n}{2}$ 个分格的 Z 标记之间的距离 l_{YZ}，则移位后的距离 $L_u = l_{XY} + 2l_{YZ}$；如 $N-n$ 为奇数（见图 1-5b），测量 X 与 Y 之间的距离 l_{XY}，以及从 Y 至距离为 $\dfrac{N-n-1}{2}$ 和 $\dfrac{N-n+1}{2}$ 个分格的 Z' 和 Z" 标记之间的距离 $l_{YZ'}$ 和 $l_{YZ''}$，则移位后的距离 $L_u = l_{XY} + l_{YZ'} + l_{YZ''}$。

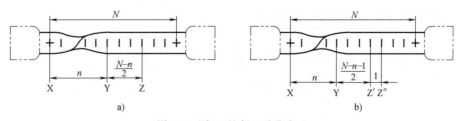

图 1-5 测 L_u 的断口移位方法

a）$N-n$ 为偶数 b）$N-n$ 为奇数

为了测定低碳钢的断面收缩率，试件拉断后，将试样断裂部分仔细地配接在一起，使其轴线处于同一直线上。在断口处两端沿互相垂直的方向各测一次直径，取平均值 d_u 计算断口处横截面面积，再按下式计算断面收缩率：$Z = \dfrac{S_o - S_u}{S_o} \times 100\%$，（式中，$S_o$ 为平行长度部分的原始横截面面积 S_u 为试样断后最小横截面面积。）

二、试验步骤

1. 试验准备

（1）试件准备　按 GB/T 288.1—2010 的相关规定选用圆形横截面比例试样 R4（d_o = 10mm，L_o = 50mm），在试样上刻划出试样标距，记录试件原始直径及原始标距长度。

（2）试验设备准备　根据低碳钢的抗拉强度和原始横截面面积估算试件的最大载荷，配置相应的摆锤，选择合适的测力度盘。开动试验机，使工作台上升 10mm 左右，以消除工作台系统自重的影响。调整主动指针对准零点，从动指针与主动指针靠拢，调整好自动绘图装置。将试件装夹在上夹头内，再将下夹头移动到合适的夹持位置，最后夹紧试件下端。

2. 试车

开动试验机，预加少量载荷（载荷对应的应力不能超过材料的比例极限），然后卸载到零，以检查试验机工作是否正常。

3. 观察记录

在拉伸过程中观察试样的变化，并及时准确记录屈服载荷 F_s 和拉断前最大载荷 F_b

4. 停机测量

试件拉断后停机，取下试件，测量试样拉断处直径 d_u 及拉断后的标距长度 L_u。

5. 实验记录及数据处理

试样牌号	实验前试样尺寸		实验后试样尺寸		屈服载荷	最大载荷	屈服强度	抗拉强度	断后伸长率	断面收缩率
	d_o	L_o	d_u	L_u	F_{eL}	F_m	R_{eL}	R_m	A	Z

任务考核

1. 描述拉伸试验及力-延伸曲线（配分 20 分）

2. 试验机操作及数据处理（配分 80）

	考核要素及评分点	配分	得分
试验操作	能按照标准要求进行试验准备,安装试件	10	
	按步骤进行拉伸试验(加载、观察、关机)	20	
	能测量记录参数	10	
数据处理	能按照强度性能指标测量记录参数进行计算	20	
	能按照塑性性能指标测量记录参数进行计算	20	

实践与训练3 冲击韧度的测试

模块一	走进材料	项目1	金属材料的性能与检测
任务说明	通过教师讲解、现场操作演示、阅读实践与训练工作页等学习，测定低碳钢和铸铁两种材料的冲击韧度，掌握夏比冲击试验试样的制备，熟悉试验机组成和基本操作方法，规范操作，养成良好职业习惯。		

任务要求：

1. 掌握冲击试验机的结构及工作原理。
2. 能完成冲击试验机的操作，测定金属材料的冲击韧度值。

任务分析及步骤说明

1. 冲击韧度试验简介

衡量材料抗冲击能力的指标用冲击韧度来表示。测试材料冲击韧度指标的实际意义在于揭示材料的变脆倾向，两种应用最广泛的、测量钢材出现裂纹可能性指标的测试试验为简支梁冲击试验（又称夏比冲击 Charpy Impact）和悬臂梁冲击实验（又称 Izod 冲击试验）。

说明：悬臂梁冲击实验（又称 Izod 冲击试验）现在已经很少使用，它是在圆棒形试样上开圆形切口，然后用已知重量的落锤击打试样。

冲击韧度的测量标准主要有 ISO 国际标准（GB 参照 ISO）及美国材料 ATSM 标准，GB 标准，GB/T 12778—2008《金属夏比冲击断口测定方法》和 GB/T 229—2007《金属材料夏比摆锤冲击试验方法》，ATSM 标准为 D-256 标准，具体区分如下：

GB：试件在一次冲击实验时，单位横截面积（m^2）上所消耗的冲击功（J），其单位为 MJ/m^2。

ATSM：它反映了材料抵抗裂纹扩展和抗脆断的能力，单位宽度所消耗的功，单位为 J/m。

冲击试验是在规定条件（包括高温、室温和低温）下在试验机上对一定形状的金属试样施加冲击载荷，在冲击试验中需要测出的只是冲击断试样所消耗的能量，即冲击吸收能量 $K=G(h_1-h_2)$，而将冲击吸收能量除以试样缺口处的截面积，可得冲击韧度值 $a_K = \dfrac{G(h_1-h_2)}{F_缺}$。在一般情况下，冲击吸收能量可在试验机刻度盘上直接读出。冲击韧性值 a_K 越大，表示材料的冲击韧性越好。

2. 夏比冲击试验设备及标准试样制备

（1）夏比冲击试验设备 采用摆锤式冲击试验机，其基本构造由基础、机架、摆锤（包含锤体）、砧座和支座、吸收能量的指示装置（如标度盘和指针或电子显示装置）组成，如图 1-6 所示。试样冲断后，可直接从刻度盘上读出冲击吸收能量 KU 或 KV。

试验机的标准最大打击能量为 300J 和 150J（30kgf·m 和 15kgf·m）。实验时一般在最大打击能量的 10%～90% 范围内使用。

（2）标准冲击试样　夏比缺口冲击试样严格按 GB/T 229—2007 规定要求制作，标准尺寸冲击试样长度为 55mm，横截面为 10mm×10mm 方形截面。在试样长度中间有 V 型和 U 型缺口，其尺寸和偏差应符合 GB/T 229—2007 规定要求；如图 1-7 所示。缺口底部光滑，没有与缺口轴线平行的明显划痕。毛坯切取和试样加工过程中，不应产生加工硬化或受热影响而改变金属的冲击性能。脆性材料可以采用不带缺口的 10mm×10mm×55mm 的试样。

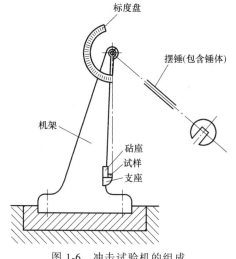

图 1-6　冲击试验机的组成

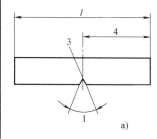 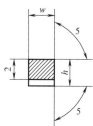 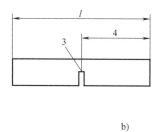 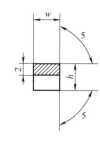

图 1-7　冲击试样

a）V 型缺口　　b）U 型缺口

注：符号 l、h、w 和数字 1～5 的尺寸见标准要求

3. 冲击试验步骤

（1）试验检查　试验前应先检查试样尺寸和表面质量是否符合国标要求；测量试样几何尺寸及缺口处横截面尺寸；检查摆锤空打时被动指针是否指零位，而且其偏离误差不应超过最小刻度的 1/4。

（2）试验准备　根据估计材料冲击韧度的大小来选择试验机摆锤和表盘。

扬起摆锤，扳紧操纵手柄，将指针拨至该机最大刻度位置。

安装试样，试样位置紧贴支座，使摆锤的刃口打击在背向缺口的一面。试样缺口对称面应位于两支座对称面上。

（3）开动试验机　拨动操纵手柄（或按开关电钮），进行冲击。

（4）观察停机记录　试样击断后，立即制动摆锤，待停止摆动后，记录刻度盘上指针指示数值 KU（或 KV）。

（5）实验记录及数据处理　填写实验报告并计算得到冲击韧度值 a_K。

试样材料	尺寸/cm	F/cm^2	K/J	$a_K/(J/cm^2)$	断口状态

任务考核

1. 描述夏比冲击试验基本原理及应用范围（配分 20 分）

	考核要素及评分点	配分	得分
试验基础原理	能描述夏比冲击试验基本原理	10	
	能指出并认识试验机各组成部分及其作用	10	

2. 试验机操作及数据处理（配分 80 分）

	考核要素及评分点	配分	得分
试验操作	能按照标准要求进行试验准备,安装试件	20	
	按步骤进行冲击试验(加载、观察、关机)	20	
数据处理	能按照要求观察并记录参数	20	
	能按照测量记录参数进行计算	20	

实践与训练 4　硬度测试

模块一	走进材料	项目 1	金属材料的性能与检测
任务说明	通过教师讲解、现场操作演示、阅读实践与训练工作页等学习，掌握布氏硬度试验和洛氏硬度试验基本原理和操作方法，规范操作，养成良好职业习惯。		

任务要求：

1. 了解硬度测定的基本原理及常用硬度试验法的应用范围。

2. 能正确使用硬度计，掌握布氏硬度和洛氏硬度的测量方法。

任务分析及步骤说明

1. 硬度测试试验简介

硬度测试能够给出金属材料软硬程度的数量概念。常用的硬度试验方法有：

（1）布氏硬度试验　布氏硬度试验是用一定直径 D 的碳化钨合金球，在规定的试验载荷作用下，压入试验金属的表面。经规定保持时间后卸载，并测量试样表面的压痕直径，根据所选择的 F 与 D 及测得的压痕直径 d 的数值，查表得 HBW 值。

常用来测定铸铁，非铁合金，经退火、正火和调质处理的钢材等，如半成品和原材料。

（2）洛氏硬度试验　以锥角为 120° 的金刚石圆锥体或者直径为 1.5875mm 或 3.175mm 的碳化钨合金球为压头，将规定的预载荷与主载荷依次加入后，卸除主载荷。压头在被测试样表面产生的压痕深度差即可表示材料的硬度。

主要应用于测定钢铁（退火、正火、淬火、调质钢）、非铁合金、硬质合金等的硬度。

2. 硬度测试设备及材料

1）布氏硬度试验机；读数显微镜；低碳钢金属试样，如：A3、20、45。

2）洛氏硬度试验机；淬火状态的 45 钢试块及工具钢刀片各一块。

3. 硬度测试步骤

（1）布氏硬度试验步骤

1）根据试样厚度和预计硬度，选择碳化钨合金球直径、载荷及保持时间。

2）将试样平稳放置在碳化钨合金球正下方的工作台上，顺时针转动工作台升降手轮，使碳化钨合金球与试样接触，直到手轮与升降螺母产生相对运动为止。

3）开动电动机将载荷加到试样上，并保持一定时间。

4）逆时针转动手轮，取下试样。

5）用读数显微镜在两个相互垂直的方向上测出印痕直径 d_1 及 d_2，算出平均值 d。

6）根据 d 查表，求出 HBW 值。并填写试验记录。

硬度机	材料	载荷	压头	压痕直径	硬度值

（2）洛氏硬度试验步骤

1）根据试样的材质，估计硬度选择压头类型和硬度标尺。

2）加预载荷。将试样平放在工作台上，顺时针转动手轮，使试样与压头紧密接触；继续转动手轮，施加预载荷。

3）施加主载荷，主载荷保持一定时间（4~8s）。

4）卸除主载荷。

5）取下试样。逆时针转动手轮，降下工作台，卸除预载荷，取下试样，在同一被测面的不同位置上重复测三个点。

硬度机	材料	标尺	压头	载荷	硬度值			
					第一次	第二次	第三次	平均值

任务考核

布氏硬度试验（配分50分）、洛氏硬度试验（配分50分）

考核要素及评分点		布氏硬度配分	洛氏硬度配分	得分
试验基础原理	描述硬度试验基本原理及应用范围	5	5	
试验基础原理	能指出硬度计各组成部分及其作用	5	5	
试验操作数据处理	按步骤进行硬度测试（加载、观察、关机）	20	20	
试验操作数据处理	能按照要求测量记录参数进行计算	20	20	

实践与训练5　非铁金属材料显微组织观察

模块一	走进材料	项目2	非铁金属材料
任务说明	通过教师讲解、现场操作演示、阅读实践与训练指导工作页等学习，熟悉常用的铝合金、铜合金及轴承合金的显微组织。		

任务要求：

观察分析金相样品及组织。

任务分析及步骤说明

一、观察、分析下列金相样品及组织

编号	样品名称	处理状态	腐蚀剂	金相组织
1	硅铝明（ZL102）	铸造未变质	0.5HF水溶液	（Si粗针+α基体）共晶
2	硅铝明（ZL102）	铸造变质	0.5HF水溶液	α枝晶+（Si细小+α）
3	硬铝（ZV12）	淬火，自然时效	混合酸水溶液	单相α固溶体
4	单相黄铜（H70）	冷加工退火	3%FeCl$_3$+10%HCl	单相α（孪晶带）
5	双相黄铜（H80）	铸造退火	3%FeCl$_3$+10%HCl	α+β
6	锡青铜（QSn10）	铸造	3%FeCl$_3$+10%HCl	α枝晶+（α+δ）共析体
7	锡基巴氏合金 ZChSnSb11-6	铸造	4%硝酸酒精	α（黑基体）+β（白方块）+Cu$_3$Sn白星状
8	铅基巴氏合金 ZChSnSb16-16-2	铸造	4%硝酸酒精	（α+β）基+SnSb白方块+Cu$_3$Sb针状

二、非铁金属材料组织分析

1. 铝合金

（1）铸造铝合金　应用最广泛的铸造合金为含有大量硅的铝合金，即所谓的硅铝明。典型的硅铝明代号为ZL102，w_{Si}=11%~13%，成分在共晶成分附近，因而具有良好的铸造性能——流动性好，铸件组织致密，不容易产生铸造裂纹。铸造后几乎全部得到共晶组织，即灰色、粗大的针状共晶硅分布在发亮的铝的α固溶体基体上，这种粗大的针状硅晶体严重降低合金的塑性。

为提高硅铝明的力学性能，通常进行变质处理，即在浇注以前向合金溶液中加入占合金重量 2%~3% 的变质剂（常用 2/3NaF+1/3NaCl）。处理后使共晶点右移，故使原有合金变为了亚共晶组织，其组织为初生 α 固溶体枝晶（白色）及细的共晶体（α+Si）（黑底）。由于共晶体中的硅呈细小圆形颗粒，因而使合金的强度和塑性提高。

（2）变形铝合金　它是 Al-Cu-Mg 的时效合金，是主要的形变铝合金。由于它的强度大与韧性高，故称为硬铝，在国外又称为杜拉铝，在近代机械制造和飞机制造工业中得到广泛应用。由于在合金中形成了 $CuAl_2$ 和 $CuMgAl_2$，这两个相在加热时均能深入合金的固溶体内，并在随后的时效热处理过程中形成"富集区""过渡相"而使合金达到强化。而 $CuMgAl_2$ 在合金强化过程中的作用更大，因此，常把它称为强化相。

硬铝的自然时效组织与淬火组织毫无区别，由不同方位的固溶体晶粒组成（在光学显微镜下，G、P 区是无法辨认的），只能通过 X 射线结构、分析及电子衍射来证实。

2. 黄铜

（1）α 单相黄铜　$w_{Zn}<36\%$ 的黄铜属单相 α 固溶体，典型牌号有 H70（即三七黄铜）。铸态组织：α 固溶体呈树枝状（用氯化铁溶液腐蚀后，直径主轴富铜，呈亮色，而枝间富锌，呈暗色），经变形和再结晶退火，其组织为多边形晶体，有退火孪晶。由于各个晶粒方位不同，所以具有不同的颜色。退火的 α 黄铜能承受极大的塑性变形，可以进行冷加工。

（2）α+β 两相黄铜　$w_{Zn}=36\%~45\%$ 的黄铜为 α+β 两相黄铜，典型牌号有 H60（即四六黄铜）。在室温下，β 相较 α 相多，因而只能承受微量的冷态变形。但 β 相 800℃ 以上迅速软化，因此可以进行热加工。

用 $3\%FeCl_3+10\%HCl$ 水溶液腐蚀时，β 相呈暗黑色，α 相为白亮色。

3. 锡青铜

铜与锡所组成的合金叫锡青铜，工业上大部分用于铸造。常用的锡青铜 $w_{Sn}=3\%~14\%$。从 Cu-Sn 相图可知，铜锡合金间隔很宽，故易于产生偏析，且锡在铜中扩散困难，因此锡青铜的实际组织与平衡状态相差很大。例如，常用的 QSn10 中 $w_{Sn}=10\%$（应为单相 α 固溶体组织），由于铸造时冷却较快，锡扩散困难，产生严重树枝偏析，最后凝固的树枝间含锡量高，形成了（α+δ）共析体。所以铸态下的组织为 α 固溶体及（α+δ）共析体。

用 $3\%FeCl_3+10\%HCl$ 水溶液腐蚀时，亮白色树干为富铜的 α 固溶体，外围较里部分为含锡较高的 α 固溶体，树枝间隙处（其中有很细小的点）白亮部分是（α+δ）共析体。

4. 巴氏合金

以锡、铅等为基的抗磨轴承合金称为巴氏合金。此合金为易熔轴承合金，通常直接浇于轴承套上，分锡基巴氏合金和铅基巴氏合金。

（1）锡基巴氏合金　主要有 ZChSn11-6，其中 $w_{Sb}=11\%$、$w_{Cu}=6\%$。合金中 Sb 可以形成软的 α 固溶体（锑在锡中的 α 固溶体）基体及少量嵌在基体上的 β 两相组织，铜的加入可形成 Cu_2Sn，避免比重偏析产生。黑色基体 α（软基）和具有方形和三角形的白色粗晶为 β 固溶体（硬质点），白色针状和星状的是化合物 Cu_2Sn 晶体，也是硬质杂质。这种轴承合金摩擦系数小，硬度适中，疲劳抗力高，是一种优良的轴承合金，但价格较贵，只使用在最重要的轴承上。

（2）铅基巴氏合金　ZChPbSn16-18-2是最常见的铅基轴承合金，属于过共晶合金，其组织：白色块为初生 β 相（SnSb），花纹状软基体是 α（Pb）+β 共晶体，白色针状基体是化合物 Cu_2Sb，Cu_2Sb 是合金中硬质点。这种轴承合金含锡量少，成本较低，铸造性能及耐磨性较好，一般用于中低载荷的轴瓦。

三、方法指导

1. 实验材料及设备

1）金相显微镜。

2）非铁金属金相样品一套。

2. 实验内容

使用金相显微镜观察非铁金属金相样品。

任务考核

实验操作（配分100分）

1）先观看幻灯片。

2）分组进行，每人一台显微镜，对每个试样进行观察。

3）比较黄铜（单相、两相黄铜）及锡铜的显微组织的特征。

4）比较变质处理与未变质处理的硅铝明的显微组织。

5）比较锡基及铅基轴承合金的组织特征。

6）将所观察到的合金组织，用示意图画出。

实践与训练6 金相试样的制备

模块二	金属材料基础知识	项目4	金属的结构分析
任务说明	通过教师讲解、现场操作演示、阅读实践与训练工作页等学习，掌握金相试样的制备原理及过程，规范操作，养成良好职业习惯。		

任务要求：

1. 了解金相试样制备原理，熟悉掌握金相试样的制备过程。
2. 初步掌握金相试样的制备方法。

任务分析及步骤说明

1. 金相试样的制备简介

金相试样制备是通过试样选取、切割、研磨、抛光等步骤使金属材料成为具备金相观察所要求的过程。金相试样截取的方向、部位及数量应根据金属制造的方法、检验的目的、相关标准或双方协议的规定选择有代表性的部位进行截取。金相试样的选取、研磨、抛光和显微组织显示参照 GB/T 13298—2015《金属显微组织检验方法》的有关规定进行。制备金相试样包括以下步骤：

试样选取→镶嵌→研磨→抛光→浸蚀→吹干

试样制备中要注意以下事项：

1）呈 90°角磨、抛试样，目的是消除划痕。

2）水砂纸要加水，试样呈 45°角进行冲洗，目的：将试样上的杂物冲掉。

3）金相砂纸不需要加水，每次磨、抛后需要用绒布将水擦拭干净。

4）冲洗、浸蚀和擦拭试样时，要保持同一个方向，不要频繁地转换方向。

5）抛光用帆布、金刚石喷雾研磨剂和水，用力均匀。

2. 金相试样的制备过程

（1）金相试样的选取

金相试样的切割取样方法有：

1）纵向取样：沿着钢材的锻轧方向进行取样。主要检验内容：非金属夹杂物的变形程度、晶粒畸变程度、塑性变形程度等。

2）横向取样：在垂直于钢材锻轧方向取样。主要检验内容：金属材料从表层到中心的组织、显微组织状态、晶粒度级别、碳化物网、表层缺陷深度、氧化层深度、脱碳层深度及热处理镀层厚度等。

3）缺陷或失效分析取样：应包括零件的缺陷部分在内。例如，包括零件断裂时的断口或取裂纹的横截面，取样时应注意不能使缺陷处在磨制时被损伤或者消失。

在取样时应注意以下事项：

1）试样尺寸以检验面面积小于 $400mm^2$，高度以 $15\sim20mm$（小于横向尺寸）为宜。

2）试样可以用砂轮切割、电火花切割、机加工（车、铣、刨、磨）、手锯以及剪切等方法截取。

3）脆而硬的金属可以用锤击法取样。不论使用何种方法切割，均应该注意不能使试样由于变形或受热导致组织发生变化。对于使用高温切割的试样，必须除去热影响部分。

金相切割机使用方法：

1）右手将手柄抬起，左手将支撑板脱开支撑点，这时右手握住手柄使试样渐渐接近砂轮片，进行切割。

2）切割时，切削液必须对准试样的切割位置，并同时保持均匀进给。切削液流速的大小也应调节至切割要求，以免溢出机外。

3）切割完毕，将锯架抬起到一定的高度，支撑板便自动将锯架支撑在一定位置，此时方可取下试样。

（2）金相试样的镶嵌　在金相试样制备过程中，有许多试样直接磨抛有困难，需要进行镶嵌。通常进行镶嵌的试样有：形状不规则的试样、线材及板材，细小工件；表面处理及渗层、镀层等。

镶嵌方法一般有两种：机械镶嵌法（将试样放在钢圈或小钢板中，然后用螺钉和垫块加以固定）和树脂镶嵌法（利用树脂来镶嵌细小的金相试样）。

金相镶嵌机使用方法：

1）接通电源开关。

2）将需镶嵌的试样放置在下模，放入电玉粉或胶木粉，合上防护盖板，旋紧八角旋钮，使下模上升到压力指示灯亮，恒温一定时间，使试样成形。

3）松开八角旋钮及盖板，顶出试样，并在确认安全的情况下取出试样。

4）如需调整设定温度时，可根据需要按键进行调整设定温度值，其他参数均不需要调整。

（3）金相试样的研磨　金相试样经切割或镶嵌后，需进行研磨才能得到光亮的磨面。研磨的过程包括磨平和磨光。磨平一般在砂轮上进行，磨料粒度的粗细对试样表面粗糙度和磨削效率有一定的影响。磨削时须用水冷却试样，防止试样因受热而发生组织变化。磨光一般采用金相砂纸，磨料为碳化硅和氧化铝。依次用不同粒度的砂纸进行磨光，每更换一道砂纸，试样应转动 $90°$，并使前一道的磨痕彻底去除。磨光时需要用水冷却，避免磨面过热。

金相预磨机使用方法：

1）调节水旋钮，让水不停地流入磨盘。

2）磨盘注入适量水后，放入砂纸。

3）接通开关，磨盘旋转后，进行磨光工作。

4）放入不同型号的砂纸，由粗至细连续进行磨光。

5）使用的砂纸以水砂纸最为适宜。

（4）金相试样的抛光　　抛光的目的是在于去除金相磨面上由研磨所留下的细微磨痕及表面变形层，使磨面成为无划痕的光滑镜面。抛光方式主要有两种，一种是机械抛光，是靠抛光粉的磨削和滚压作用，把金相试样抛成光滑的镜面。抛光时，抛光粉嵌入抛光织物的间隙内，起着相当于磨光砂纸的切削作用。另一种是电解抛光，利用电化学溶解作用使试样达到抛光的目的。抛光时先接通电源，然后夹住试样放置在电解液中，此时正确调整至额定抛光电流，并给予电解液充分的搅拌与冷却，抛光完毕后切断电源，并将试样放入水中冲洗、吹干。

金相抛光机使用方法：

1）取下盖、罩和套圈，做好清洁工作。

2）将抛光织物粘贴在抛光盘上，并在粘贴前先在盘上涂少量的机油，为保证使用安全，一般呢绒类织物采用粘贴法。

3）将罩紧压在盘内，并在织物表面滴上适量的抛光液或抛光膏与水，接通电源开关，进行抛光工作。

4）在不使用时应及时盖上塑料盖，以免灰尘或其他杂物落入抛光织物上，影响抛光效果。

（5）金相显微组织显示　　试样抛光后可不经处理直接显示显微组织；或者利用物理或化学方法对试样进行特定处理，使各种组织结构呈现良好的衬度，得以清晰显示。常用方法有光学法、浸蚀法、干涉层法。

光学法是利用不同组织对光线不同的反射强度和色彩来区分显示金相显微组织。试样可不经其他处理直接观察或利用显微镜上的偏振光、微分干涉等附件来观察。

在某些合金中，由于各组成物的硬度差别较大，或由各相本身色泽显著不同，抛光状态下不能在显微镜中分辨出组织，因此需要对其进行浸蚀处理。常用的金属组织浸蚀法有化学浸蚀和电解浸蚀。

化学浸蚀，是利用化学试剂的溶液，借助于化学或电化学作用显示金属的组织。电解浸蚀，与电解抛光原理相同，由于各相之间与晶粒之间的析出电位不一致，在微弱电流的作用下各相的浸蚀深浅不同，因而能显示各相的组织。

（6）金相试样的吹干　　用水龙头单方向倾斜冲洗试样磨面，将磨面表面冲洗干净，然后用吹风机将其吹干。

3. 试验内容步骤

（1）准备试验材料及设备　　待磨试样、砂轮机、金相砂纸及玻璃板、抛光机、抛光液、吹风机、浸蚀剂、酒精、夹子、脱脂棉、吸水纸。

（2）磨样　　领取待磨试样→用砂轮机粗磨→用金相砂纸细磨→进行机械抛光。

（3）浸蚀前观察　　抛光后洗净、吹干，对试样进行浸蚀前的检查。

（4）浸蚀　　将抛光合格的试样置于浸蚀剂中浸蚀。

（5）观察判断试样合格与否　　对浸蚀后的试样进行观察，根据化学浸蚀原理对组织形态进行分析。如浸蚀程度过浅，可重新浸蚀；若过深，待重新抛光后才能浸蚀；若变形层严重，应反复抛光、浸蚀后再观察组织清晰度的变化。

（6）对比浸蚀前后试样的金相形貌

任务考核

1. 描述金相试样制备的步骤及过程（配分 40 分）
2. 金相试样制备操作（配分 60 分）

考核要素及评分点		配分	得分
知识点描述	能描述金相试样制备的步骤及过程	30	
	能描述试样制备设备的作用及使用规则	10	
金相试样制备操作	能熟练进行金相试样的制备	50	
	能判断试样制备合格与否	10	

实践与训练7　金相显微镜的使用

模块二	金属材料基础知识	项目4	金属的结构分析
任务说明	\multicolumn{3}{}		

任务说明	通过教师讲解、现场操作演示、阅读实践与训练工作页等学习，掌握金相显微镜的构造、原理和使用规则，规范操作，养成良好职业习惯。

任务要求：

1. 了解金相显微镜的基本构造与工作原理。
2. 能正确使用金相显微镜方法观察显微组织。

任务分析及步骤说明

金相显微分析是研究工程材料内部组织形貌的主要方法之一，金相显微镜是进行金相显微分析的常用工具。通过金相显微观察、研究材料的组织形貌、晶粒大小、非金属夹杂物、氧化物和硫化物等在组织中的数量及分布情况，分析研究材料组织与化学成分（组成）之间的关系，确定显微组织以判别材料的质量。现代金相显微分析中，使用的主要仪器有光学显微镜和电子显微镜，光学显微镜使用可见光作为光源，而电子显微镜利用高能短波长电子束代替可见光。光学显微镜的放大倍数为100～2000，如果要求更高的放大倍数，则需要借助于电子显微镜。光学显微镜仅能观察到表面微细结构，电子显微镜可获取晶体结构、微细组织、化学组成、电子分布情况等。下面仅对常用的光学显微镜做一般介绍。

1. 金相显微镜构造

金相显微镜一般有如下的分类：单目、双目及三目的，正置的和倒置的，反射和透反的；明场、明场偏光、明暗场及偏光的显微镜等。金相显微镜通常由光学系统、照明系统和机械系统三大部分组成，有的显微镜还附带照相摄影装置。现以双目倒置金相显微镜为例加以说明。双目倒置金相显微镜的外形结构如图7-1a所示，光学系统包括光源、反光镜、滤色片、物镜、目镜等；照明系统包括低压灯泡、聚光镜、反光镜、孔径光阑、视场光阑等；机械系统包括载物台、物镜转换器、目镜筒、粗动和微动调整手轮等。孔径光阑用于控制入射光束的粗细，以保证物像达到清晰的程度；视场光阑用于控制视场范围，使目镜中视场明亮而无阴影。

金相显微镜光学系统如图7-1b所示，由光学系统图可知金相显微镜的基本工作原理。由灯泡发出一束光线，经过聚光镜组（一）及反光镜的反射将光线聚集在孔径光阑上，然后经过聚光镜组（二），将光线会聚在物镜后焦面上，最后光线通过物镜。用平行光照明样品，使其表面得到充分均匀的照明，从物体表面散射出来的成像光线，复经物镜、辅助物镜片（一）、半透反光镜、辅助物镜片（二）、棱镜，造成一个物体的放大实像，目镜将此像再次放大。显微镜里观察到的就是通过物镜和目镜两次放大所得到的图像。

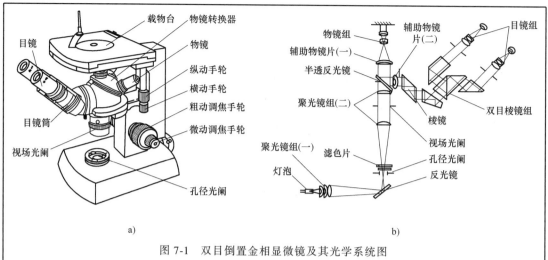

a) b)

图 7-1 双目倒置金相显微镜及其光学系统图

a) 金相显微镜的外形结构图 b) 金相显微镜光学系统图

2. 金相显微镜放大原理

金相显微镜光学系统是由两组透镜（物镜和目镜）组成，靠近被观察物体的透镜叫物镜，靠近人眼的透镜叫目镜。物镜是显微镜中最重要的光学零件，显微镜成像质量主要决定于物镜的优劣。物镜的分辨率是指将试样上细微组织构成清晰可分的能力。目镜是将物镜放大的中间像再次放大。

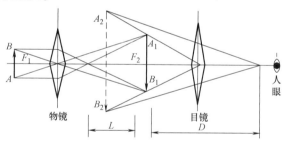

图 7-2 金相显微镜光学原理图

AB—物体 A_1B_1—物镜放大图像 A_2B_2—目镜放大图像

L—光学镜筒长度（即物镜后焦点与目镜前焦点之间的距离）

D—明视距离（人眼的正常明视距离为 250mm）

图 7-2 所示为金相显微镜光学原理图。第一级是物镜，物体 AB 通过物镜得到放大的倒立实像 A_1B_1。第二级放大是通过目镜来完成，处于目镜的主焦点以内的倒立实像 A_1B_1 经过目镜二级放大为人眼可见的正立虚像 A_2B_2。借助物镜、目镜两次放大，使物体得到较高的放大倍数（~2000 倍）。放大率与物镜和目镜的焦距乘积成反比，放大倍数 = 物镜放大倍数×目镜放大倍数。金相显微镜总的放大倍数为物镜与目镜放大倍数的乘积。放大倍数用符号"×"表示，例如物镜放大倍数为 20×，目镜放大倍数为 10×，则显微镜的放大倍数为 200×。通常物镜、目镜的放大倍数都刻在镜体上，在使用显微镜观察试样时，应根据其组织的粗细情况，选择适当的放大倍数，以细节部分能观察得清晰为准。

3. 金相显微镜操作步骤

操作者必须充分了解仪器设备的结构原理、使用方法，严守操作规程。

1）操作时双手要洁净，试样的观察面应用酒精冲洗并吹干。

2）操作显微镜时，对镜头要轻拿轻放，不用的镜头应随时放入盒中，不能用手触摸镜头。

3）观察：为了保证在聚焦过程中物镜不触及试样，调整焦距时，操作次序是先轻轻调节粗动调焦手轮，使物镜接近试样观察面，再通过目镜对焦观察试样，用微动调焦手轮进行调节，直到调节成像清晰为止。在调节中必须避免物镜和试样磨面碰撞，以免损坏镜头。

4）显微镜使用完毕后，应及时将物镜、目镜卸下，放入盒中，最后切断电源。

任务考核

1. 描述金相显微镜的组成、原理及其使用规则（配分 20 分）

2. 金相显微镜操作（配分 80 分）

	考核要素及评分点	配分	得分
知识点描述	能指出并认识金相显微镜各组成部分及其作用	10	
	能描述金相显微镜使用规则	10	
金相显微镜操作	能熟练进行金相显微镜操作	20	
	能正确使用金相显微镜观察显微组织	60	

实践与训练8　铁碳合金平衡组织观察

模块二	金属材料基础知识	项目5	金属的结晶过程与控制
任务说明	通过教师讲解、现场操作演示、阅读实践与训练指导工作页等学习，熟悉掌握典型平衡组织的特征及识别的方法；掌握铁碳合金中成分、组织和性能之间的变化规律；规范操作，养成良好职业习惯。		

任务要求：

1. 熟悉碳素钢和白口铸铁平衡组织的特征及识别的方法。
2. 牢固建立铁碳合金中成分、组织和性能之间的变化规律。

任务分析及步骤说明

1. 实践任务的原理

根据铁碳合金状态图，铁碳合金随着含碳量及加热温度的变化，可出现十几种不同的固态组织，其中，奥氏体、铁素体、渗碳体、珠光体和莱氏体是最常遇到的基本组织，它们对确定碳钢和白口铸铁平衡状态（退火）和近平衡状态（正火）的组织和性能具有实际意义。

2. 实践步骤

观察分析表8-1所列碳素钢和白口铸铁的组织，然后画出组织示意图。

表 8-1　碳素钢和白口铸铁的组织

序号	样品名称	腐蚀剂	显微组织
1	工业纯铁	4%硝酸酒精	F+少量 Fe_3C
2	0.20%碳素钢	4%硝酸酒精	F+P
3	0.45%碳素钢	4%硝酸酒精	F+P
4	0.8%碳素钢	4%硝酸酒精	P（用两种放大倍数）
5	1.2%碳素钢	4%硝酸酒精	$P+Fe_3C_{II}$
6	1.2%碳素钢	热苦酸钠酒精	$P+Fe_3C_{II}$（呈黑色）
7	未知碳素钢	4%硝酸酒精	F+P
8	亚共晶白口铸铁	4%硝酸酒精	$P+Fe_3C_{II}+Ld'$
9	共晶白口铸铁	4%硝酸酒精	Ld'
10	过共晶白口铸铁	4%硝酸酒精	Fe_3C_I+Ld'

注：表中数值均为质量分数。

3. 铁碳合金平衡组织观察操作步骤

1）对表中列举的一系列样品进行细致的观察，研究每一个样品的组织特征，并联系铁碳相图了解其组织形成的过程。注意含碳量与金相组织之间的关系。

2）待认识了各种组织之后，抓住特征，描绘每个样品显微组织的示意图。

3）仔细阅览碳素钢与白口铸铁的金相图谱。

4）对未知亚共析钢样品进行含碳量的估算。

任务考核

1. 写出实验目的、内容。

2. 画出所观察样品的组织示意图，注明处理条件、腐蚀剂、放大倍数、组织、名称等，并用箭头标明示意图中所示组织，简述其形态及分布特点。

3. 回答问题：

1）根据所观察组织说明含碳量对铁碳合金和性能有何影响。

2）根据杠杆定律确定未知样品的含碳量。

实践与训练9 钢的热处理

模块三	钢的热处理	项目8	钢的热处理工艺
任务说明	\multicolumn{3}{l}{}		

模块三	钢的热处理	项目8	钢的热处理工艺
任务说明	通过教师讲解、现场操作演示、阅读实践与训练指导工作页等学习，掌握热处理操作的流程，熟悉实践中各种设备的原理及操作规程，规范操作，养成良好职业习惯。		

任务要求：

1. 学习热处理加热炉、硬度计、金相显微镜等设备的原理、结构以及操作规范。

2. 学习 45 钢淬火、回火热处理规范、硬度测试规范、金相试样加工规范、组织测试规范。

3. 深入理解钢的成分、加热温度和冷却速度对淬火后钢性能的影响。

4. 深入理解不同回火温度对钢的性能的影响。

任务分析及步骤说明

一、钢的热处理简介

热处理是通过加热、保温、冷却三个过程，使钢的内部组织发生变化，以获得所需要性能的一种加工工艺。由于加热温度、冷却速度和处理目的的不同，钢的热处理种类很多，其中常用的普通热处理方法有淬火、回火、退火和正火等。钢经热处理后的性能取决于热处理后的组织，热处理后的组织又取决于钢的成分、加热温度和冷却速度。

1. 加热温度的确定（淬火、正火和退火）

碳素钢的淬火、正火、完全退火和不完全退火的正常加热温度由于含碳量和热处理方法的不同而不同。亚共析钢的淬火与完全退火温度为 Ac_3 以上 $30 \sim 50℃$，使钢的组织完全奥氏体化；共析与过共析钢的淬火和不完全退火温度为 Ac_3 以上 $30 \sim 50℃$，这时钢的组织为奥氏体和渗碳体。加热温度过低，相变不能完全；加热温度低于 Ac_1 以下，则不发生相变。加热温度过高，将造成奥氏体晶粒粗化（冷却后的组织也粗大），氧化脱碳严重，淬火后残留奥氏体数量增加（使淬火后钢的硬度降低）。

合金钢的加热温度一般比相同含碳量的碳素钢高。一方面合金元素能提高 Ac_1 的温度；另一方面合金元素扩散速度较慢，为促使合金元素溶入奥氏体中，需提高加热温度。

2. 保温时间的确定

淬火保温时间是指工件装炉后，从炉温上升到淬火温度时算起，直到工件出炉为止所需要的时间。保温时间包括工件透热时间和组织转变所需要的时间。保温时间的影响因素比较多，与钢的成分、工件的形状尺寸、所需的加热介质及加热方法等因素有关，一般可按照经验公式来估算。碳素钢在电炉中加热时间的计算见表 9-1。

表 9-1　碳素钢在电炉中加热时间计算

加热温度/℃	工件形状		
	圆柱形	方形	板形
	保温时间		
	min/(mm 直径)	min/(mm 厚度)	min/(mm 厚度)
700	1.5	2.2	3
800	1.0	1.5	2
900	0.8	1.2	1.6
1000	0.4	0.6	0.8

3. 冷却速度

冷却是淬火的关键工序，它直接影响到钢淬火后的组织和性能。冷却时应使冷却速度大于临界冷却速度，以保证获得马氏体组织；在这个前提下又应尽量缓慢冷却，以减少钢中的内应力，防止变形和开裂。为此，可根据等温转变图（如图 9-1 所示），使淬火工作在过冷奥氏体最不稳定的温度范围（650~550℃）进行快冷（即与等温转变图的"鼻尖"相切），而在较低温度（300~200℃）时冷却速度则尽可能小些。

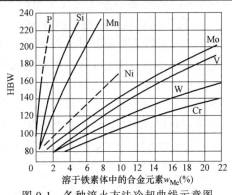

图 9-1　各种淬火方法冷却曲线示意图

本实验将加热温度定在 790℃，保温 30min 后进行水冷。为了保证淬火效果，应选用合适的冷却方法（如双液淬火、分级淬火等）。不同的冷却介质在不同的温度范围内的冷却速度有所差别。常用淬火介质的冷却能力见表 9-2。

表 9-2　常用淬火介质的冷却能力

冷却介质	在下列温度范围内的冷却速度/(℃/s)	
	650~550℃	300~200℃
18℃ 的水	600	270
50℃ 的水	100	270
10%NaCl 水溶液(18℃)	1100	300
10%NaOH 水溶液(18℃)	1200	300
10%NaOH 水溶液(18℃)	800	270
蒸馏水(50℃)	250	200
硝酸盐(200℃)	350	10
菜籽油(50℃)	200	35
矿物机油(50℃)	150	30
变压器油(50℃)	120	25

经正常加热，并用不同的速度冷却后，钢的性能就不同，这是因为冷却速度不同，所获得的组织就不同。45钢经860℃加热后，用不同的冷却速度获得不同的组织：空冷后组织为铁素体和索氏体；油冷后组织为屈氏体和极少数铁素体；水冷后组织为淬火马氏体（板条和片状马氏体混合物）和极少量残留奥氏体。

索氏体和屈氏体都是铁素体与片状渗碳体的机械混合物，不同的是它们的层片间距比珠光体小，屈氏体中层片间距又比索氏体小，故其硬度关系是：屈氏体>索氏体>珠光体。马氏体是碳（也可以是其他合金元素）在体心立方体中的过饱和固溶体，因此它的硬度比前几种组织都高，而且随着过饱和程度的增加，其硬度也增高。所以经正常加热并大于临界冷却速度冷却后，马氏体的硬度取决于含碳量（马氏体的含碳量和加热时奥氏体的含碳量基本相同）。

在相同冷却速度下，相同含碳量的合金钢比碳素钢的硬度大。有些高合金钢甚至在空气中冷却，就能获得淬火马氏体组织。

4. 回火温度对钢的性能的影响

回火是将淬火后的零件加热到低于A_1的某一温度并保温，然后以适当的方式冷却到室温的热处理工艺。钢经淬火后得到的马氏体组织硬而脆，并且工件内部存在很大的内应力，如果直接进行磨削加工往往会出现龟裂；一些精密的零件在使用过程中将会由于变形引起尺寸变化而失去精度，甚至开裂。因此，钢淬火后必须进行回火处理。采取适合的回火工艺，可以使钢获得所需的性能。表9-3为45钢淬火后经不同温度回火后的组织及性能。

表9-3　45钢淬火后经不同温度回火后的组织及性能

类型	回火温度/℃	回火后的组织	回火后硬度HRC	性能特点
低温回火	150~250	回火马氏体+残留奥氏体+碳化物	60~57	硬度高，内应力小
中温回火	250~500	回火屈氏体	35~45	硬度适中，有较高的弹性
高温回火	500~650	回火索氏体	20~33	具有良好塑性、韧性和一定强度相配合的综合性能

对碳素钢来说，回火工艺的选择主要是考虑回火温度和保温时间这两个因素。可以采用经验公式近似地估算回火温度。例如45钢回火温度的经验公式为

$$t(℃) \approx 200 + K(60-x)$$

式中　K——系数，当回火后要求的硬度值>HRC30时，$K=11$；回火后要求的硬度值
　　　　<HRC时，$K=12$。

　　　x——所要求的硬度值（HRC）。

在实际生产中，通常以图样上所要求的硬度要求作为选择回火温度的依据。碳素钢回火时，一般采用在空气中冷却。

碳素钢在250℃以下回火时，淬火组织中只有淬火马氏体转变为回火马氏体，其他组成物不发生变化，故钢的组织基本上保持淬火态。

当回火温度升高到250~500℃时，淬火马氏体和残留奥氏体都分解为回火屈氏体组织（是铁素体和极细颗粒渗碳体的机械混合物），因此钢的硬度下降。当回火温度进一步提高，渗碳体颗粒发生长大，得到铁素体和较细颗粒渗碳体的机械混合物——回火索氏体组织，钢的硬度进一步下降。当回火温度为650℃~Ac_1时，渗碳体颗粒继续长大，形成球状

珠光体组织，钢的硬度比回火索氏体硬度还要低。

合金钢（特别是高合金钢）回火时，其硬度下降的趋势比碳素钢慢，亦即在相同的回火温度下，合金钢的硬度比碳素钢高。这是由于含有合金元素的淬火马氏体和残留奥氏体比较稳定，要达到更高温度时才能分解；另一方面，合金钢中往往有合金碳化物或特殊碳化物存在，它们聚集长大的倾向较小。

45 钢为优质碳素结构用钢，硬度不高，易切削加工，模具中常用来制作模板、销子、导柱等，但需进行热处理。45 钢主要成分为 Fe（铁元素），且含有表 9-4 所列少量元素。

表 9-4 45 钢的成分（质量分数）

C	Si	Mn	P	S	Cr	Ni	Cu
0.42%~0.50%	0.17%~0.37%	0.50%~0.80%	≤0.040%	≤0.045%	≤0.25%	≤0.25%	≤0.25%

二、钢的热处理操作技能

1. 热处理操作过程

（1）热处理前硬度测试 对试样进行略微打磨，测量试样的硬度，一共测量 5 次。打磨的目的是去除工件表面的氧化物，使测量结果更准确。

（2）对 45 钢进行淬火 打开加热炉，使其温度上升到 790℃，将试样置于加热炉中，待温度上升到 850℃开始计时，保温 30min；保温后取出放入水中进行水冷；待试样完全冷却，用磨砂纸将其表面打磨平整、光滑。对试样进行抛光、腐蚀后观察金相组织，测量试样的硬度，一共测量 5 次，并计入表格中。

（3）对 45 钢进行回火 打开加热炉，使其温度上升到 500℃，将试样置于加热炉中，待温度上升到 500℃开始计时，保温时间 30min；保温后断开开关，使得试样随炉冷却到340℃以下，取出空冷至室温；待试样完全冷却，用磨砂纸将其表面打磨平整、光滑。对试样进行抛光、腐蚀后观察金相，测量试样的硬度，一共测量 5 次，并计入表格中。

2. 观察金相显微组织的操作方法

掌握金相显微试样的制备过程和基本方法，并观察、认识其金相显微组织。

（1）实验仪器及材料

仪器：台式金相显微镜、预磨机、砂纸、抛光机、吹风机等。

材料：待磨试样每人一块，各号金相砂纸一套，腐蚀剂，无水乙醇，4%硝酸酒精，制备好的工业纯铁试样，棉球，镊子等。

（2）内容 在利用金相显微镜观察、分析和研究金属材料的金相显微组织时，需要在该材料的典型部位截取样块，然后通过一系列的制备过程，制成符合要求的金相显微试样。即在金相显微镜下可以观察到很清晰的金相显微组织，其整个过程即为磨片。

机械抛光可分为粗抛和细抛两个步骤，均在抛光机上进行。粗抛时转速要高些，细抛或抛软材料时转速要低些，所用抛光材料为抛光布和抛光粉。将抛光布蒙在抛光盘上，应按照不同的要求选用适合的抛光布。粗抛时常用帆布、粗呢等，精抛时常用绒布、细呢、丝绸等。机械抛光的方法及注意事项如下。

抛光粉要配制成抛光液使用，比例大约为水：粉 = 20：1（质量比）。

抛光时应使试样磨面均衡地压在旋转着的抛光盘上，压力不宜过大，并应使试样沿抛光盘的半径方向从中心到边缘来回移动。

抛光过程中要不断注入适量的抛光液。抛光布上的抛光液不宜太多或太少，以试样表面提起后几秒内能干为宜。

抛光后期，应使试样在抛光盘上各方向转动，以防止钢中夹杂产生拖尾现象。

抛光时间不宜过长，以防抛光表面层金属变形。

（3）化学浸蚀 经抛光而没有浸蚀的试样，在显微镜下除了能观察到非金属夹杂物（石墨、氧化物、硫化物等）及其本身所具有的孔洞、裂纹等缺陷之外，看不到金属内部的组织，必须经过浸蚀。

利用化学浸蚀剂，通过化学或电化学作用显示金属的组织。

浸蚀方法：将已抛光好的试样磨面先用清水冲洗干净，然后用酒精棉轻擦一遍，再将试样浸入浸蚀剂中，或用镊子夹着蘸上浸蚀剂的棉球擦拭其磨面。浸蚀的时间依不同合金及不同组织而定，一般碳素钢和铸铁浸蚀的时间大约在 10~15s 即可。用酒精冲洗干净，吹干，将浸蚀完的试样放在显微镜下，就可以观察到金属内部的显微组织了。

化学浸蚀剂种类很多，一般碳素钢及铸铁所用浸蚀剂为 3%~5%（质量分数）的硝酸酒精。

（4）电子摄像技术 将处理好的金相试样放在显微镜的载物台上，选好放大倍数以后，调整粗调手轮和微调手轮，直接在与显微镜相连的显示屏幕上调清楚焦距，获得清晰的金相图片。

任务考核

1. 淬火前的硬度（配分 15 分）

测量次数	1	2	3	4	5
硬度 HRC					

分析：试样中心和边沿的硬度明显不同，测量时尽量选择中心处测量，以减小因测量点不同或人为操作失误造成的误差。

2. 淬火后的硬度（配分 15 分）

测量次数	1	2	3	4	5
硬度 HRC					

分析：与淬火前相比，淬火后钢的硬度明显增大，说明适当的淬火可以增大材料的硬度。

3. 回火后的硬度（配分 15 分）

测量次数	1	2	3	4	5
硬度 HRC					

分析：与淬火前相比，回火后钢的硬度明显大于钢的原始硬度，但比淬火后的硬度小一些，说明回火后钢的硬度降低了。

4. 45 钢工艺照片（配分 40 分）

1）淬火后在显微镜观察到的组织

2）回火后在显微镜观察到的组织

5. 实验结果分析（配分 15 分）